典型机械设备自动化解决方案指南：从单机、生产线到企业网络

第2版

张春林　编著

机械工业出版社

本书以二十多种常用机械设备为例，介绍了设备的用途和发展趋势、机械结构和工艺要求，着重讲解了如何利用自动化、运动控制和驱动系统实现设备的工艺动作，并给出了每种机型对应的自动化与驱动系统解决方案；结合机械设备制造和使用领域人工智能技术的发展现状，介绍了人工智能技术在某些机械设备上的应用；介绍了工业产品、生产设备、自动化与驱动产品及解决方案之间的依赖和促进关系，阐释了如何将机电一体化、数字化双胞胎、虚拟调试等新技术用于生产设备和生产线；介绍了常用的机器安全标准、机器接口数据标准 OMAC 及其应用、生产线及企业网络的结构和功能，论述了如何利用标准化的 OMAC 机器接口数据自动产生和显示生产线的绩效指标、故障及报警等实用信息；介绍了工业云的概念、组成和结构，阐述了人工智能应用软件、工业云和边缘设备的综合运用给企业带来的好处，并通过详细案例进行了讲解；介绍了产品全生命周期管理和数字化企业的基本概念，以及企业如何结合自身实际逐步实施数字化转型的基本路径。第 3 章配有大量相关典型机械设备工艺过程的视频讲解，读者只须扫描书中的二维码，即可观看相应的视频讲解内容。

本书适合自动化与驱动产品生产及销售企业的销售人员、业务开发人员、工程师及管理人员，系统集成商和生产机械制造商的销售人员、工程技术人员和管理人员，以及大专院校及高职院校的教师和高年级学生阅读。

图书在版编目（CIP）数据

典型机械设备自动化解决方案指南：从单机、生产线到企业网络／张春林编著. -- 2 版. -- 北京：机械工业出版社，2025.2. -- ISBN 978-7-111-77464-8

Ⅰ. TP273-62

中国国家版本馆 CIP 数据核字第 2025L3Z799 号

机械工业出版社（北京市百万庄大街 22 号　邮政编码 100037）
策划编辑：周国萍　　　　　责任编辑：周国萍　李含杨
责任校对：郑　婕　李　婷　封面设计：马精明
责任印制：刘　媛
涿州市般润文化传播有限公司印刷
2025 年 2 月第 2 版第 1 次印刷
184mm×260mm・14 印张・315 千字
标准书号：ISBN 978-7-111-77464-8
定价：89.00 元

电话服务　　　　　　　　　网络服务
客服电话：010-88361066　　机　工　官　网：www.cmpbook.com
　　　　　010-88379833　　机　工　官　博：weibo.com/cmp1952
　　　　　010-68326294　　金　书　　网：www.golden-book.com
封底无防伪标均为盗版　　机工教育服务网：www.cmpedu.com

第2版前言

本人在三年前着手编写这本书时,将机械设备的自动化和运动控制解决方案作为重点。这些年来,数字孪生、人工智能、云计算、边缘计算、扩展现实等技术在不断地向工业领域渗透,且越来越多地应用于机械设备的制造、使用和维护等阶段。自动化以机械和电子设备代替人的体力,实现连续、高效和低成本的产品生产;人工智能则使机器能够代替人的脑力,执行传统上只有人类才能完成的学习、推理、感知和解决问题等任务。

人工智能技术正在逐步地融入自动化系统,尤其是基于人工智能的机器视觉、基于机器学习的预测分析、自然语言处理等技术,已经在工业自动化系统中得到普遍应用。例如,利用机器学习算法对生产数据进行实时分析,预测设备故障和维护时机;为机器视觉产品检测系统引入深度学习算法,降低产品质量检测的误检率等。

有些自动化产品供货商已经将人工智能的功能模块与PLC控制器集成在一起,使人工智能与自动化系统的融合更加方便。

为使读者在已有机械设备自动化和运动控制等知识的基础上,了解人工智能、扩展现实等新技术,并能够将其原有的工业自动化知识与这些新知识相互补充,更好地解决工作中的实际问题,本书在第1版的基础上,补充了如下内容:

1) 根据当前的市场和技术现状,在某些机型的自动化和运动控制解决方案基础上,增加了有关人工智能技术的应用介绍。

2) 对数字孪生的概念做了进一步的补充介绍。

3) 增加了工业云和边缘计算装置中的人工智能应用软件在机械设备使用和维护阶段的应用介绍。

4) 增加了扩展现实(如虚拟现实、增强现实)等技术在工业培训、设备巡检等方面的应用介绍。

5) 增加了产品生命周期管理和数字化工厂的介绍。

6) 针对机械设备的常见运动控制和安全需求,补充了几个集成安全功能的介绍。

7) 在原有对PackML指导性规范介绍的基础上,补充了该规范随时间而发展的情况。

除上述内容补充外,第2版中的一个重要变化是在第3章中增加了17个二维码,在第5章中增加了1个二维码,读者用手机扫描这些二维码,即可观看典型机械设备工艺过程和PackML指导性规范的视频讲解。这样做是因为书中某些机型的工艺过程比较复杂,不仅难以用文字表达清楚,而且读者阅读这些内容时还会感觉枯燥乏味。增加对这些复杂工艺的视频讲解后,读者既可以阅读书中的文字描述,又可以观看对应的视频讲解,这样相辅相成,便可更快、更准确地理解这些工艺过程。

最后还须说明,在新技术、新概念和新名词不断涌现的今天,大部分工程技术人员只须掌握这些新技术的基本功能，并学会如何将它们应用到工作实践中。因此，本书的侧重点是让读者了解这些新技术的功能，并帮助读者将它们应用于机械设备制造、使用和维护等领域，以解决读者面临的实际问题，而不是对上述人工智能、扩展现实等技术的原理做深入的讲解。读者如有深入了解的需求，请参考相关的专业书籍。

由于本人的水平有限，书中仍可能存在不足之处，欢迎读者批评指正。

张春林

2025 年 1 月

第1版前言

本人退休前的十多年中,在西门子(中国)有限公司数字化工厂集团的工厂自动化部门从事生产机械领域的业务发展工作,因此与国内外众多生产机械制造商有业务往来和相互交流的机会。在工作实践中本人深深体会到:作为自动化与驱动产品的供货方,如果只了解自己的产品以及用其组成控制系统的方法,而缺乏机械设备的基本工作原理和工艺要求等方面的知识,就很难有针对性地向机械设备制造商介绍产品及性能,并做出切合实际的自动化与驱动系统解决方案;另一方面,机械设备制造商的人员如果不具备自动化与驱动产品的基本知识,也难以向自动化与驱动产品供货方提出对其产品的性能要求。了解机械设备的基本工作原理和工艺要求不仅有利于自动化与驱动产品的销售和管理人员与客户进行有效的沟通,做出正确的策略和计划,而且有利于工程师根据机器的工艺特点做出切合实际的解决方案框架,少走弯路,提高工作效率。

目前,图书市场上有许多讲解自动化和驱动、总线和网络等产品原理和使用方面的专业书籍,但却缺少将机器工艺要求转化成对应自动化和驱动产品相应功能要求的书籍。本书恰好对这些方面的内容进行了较为系统的介绍。

因工作需要,本人有机会接触到许多行业的产品和机械生产企业,经常与各级技术和管理人员进行技术和业务交流,了解、学习和钻研机械设备和生产线的工艺原理以及相关的自动化、驱动和网络系统解决方案。工作期间,本人有意识地将了解、学习和钻研出的一些东西随时记录下来,以备做类似项目时参考,同时也希望能够将这些内容分享给同行朋友,以提高工作效率。本人在退休后有了充分的时间,于是决定将这些积累的东西进行系统的整理、总结和加工,并集结成书,供有关人士参考。

为与机械设备制造商进行更加顺畅和高效的技术交流,自动化与驱动产品供货商应具有机械设备基本工作原理和工艺要求等方面的知识。

本书介绍了二十多种常见机械设备的用途和工艺原理,讲解了如何利用自动化与驱动产品实现它们的工艺动作,以及这些机械设备所需的自动化与驱动系统解决方案。虽然书中所述不可能穷尽市场上所有的机械设备,但所讲解的机器的一些常用工艺,如横封、收卷、色标识别等都是通用的。由于技术是不断发展的,书中所述的工艺和自动化与驱动系统解决方案有可能与当前市场上的不是完全一致,但书中所述机器的各种工艺要求及对应的自动化与驱动解决方案的原理是相通的,有利于读者举一反三。

本书中的内容基本源于本人工作实践中的发现、心得和总结,以及与客户、西门子公司同事就一些技术问题的交流和研讨。书中选用的某些插图是根据西门子公司、OMAC等官方网站或产品目录中的插图翻译而成的,书中对这些图片来源均做了标注。由于书中讲到的一些内容和概念(如OMAC的机器控制模式和状态)源自英文网站,在国内还没有对应的标准中文翻译，有些专业名词甚至找不到合适的中文与之对应。为避免引起读者对某些专业名词的误解，书中按照上下文内容，按其含义将这些专业名词翻译成了中文。如将机器状态"suspended"翻译成"外因暂停"，将机器状态"held"翻译成"内因暂停"，并在有关插图和表格中采用了中英文对照的形式，以便于读者阅读和理解。

本书还简要介绍了企业网络、机器安全、制造执行系统及企业资源计划软件、数字化双胞胎、工业云等方面的内容。之所以介绍这些概念，是因为在如今这个信息爆炸的时代，人们会接触到层出不穷的新技术、新概念和新名词，但许多非专业人士很难及时、正确地理解它们，从而产生了落伍的感觉，甚至对学习和掌握某些新技术产生了畏难情绪。其实，现在有一些新概念在本质上并不新，只是采用了时髦的新名称，让人感觉是很深奥的东西。对于一些新技术，绝大多数人只需正确地了解其功能并知道如何使用它们即可，完全没有必要深入了解其工作原理。如对于大多数非专业人员而言，只需要知道无线局域网（WiFi）的名称和密码就可上网，而完全不必知道无线路由器的工作原理。因此，本书用通俗易懂的语言，对工业自动化方面的某些新概念和新名词进行解释，使读者能够了解其本质，理解其含义，并知道应如何利用它们为自己的业务或工作服务。对于需要深入了解那些新技术的朋友，可以参考有关专业书籍。

本书的读者应已经具备了控制器、驱动器、电动机、传感器等硬件及相关软件的基础知识，所以在本书有关机械设备工艺原理及自动化解决方案的介绍中，将不会深入讲解工业自动化控制与驱动产品、网络技术及相关软件方面的知识。如有必要，读者可参考这方面的专业书籍。

本书采用的所有机器照片均由这些机器的生产商提供，其名称已在图题中做了注示。借此机会，对这些机器生产商和西门子公司同事、朋友们的支持表示感谢，尤其对西门子公司工厂自动化生产机械部门（PMA）的同事们表示感谢！

由于本人水平有限，书中难免存在不当描述甚至错误，希望大家对书中的内容提出宝贵意见。

张春林

2021年5月于北京

目 录

第 2 版前言
第 1 版前言
第 1 章 概述 ⋯⋯⋯⋯⋯⋯⋯⋯⋯⋯⋯ 1
  1.1 典型机械设备的发展和现状 ⋯⋯⋯ 1
  1.2 典型机械设备的种类及其动态变化 ⋯ 2
  1.3 市场对机械设备的要求 ⋯⋯⋯⋯⋯ 3
    1.3.1 市场对产品的要求 ⋯⋯⋯⋯⋯ 3
    1.3.2 产品生产商对机械设备的要求 ⋯ 4

第 2 章 机电一体化与数字化制造 ⋯⋯ 6
  2.1 机械设备的模块化 ⋯⋯⋯⋯⋯⋯⋯ 6
  2.2 机械设备模块间的协调配合 ⋯⋯⋯ 7
  2.3 机械设备的灵活性 ⋯⋯⋯⋯⋯⋯⋯ 8
  2.4 生产线联网和机械设备运行状态的采集 ⋯⋯⋯⋯⋯⋯⋯⋯⋯⋯⋯⋯⋯ 9
  2.5 机械设备的数字化双胞胎与虚拟调试 ⋯⋯⋯⋯⋯⋯⋯⋯⋯⋯⋯⋯⋯ 10
  2.6 人工智能和扩展现实在机械设备领域的应用 ⋯⋯⋯⋯⋯⋯⋯⋯⋯⋯ 14
    2.6.1 工业领域常用的 AI、VR、AR 等技术简介 ⋯⋯⋯⋯⋯⋯⋯⋯⋯ 15
    2.6.2 当前 AI、VR、AR 等技术在机械设备领域的典型应用 ⋯⋯⋯⋯⋯ 17

第 3 章 典型机械设备的工艺及自动化解决方案 ⋯⋯⋯⋯⋯⋯⋯⋯⋯⋯⋯ 19
  3.1 机械设备与自动化方案的相互促进及发展现状 ⋯⋯⋯⋯⋯⋯⋯⋯⋯⋯ 19
  3.2 典型机械设备的工艺及其自动化和驱动方案 ⋯⋯⋯⋯⋯⋯⋯⋯⋯⋯⋯ 21
    3.2.1 涂布机 ⋯⋯⋯⋯⋯⋯⋯⋯⋯ 21
    3.2.2 轮转式凹版印刷机 ⋯⋯⋯⋯⋯ 26
    3.2.3 卫星式柔版印刷机 ⋯⋯⋯⋯⋯ 36
    3.2.4 商业轮转印刷机 ⋯⋯⋯⋯⋯⋯ 42
    3.2.5 旋转刀 ⋯⋯⋯⋯⋯⋯⋯⋯⋯⋯ 49
    3.2.6 立式袋成型、填充、封口机 ⋯ 53
    3.2.7 枕式包装机 ⋯⋯⋯⋯⋯⋯⋯⋯ 58
    3.2.8 吹瓶机 ⋯⋯⋯⋯⋯⋯⋯⋯⋯⋯ 64
    3.2.9 洗瓶机 ⋯⋯⋯⋯⋯⋯⋯⋯⋯⋯ 70
    3.2.10 灌装机 ⋯⋯⋯⋯⋯⋯⋯⋯⋯ 74
    3.2.11 杀菌机 ⋯⋯⋯⋯⋯⋯⋯⋯⋯ 84
    3.2.12 贴标机 ⋯⋯⋯⋯⋯⋯⋯⋯⋯ 87
    3.2.13 装箱机 ⋯⋯⋯⋯⋯⋯⋯⋯⋯ 94
    3.2.14 收缩膜包装机 ⋯⋯⋯⋯⋯⋯ 99
    3.2.15 泡罩包装机 ⋯⋯⋯⋯⋯⋯⋯ 103
    3.2.16 塑杯成型、灌装、封切机 ⋯ 107
    3.2.17 装盒机 ⋯⋯⋯⋯⋯⋯⋯⋯⋯ 110
    3.2.18 透明膜三维包装机 ⋯⋯⋯⋯ 114
    3.2.19 码垛机 ⋯⋯⋯⋯⋯⋯⋯⋯⋯ 116
    3.2.20 传送带 ⋯⋯⋯⋯⋯⋯⋯⋯⋯ 123
    3.2.21 多载体输送系统简介及案例分析 ⋯⋯⋯⋯⋯⋯⋯⋯⋯⋯⋯⋯ 130

第 4 章 机器安全 ⋯⋯⋯⋯⋯⋯⋯⋯⋯ 140
  4.1 机器安全的概念 ⋯⋯⋯⋯⋯⋯⋯ 140
    4.1.1 机器的安全法规和标准 ⋯⋯ 140
    4.1.2 安全机器的认定过程 ⋯⋯⋯ 141
  4.2 机器的安全等级 ⋯⋯⋯⋯⋯⋯⋯ 142
    4.2.1 机器的 SIL 等级 ⋯⋯⋯⋯⋯ 142
    4.2.2 机器的 PL 等级 ⋯⋯⋯⋯⋯ 143
    4.2.3 SIL 等级与 PL 等级的对应关系 ⋯⋯⋯⋯⋯⋯⋯⋯⋯⋯⋯⋯ 143
  4.3 安全系统 ⋯⋯⋯⋯⋯⋯⋯⋯⋯⋯ 144
    4.3.1 安全系统的组成 ⋯⋯⋯⋯⋯ 144
    4.3.2 计算安全系统的安全等级 ⋯ 147
  4.4 集成安全功能的控制与驱动产品 ⋯⋯ 148

4.4.1	什么是集成安全功能的控制与驱动产品 ……………………	148
4.4.2	在驱动产品中集成的安全功能 ………………………………	150
4.4.3	具有安全功能的机械设备举例 ………………………………	154

第5章 控制系统标准化 …………… 156

- 5.1 生产线控制系统标准不统一的问题 ………………………………… 156
- 5.2 自动化系统标准化的范围 …… 158
  - 5.2.1 OMAC 标准 ………………… 161
  - 5.2.2 机械设备及生产企业常用的网络通信协议 ……………… 177
  - 5.2.3 生产线数据的采集、存储、分析和显示 …………………… 179

第6章 提升绩效的方法与数字化企业简介 ……………………………… 184

- 6.1 生产线的组成 ………………… 184
- 6.2 整线的控制方式 ……………… 184
  - 6.2.1 集中控制方式 ……………… 186
  - 6.2.2 非集中控制方式 …………… 188
- 6.3 OEE 的概念和计算 …………… 191
  - 6.3.1 可用性 ……………………… 191
  - 6.3.2 性能 ………………………… 191
  - 6.3.3 质量 ………………………… 192
  - 6.3.4 用机器的 OMAC 状态计算实时 OEE …………………… 192
- 6.4 生产线的仿真、虚拟调试和优化 …… 193
- 6.5 企业网络、SCADA、MES 及 ERP 系统 ……………………………… 195
  - 6.5.1 利用企业网络和软件提高企业管理水平 ………………… 195
  - 6.5.2 OMAC、SCADA、MES 和 ERP 的作用及相互关系 …………… 196
- 6.6 工业云简介 …………………… 197
  - 6.6.1 什么是工业云 ……………… 197
  - 6.6.2 企业为什么要接入工业云 … 199
  - 6.6.3 工业云的构成和架构 ……… 201
  - 6.6.4 工业云实例 ………………… 203
  - 6.6.5 将工业云、边缘计算、AI、VR、AR 用于预测性维护、培训和巡检 … 205
- 6.7 产品全生命周期管理及数字化工厂简介 ………………………………… 207
  - 6.7.1 数字化工厂注重产品全生命周期的数字化 ……………… 208
  - 6.7.2 数字化工厂需要 OT 和 IT 的融合 ………………………… 210
  - 6.7.3 数字化工厂的特征和可扩充性 … 212

第 1 章

概　　述

1.1　典型机械设备的发展和现状

　　机械设备是具有一定的机械结构、用于生产某种产品或加工某种物料的机器。机械设备中用来制造特定产品（消费品或生产资料）的机器称为生产机械，如生产PET瓶的吹瓶机，生产包装材料的印刷机（如在塑料薄膜上印刷图案和文字），生产瓶装啤酒的啤酒灌装机等。根据生产产品种类的不同，生产机械可被划分为不同的种类，如包装机械、印刷机械、纺织机械、塑料机械等。尽管不同种类生产机械所生产的产品不同，但这些生产机械也存在某些共性，如它们都可能具有某些特定的功能部分，如收卷、放卷、多轴间的同步运动关系（齿轮比例关系、凸轮关系）、数据通信总线和自动化控制程序等。本书将主要以常用的印刷、包装机械为例，介绍生产机械的工艺和自动化与驱动解决方案，其基本原理也适用于其他种类的机械设备。

　　绝大多数产品的制造过程包括产品加工阶段和包装阶段，如啤酒生产过程中，先要对原料进行酿造、发酵等加工，待啤酒酿造完成后，再进行灌瓶、装箱等工序；饼干厂先将面粉、糖、油等原料进行混合，再经过调粉（和面以形成面团）、饼干成型、烘干等加工处理生产出饼干，然后进入饼干包装阶段，即装袋、装盒、装箱等。由上述两例可以看出，包装过程位于产品生产的最后阶段。产品包装的目的在于保护产品，便于对产品进行计量（如一瓶、一包等），便于产品携带和运输，以及对产品进行美化、宣传和促销等。

　　我国的包装机械起步于改革开放的20世纪80年代。在20世纪50~70年代，我国市场上销售的许多产品是没有包装的，如散装的白酒、酱油、饼干、食盐等。经过四十年左右的发展，我国包装机械的产品种类、产品数量、产品性能和质量有了很大程度的提高。在食品饮料、药品等许多行业，国产包装机械已被广泛采用。目前，我国的大部分包装机械生产企业主要分布在华东、华南等地区。如今，我们在商店或超市看到的商品，绝大部分是有包装的，而且存在不同形式和种类，以满足不同的消费群体和消费场景的需求。这是因为随着人民生活水平的提高，消费者的需求变得多种多样，如人们既需要适合随身携带的小瓶装矿泉水，也需要适合家庭聚会或在餐厅使用的大瓶装矿泉水等。经过多年的市场竞争，许多产品品牌的集中度在逐步提高。例如，在我国的啤酒消费市场上，青岛、华润、百威英博、燕京、嘉士伯等已发展成为啤酒行业的主要供货商,这五家啤酒公司的啤酒已经占有我国啤酒消费市场约80%的份额。这些啤酒生产商为了获得更大的市场份额,必然要尽可能地使其产品满足个性化、多品种的市场需求,同时还要进一步降低产品的生产成本。这意味着:人们对产品包装形式要求的不断提高,会促使产品生产商对相应机器的生产商提出新的要求,促使其生产的机器在满足高效和节能的前提下,能够适用于多种多样的产品生产和包装形式。上述趋势使得生产机械向更高效、更节能和更灵活的方向不断发展,且加速了生产机械制造商的优胜劣汰。例如,在我国啤酒灌装和包装机械制造领域,目前可提供啤酒灌装机、贴标机等设备的企业已经逐步集中到三至四家。过去许多靠人工完成的包装工作(如灌装、贴标、装箱、码垛等),已经越来越多地由自动化的灌装机、贴标机、装箱机、码垛机等机械设备来完成。国内人力资源成本的上升进一步促进了包装机械,尤其是装箱、码垛等二次包装机械的发展。

如前所述,我国包装机械起步较晚,目前虽然可以生产绝大多数市场需要的包装机械,甚至有些机械设备的某些技术指标(如生产速度)与欧美厂家的不相上下,但由于机械部件的加工精度和材料性能等方面的差距,许多国产机器运行的稳定性、可靠性、故障率等方面仍待进一步改进。我国市场上某些种类的机器设备还主要依靠进口,如听装啤酒(或软饮料)灌装设备、空瓶或满瓶检测设备等。在机器安全方面,国内还没有强制性的机器安全市场准入标准(机器安全方面的知识在本书第4章介绍),这就使得国内许多机械设备生产企业对机器安全问题不够重视,由此造成了这些企业在实施机器安全方面的经验不足。

从我国机械设备中配备的自动化与驱动系统看,虽然绝大多数机械设备都采用国际知名品牌的硬件产品,但为降低机械设备的制造成本,我国机械设备制造商通常会选用那些在性能上刚刚能够满足机械设备自身基本运行需要的自动化及驱动产品,这样往往会使机械设备的灵活性、升级和联网能力受到影响。从机械设备的控制和驱动程序等软件看,国内机械设备程序在模块化和标准化方面与国际上先进的机器仍存在差距,这也是造成部分国产机械设备可靠性、易维护性、易升级和联网性较差的原因之一。

根据有关部门的统计,约50%的包装机械用于食品和饮料产品的包装,其次为药品、化妆品等产品的包装。在本书的典型机械设备介绍中,将以上述领域中主要的机械设备为例,重点介绍它们的工艺原理及其自动化与驱动系统解决方案。

1.2 典型机械设备的种类及其动态变化

前面说过,生产机械是用来制造特定产品(消费品或生产资料)的机器。因为市场上的绝大部分产品都需要包装,所以在此以包装机械为例,介绍生产机械的分类方法。因为产品的物理性质不同、人们消费或使用产品时的要求不同,所以使得包装机械种类繁多。即使是同一种类的包装机械,也可能采用不同的包装工艺原理及机械结构型式。可将包装机械按如下常用的方法进行分类:

1) 按其所包装的产品来分,如糖果、饼干、饮用水、酱油、茶叶、板蓝根等。

2) 按其所服务的行业来分，如食品、药品、化妆品等。

3) 按其采用的包装工艺来分，如裹包、灌装、封口、贴标、装箱、码垛等。

4) 按其对产品包装的先后（或层次）来分，如一次包装、二次包装（或内包装、外包装）等。

5) 按其所配备的自动化控制与驱动系统水平及产品技术来分，如全自动、半自动、变频驱动、伺服驱动等。

根据机器的设计原理不同，即使是完成同样包装任务的包装机械，也可能会采用不同的机械型式和与之对应的自动化控制和驱动系统。例如，某类装箱机的功能是将多个饮料瓶装入纸箱或塑料箱，但由于机器的设计原理不同，就有框架结构的装载式、水平推入式、机械手装载式等不同型式的机器；用于啤酒灌装机上的灌装阀，有机械式的，也有电子式的。有关这方面的内容，将在第3章典型机械设备的工艺及自动化解决方案中详细介绍。

根据产品生产商（如饮料厂、啤酒厂）包装生产线的需要，某些传统的非包装机械，也会被安置在包装生产线中，如生产PET瓶的吹瓶机，如今通常被安装在饮料灌装生产线的前端，使之成为包装生产线的一部分。为了提供包装生产线的成套设备，许多包装机械生产厂家会对其提供的机器范围加以扩充，如现在许多PET灌装机生产厂家开始生产PET吹瓶机。这样就使得某些传统的非包装机械（如制造PET瓶的吹瓶机）被纳入包装机械的范畴。另一个例子是制药机械行业的灯检机（利用光照方法检测药液中含有的杂质），原本不属于包装机械（应属于检测设备），但为了向制药厂提供全套生产设备，现在许多药品包装机械生产企业已经开始生产灯检机，这就使得灯检机被列入包装机械的统计中。

包装机械的另一个发展趋势是，多功能包装机逐步取代单一功能的包装机。例如，在过去的饮料灌装线上会有相互独立工作的吹瓶机、灌装机和旋盖机，如今这三种机器的功能被集成到一台机器中，成为吹、灌、旋一体机；开箱机（将折叠纸板撑开并粘合成纸箱）与装箱机（将多个瓶子装入纸箱）如今也已被组合成纸箱包装机。这样使得某些机器名称的含义并不十分明确，所以在许多情况下，只根据某个机器的名称很难判断其到底是什么样的机器，具有什么功能。以装箱机为例，这个名称对于不同的包装机生产商或机器的使用者而言，可能会有不同的含义。因此，仅凭机器的名称往往并不能准确地得知该机器的功能及生产工艺过程，还需要通过其他方式（如现场察看、参考机器说明书、面对面交流等）对其做进一步的了解。

1.3 市场对机械设备的要求

1.3.1 市场对产品的要求

仍以包装行业为例，为满足不同场合的消费需求，产品的包装形式和规格变得越来越多。例如，饮用水的包装形式，有适合家庭用的2.3L大瓶，也有适合随身携带的300mL小瓶等。为满足不同消费群体的喜好，产品包装的形式逐步向着个性化的方向发展，如可口可乐就有经典瓶型、不同规格和形式的PET瓶和易拉罐等产品包装形式。为促进产品销售，包装产品生产商还会根据用户的要求，在产品包装上印制不同的文字和图案，以吸引消费者的眼球或适应产品宣传和促销的需要。

随着人们生活水平的提高，消费者对产品的个性化和多样化提出了更高的要求。这一趋势促使产品生产商更加注重推出更具个性化的产品和产品包装形式，从而加快了产品的更新速度，使产品的生命周期更短。因此，产品销售企业或消费者不会储藏大量的同种商品，而是更多地按需采购产品。这样就使得每个订单的产品总量不大，但同一个订单中却可能包括许多不同的产品品种。这种趋势反映到产品生产商一侧，就是产品的生产批量减小，而需要生产的产品种类和包装形式增多。

1.3.2 产品生产商对机械设备的要求

如果必须使用不同的包装机，才能包装不同的产品或使产品的包装形式不同，产品生产商就需要采购多种包装机械设备，这必然会造成其设备采购成本的提高，而且需要更大的场地来安置这些不同的包装机，造成生产成本的提高。产品生产成本的提高必然会反映到产品的价格上，使产品生产商的市场竞争力下降。为了降低生产成本，提高其产品的市场竞争力，产品生产商就会要求同一台包装机可完成多种产品及多种形式的产品包装。这实质上就是产品生产商对包装机的灵活性提出了更高的要求。所谓机器的灵活性，就是指同一机器可以按照要求生产出不同产品或产品形式的能力，如图1-1所示。

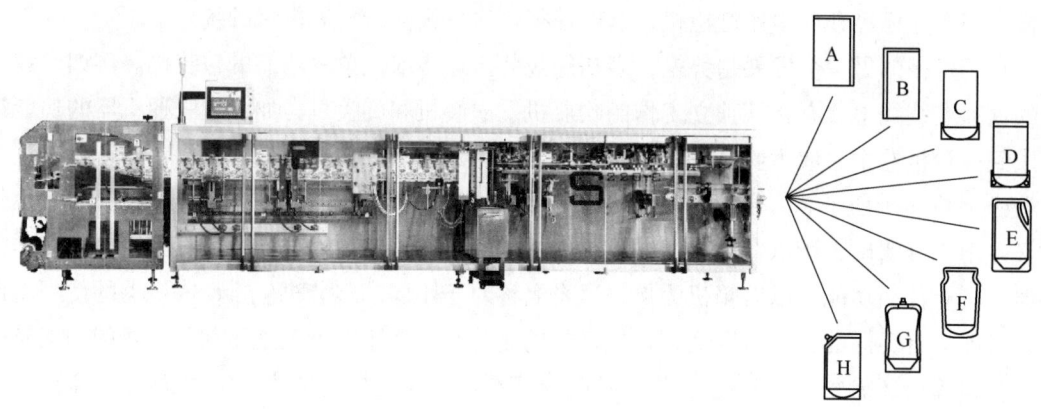

图1-1 机器的灵活性示意图（沧州怡和机械有限公司产品，照片由该公司提供）

对包装机而言，机器的灵活性就是指同一台包装机可以包装不同的产品，对同一产品，又可选择不同的包装形式。除此之外，产品生产商还要求：包装机要能根据需要快速且方便地切换被包装产品或产品的包装形式，且包装机的能耗和维护成本要低。只有这样，才能提高生产率，降低生产成本，提高产品生产企业的市场竞争力。

如何在单位时间内生产出更多的合格产品，对产品生产商是至关重要的。这就要求生产线的非计划停机时间短，尽可能地按照设计速度运行，且达到较高的成品合格率。产品生产线的操作和管理人员应能实时了解机器的运行状况，以便出现问题后能及时解决。生产线的维护人员只有迅速找出引起停机、降速及废品产生的原因，才可能采取必要的措施去尽快修复或避免这些问题再次发生。产品生产商还需要自动化系统对生产线的状态、故障和报警等信息做记录，并对其进行统计和分析。因为这将有助于产品生产商找出产品生产中的薄弱环节，制定并采取有针对性的措施，对生产线中的设备进行改进或优化，对生产线中各设备间的协调运行进行优化，使其产品的生产效益得以提升。

为达到上述目的，产品生产线上的各台单机应能通过网络互联，并建立生产线数据采集、监控和分析系统。生产线上的机械设备能通过网络将其运行状况实时提供给监控和分析系统软件。

产品生产商对其所用的机械设备的要求是随着消费者的需求和习惯、政策法规的变化而不断提高的。对于药品和食品，通常还有更高的政策法规要求。为保证消费者的生命安全，药品和食品生产商对其所生产和包装的产品，要能够追溯到原料的批次，并对生产过程进行无差错认证。这同样需要建立网络和配备必要的软件和设备。国家对于生产机械安全性的要求也在逐步提高，如要求生产机械在工作过程中，应尽可能地避免对人员、设备和环境造成伤害，这又对生产机械的安全功能提出了更高的要求。

随着市场及产品生产商对机械设备新需求的出现，机械设备生产商要及时设计并制造出适应这些需求的新机型。机械设备生产商不仅要生产出符合市场需求的机器，而且要尽量缩短新机型的上市时间，才能抢占市场先机，取得更好的经济效益。

第 2 章

机电一体化与数字化制造

根据本书第 1 章所讲的内容，产品市场对机械设备的要求是：机械设备要具有灵活性；新机型的开发速度要足够快，能迅速上市以满足市场需求；生产线上的机器要能利用网络实现互联，并可通过网络将机器的运行状态提供给上层软件系统，还可通过网络接收并执行上层软件系统发出的命令。如何实现这些要求？下面逐一进行分析。

2.1 机械设备的模块化

任何机械设备的产品生产过程都可分解成一系列简单工艺的组合。以包装机械中的酸奶塑杯成型、填充、封口和裁切机为例，可将该机器完整的生产工艺过程分解为塑杯成型、酸奶填充、塑杯封口、裁切这几个简单工艺的组合。在进行机器设计时，可以根据这些工艺动作将机器分解成多个功能模块，每个功能模块负责完成一个相对独立的简单工艺。根据机器所需的完整工艺过程，再将不同的功能模块进行组合。需要注意的是，许多常用的简单工艺功能模块（如放卷、成型、收卷、填充、封口等）可用于不同种类的机械设备（不限于包装机械）。某个工艺功能模块开发、制造、使用并完善后，就可直接（或稍加修改后）用于众多不同的机器。这个过程与儿童搭积木类似，先做好一些常用的玩具模块，然后就可利用这些模块快速地组合出各种各样、功能各异的玩具物件。将同样的原理用于机械设计和制造，就可大大降低新机型开发的复杂度，减少机器的开发时间。

图 2-1 所示为传统机械式酸奶塑杯包装机结构示意图。一个主电动机通过一根机械长轴驱动塑杯成型、灌装封口和冲裁三个工艺段。根据前面提到的模块化思路，可将该包装机按照工艺过程分解为塑杯成型、灌装封口、冲裁三个工艺模块。每个模块的功能相对简单、独立，可由各模块自有的电动机驱动实现其工艺功能。整个机器的完整工艺功能则由各模块的功能组合实现，如图 2-2 所示。

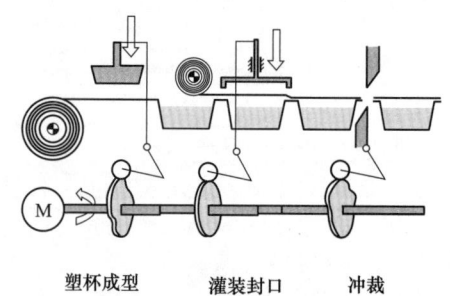

图 2-1 传统机械式酸奶塑杯包装机结构示意图

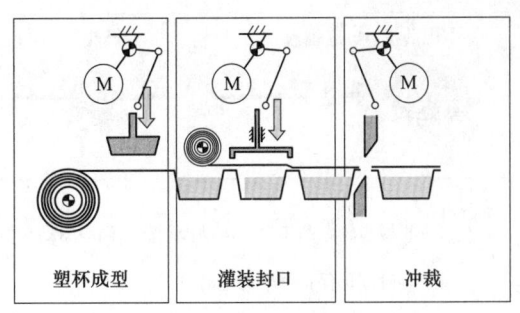

图 2-2　模块化酸奶塑杯包装机结构示意图

2.2　机械设备模块间的协调配合

在传统的机械设备中，通常用一个大功率的电动机驱动整个机器。多个具有不同工艺功能的机械部分利用机械的方式（如机械长轴、凸轮、齿轮等）耦合在一起，以确保机器各部分能够按照机器设计的要求相互协调（如各部分动作的时间关系、转速比等运动关系）地工作，实现机器的完整工艺功能。如本章 2.1 节中所述，对机器实施模块化后，机器的不同功能模块由各自的电动机驱动。在这种情况下，如何保证机器各模块之间工作的协调配合呢？这是机电一体化技术需要解决的一个重要问题。

随着电子技术、电气技术、信息技术及软件的发展，运动控制器、伺服驱动器及伺服电动机已经越来越普及。利用机电一体化技术方案（包括运动控制器、软件、伺服驱动器、伺服电动机和传感器等）取代机器中的联轴器、凸轮、齿轮等机械部分，同样可以实现多个机器模块之间的复杂运动关系（如凸轮关系、齿轮关系等）。当需要改变机器各部件之间的运动关系参数（如齿轮传动比、凸轮曲线的形状）时，采用机电一体化技术相比采用前面所述的机械方法具有明显的优势。如要改变齿轮传动比，只须在运动控制器中改变齿轮传动比参数即可，而无须任何机械改动，非常方便且迅速。在这样的大背景下，传统机器中的齿轮、凸轮、联轴器等机械部件已经越来越多地被电子、电气部件和软件所取代，如图 2-3 所示。

还须指出的是，在许多机械模块内部，也可能存在多轴之间相互的运动关系。如在某些机器的加工工艺过程中，需要在连续运动的物料上按照设定的等间距钻孔，如图 2-4 所示。在这个加工过程中，被钻孔的物料是以一定的速度连续向前运动的，这就要求钻头在旋转且向下垂直运动的同时，以同样的速度跟随物料进行向前的水平移动。注意：在图 2-4 中没有标出钻头旋转运动的驱动电动机。

随着电子技术、电气技术、信息技术及软件的发展和普及，运动控制器、伺服驱动器及伺服电动机的价格在逐步走低；与此相反，机械部件和人工劳动力的价格却在逐步走高。这样的变化趋势进一步促进了机电一体化技术的发展和实际应用。

在生产机械的控制和驱动方式上，机电一体化方案与传统机械方案相比，具有非常明显的优势。为实现不同产品（或产品形式）的生产，机电一体化方案可以快速且方便地对机器进行相应的调整或转换。机电一体化方案还可以降低机器的噪声，解决机械磨损带来的机器稳定性差、加工精度低等问题。这些优点正好顺应了当前市场对生产机械的要求。关于运

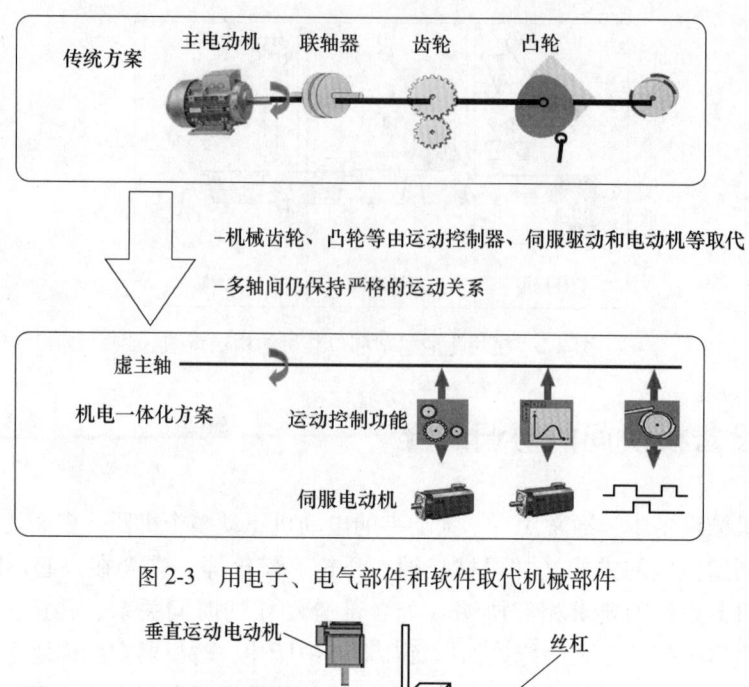

图 2-3 用电子、电气部件和软件取代机械部件

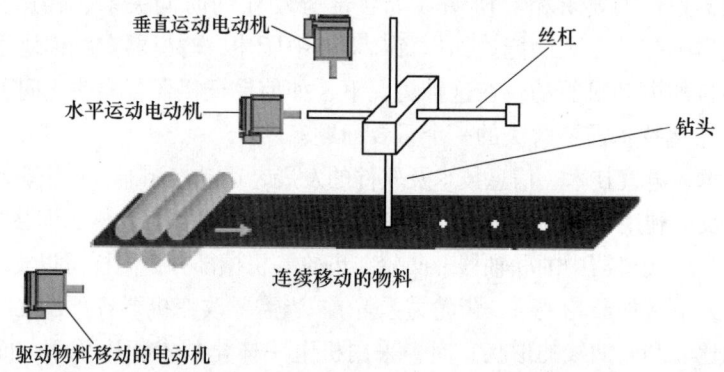

图 2-4 钻头的运动由两个方向运动的组合形成

动控制系统的原理、产品和软件等方面的知识，不在本书介绍的范围之内，如有需要，可参考这方面的专业书籍。

根据上述讲解可以看出，采用模块化设计和机电一体化技术，可使生产机械能够快速地进行调整或变换，以实现加工多种不同产品（或产品形式）的目的。这样就可以使产品生产商更好地适应小批量、多品种的市场需求，且更容易地应对产品生命周期缩短的市场发展趋势。对于机械设备制造商而言，利用模块化设计和机电一体化技术，可以更快地开发出符合市场需要、灵活性更好的新机型。

2.3 机械设备的灵活性

传统的机械设备通常由一台主电动机带动整个机器运行，生产过程中机器各部分的协调及配合可通过巧妙的机械设计实现。以前面介绍的在连续物料上钻孔的工艺为例，为实现各部件间的协调运行，机器中包含多种机械部件（齿轮、凸轮、联轴器、夹具等），通过这些机械部件实现机器各部分的协调动作，使机器可按照设计的要求完成钻孔任务。但如果要求同一台机器按照需要实现不同的钻孔间距，或在物料移动速度可变的情况下进行钻孔，就会使钻孔的频率或时间点发生变化，从而造成不同机器部件间的运动关系发生改变。为适应这样的变化，就要求某些机械部件的形状或机械齿轮传动比发生变化。若机器中钻头的水平和（或）垂直运动是利用机械凸轮来实现的，当需要改变钻孔的间距或钻孔的时间点时，就要改变相关机械凸轮的形状。机械凸轮的形状要经过机械加工来改变，在机器上更换机械凸轮通常费时费力。由此可见，用机械的方法虽然可以达到用同一台机器生产多种不同产品的目的，但需要进行机械部件的调整或更换，这些操作通常会比较复杂且费时费力，很难在短时间内完成。如果某种产品的生产批量很大，即使更换或调整机械部件的时间较长，对整体生产率的影响仍然是可接受的。但在当前小批量、多品种的市场要求下，更换产品或产品形式所需时间的长短，对于产品生产商的生产率影响却是很大的。

机器的灵活性是指同一台机器能够生产不同产品（或产品形式）的能力。机器可生产的产品品种越多，切换不同产品生产所需的机器调整时间越短，机器的灵活性就越强。

我们知道，利用运动控制器、伺服驱动器和伺服电动机可以实现多个电动机间的同步功能（如电子齿轮、电子凸轮等）。在前面所举的钻孔应用实例中，可使用三台电动机，其中一台电动机驱动物料向前运动；钻头需要用两台单独的电动机驱动，一台电动机驱动钻头上下运动，另一台电动机驱动钻头水平运动（本例中，钻头的旋转与上述三台电动机的运动不存在相互的运动关系，例如在机器开机后，可让钻头以固定的速度旋转，这个旋转速度与钻头所在位置无关，所以在此没有强调这个旋转轴），如图2-4所示。这三台电动机之间的运动关系可由运动控制器的多轴同步功能方便地实现，尤其是当有不同的钻孔间距或不同的物料移动速度等变化要求时，这种机电一体化的方法可以非常方便和迅速地实现相应的运动关系转变。其基本原理是在运动控制器中设置不同的运动关系曲线，当需要变换不同的产品时，只须选择相应的运动关系曲线即可，非常方便和快捷。由此看出，采用机电一体化的方法可使机械设备的灵活性更强。

2.4　生产线联网和机械设备运行状态的采集

为提高产品的生产率和质量，产品生产企业都非常关心其生产线的运行状况：生产线运行速度是否达到了设计目标？为什么出现降速或停机？能耗情况怎样？这些问题通常都是产品生产企业想要了解的关键信息。如何得到上述信息？传统方法是听取一线员工的汇报或查看其手工填写的生产记录。这种方式费时费力，而且信息的准确性和真实性会受到人为因素的干扰。另一种方式是建立自动化的生产线状态信息采集系统，自动实时采集生产线上的相关信息并进行记录，然后再由软件工具对采集到的信息进行处理和分析并给出结果。显然，后一种方法更加客观和高效，且成本更低。

要实现自动采集生产线的状态信息数据，机器就要联入网络。如今的网络技术已经非常成熟，市场上几乎任何主流的控制器（PLC、工业PC、运动控制器等）都配有网络接口，工业以太网交换机也已非常普及。因此，就当前的通信技术而言，把机器接入网络实现数据传输，是没有任何问题的。但机器在硬件上联入网络之后，是否就能满足上述采集和分析数据的要求呢？事实上还有两个问题需要进一步考虑和解决。

第一个问题是，生产线上的机器需要提供哪些数据？只有得到了必需的数据，产品生产企业才可获得必需的生产线状态信息，才能实现对其生产线的有效监控，从而进行有效的数据分析和评估，最终实现对其生产线制定相应的改进和优化措施，达到提高其产品生产率和质量的目的。在生产线和相关机器的设计和制造阶段就应将这些必需的数据内容考虑好，使机器运行时可产生这些数据并可方便地由自动化系统进行采集。如果在机器交付使用之前没有做到这一点，待机器组成生产线并联网后，就可能出现因机器不能产生某些必需的数据，而不能实现对生产线的有效分析和评估。如果在发现上述问题后再对相关机器的硬件和软件进行修改，则工程量会增加很多，往往会造成工程的延期。

第二个问题是，以什么形式表达这些必需的数据？如果不同机器生产厂家采用各自的表达形式，且表达形式不统一，产品生产企业（或数据采集和分析系统）就很难理解这些数据的含义，也就无法对其进行分析，或者需要花费大量的时间和精力与机器生产商进行沟通，才能理解其数据的含义。

为了方便机器的使用者（如产品生产商）明确其需要哪些数据和这些数据的表达方式，也为使机器生产商在设计机器时就明确机器应提供哪些数据，并以统一的方式表达这些必要的数据，国际上的一些行业组织（这些组织的成员通常包括产品生产商、机器生产商、自动化系统提供商、行业协会和研究院等）给出了这方面的规范，如 OMAC 的 PackML 等。有关这些规范的具体内容，将在后面介绍。

2.5　机械设备的数字化双胞胎与虚拟调试

随着机电一体化和软件技术的发展，许多新技术、新理念不断涌现。这些新技术可为机械设计师、软硬件工程师等从业人员在多方面提供极大的帮助，使新机型的开发和调试时间更短，开发成本更低。

数字化双胞胎（digital twin），又被称为数字孪生，是一个重要的概念和技术手段，并在众多领域得到了广泛应用。数字孪生是以软件形式表示的数字虚体，它与客观世界中的物理实体及其变化规律相对应；当物理实体的各种特征和有关数据发生变化时，与其对应的数字虚体会实时地随之更新。借助数字孪生，人们可运用仿真、人工智能、推理等手段，以更高的效率和更低的成本做出判断和决策。数字孪生所表示的这对实体和虚体具有相同的外形、运动和变化规律等特征。它们就像一对孪生体并因此而得名。

数字孪生并非一个全新的概念，其实我们早已利用数字孪生解决实际问题了，只不过那时我们并未采用数字孪生这个名称而已。例如，设计师可用 CAD 软件绘制一个实体螺栓的结构与外观图，还可用三维软件显示其立体图像，用来表示这个实体螺栓的数字图形文件就是该实体螺栓的数字孪生。工程师也可以根据自己的知识和经验，创造性地设计并绘制出一个想象中的数字虚体螺栓,再根据该虚体的结构和外观图来制造对应的物理实体螺栓。这就是说,并非要先有物理实体,才能有对应的数字虚体;也可以先有数字虚体,再按照数字虚体制造或修正物理实体。

上述例子中的数字图形文件只能反映实体螺栓的外观和结构,如果还须用数字虚体表现实体螺栓的材料、质量、强度等特征,就要再建立可反映该实体螺栓上述特征的另外的数字文件,如包括螺栓的材料、质量和强度的列表文件。上述数字图形文件和数字列表文件,是构成实体螺栓数字孪生的两个不同的模型(model)。由此可知,一个数字孪生可以包含多个反映物理实体不同方面特征的模型,且这些模型可以具有相互关系。数字孪生含有的模型越多,就越能反映出物理实体更多方面的特征。在理想情况下,数字孪生和其物理实体之间可具有全面且精准的对应关系,对应关系越全面、越精准,需要的模型就越多,数字孪生的构成也就越复杂。

在实际应用中,我们完全没有必要建立能够100%地反映物理实体各方面特征的数字孪生,而只须根据我们所要研究的某些特性而建立对应的模型即可。数字孪生模型应具有可扩充性,即可根据欲研究内容的增加而增加模型的数量。根据实际需要,若须加深对物理实体某方面的研究,数字孪生模型则要能够随着研究的深入而升级,即通过不断改善和优化,使模型能更详尽地反映出物理实体的特征。数字孪生模型要能接收来自物理实体的数据并根据这些数据的变化进行实时演化,使其与物理实体在全生命周期内保持一致。

利用数字化技术,可将实体机器的物理构造和工艺功能(如组成机器的模块、机器部件的运动形式及顺序、不同部件间的运动关系、传感器、控制时序等特征)用数字化文件的形式表示出来,使之与机器的物理部件、性能和行为等特征相对应。这就等同于为一台实体机器定制了一个与其具有相同特征的数字化映像,该数字映像称为实体机器的数字化双胞胎(digital twin)。实体机器的这个数字化映像可被重复使用,还可用于后续的计算机辅助设计(CAD)等操作。利用专用软件,如西门子公司的 NX MCD,可以将这个数字映像显示成立体的、可活动的仿真图像,就像与其相对应的实体机器一样,如图2-5所示。

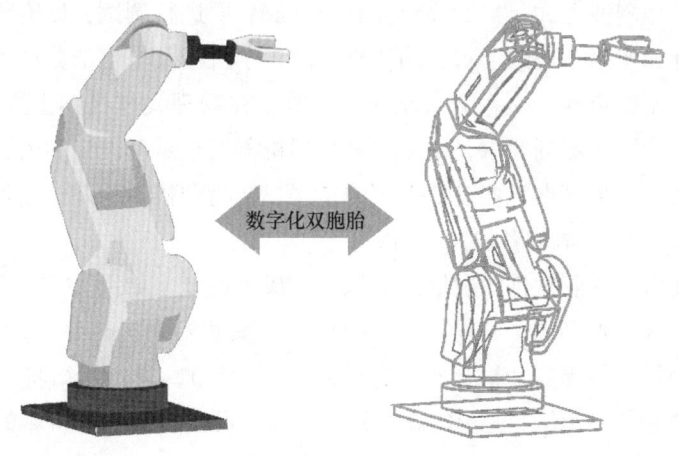

图2-5 实体机器的数字化映像

以传统的方式进行机器设计时，首先机械工程师完成机械设计，然后电气工程师去选择配套的电气产品，最后自动化工程师才能开始机器的控制程序设计。这三个设计环节依次进行且相互影响，前面设计环节的改动很可能使后面的环节随之改动。这样不仅使机器的开发时间延长，而且会增加开发成本。使用机电一体化概念设计软件（如西门子公司的 NX MCD），能使机械、电气和自动化工程师同时且协同地工作。NX MCD 软件具有开放的接口，可将机械设计 CAD 图样导入其中，机械工程师还可将机器的各种机械部件规划到数字模型中，完成详细的机械设计；MCD 软件可与电气产品选型软件相配合以完成有关电气产品的选型，帮助电气工程师为机器的数字模型选择各种传感器、驱动器和电动机等执行部件；自动化工程师可将机器数字模型中的电子凸轮曲线、操作序列等信息导入机器的控制程序中，更方便地进行软件编程。

MCD 软件不仅可快速生成机器的数字化映像（数字化双胞胎），而且可提供机器的仿真功能。因此在制造实际的物理机器之前，可在虚拟的环境中利用数字化双胞胎仿真实体机器的运行，验证其是否达到了设计要求，是否可满足生产率的要求等；还可反复地对机器的数字化双胞胎进行必要的修改和优化，直到满足实际的生产工艺和技术要求。这样的工作方式可极大地减少机器的开发（或改造）时间，降低相应的开发成本。

同样，为了减少机器的开发时间和成本，且更好地利用数字化双胞胎技术，市场上还出现了许多新的理念和配套解决方案。例如，采用开放的、标准化的工程信息交换手段，使不同软件开发环境下的信息交换方便快捷。利用这种信息交换手段，在数字化双胞胎的产生过程中，可以方便地将 CAD 图表示的机械部件信息导入 NX MCD 软件。在机器的组态和编程方面，也出现了许多旨在减少工作量、优化编程过程的新理念和软件工具，如基于对象的程序设计（object oriented programming，OOP）方法，使得编写程序像搭积木一样简便和快捷，大大降低了软件编程的难度。西门子公司的项目生成器（project generator）和模块应用生成器（modular application creator）等工具可更好地支持机器模块化理念的实施，利用它们可将已开发的、经过实际运行检验的标准软件程序模块方便地组合成机器的完整控制程序。

按照传统的机械制造方式，机器设计并制造完成后要进行调试，以确认机器在实际运行中是否可达到设计和实际工作的要求，确认机器的各个机械及电气部分是否可很好地相互配合，是否具有很好的稳定性，是否会出现误操作等。在物理实体机器上进行调试（图 2-6）时，如果发现某些指标达不到要求，则需要对物理机器进行重新设计和改造，这样不仅成本高，而且费时费力；如果存在机器设计方面的错误，在物理机器的调试过程中，还可能造成机器部件的损坏和（或）调试者的人身伤害。

机电一体化技术及专业软件的发展使虚拟调试成为可能，如图 2-7 所示。利用专用的仿真软件和配套产品（如西门子公司的 NX MCD 用于仿真机器的机械部分，SIMIT 仿真软件用于仿真现场的驱动器、传感器、执行器等有源部件的行为），通过网络将电气控制部分（如 PLC 或运动控制器）与在 PC 上运行的虚拟机器相连，可实现对物理机器的实时动态仿真并可进行虚拟调试。

在这样的环境下，虽然不存在真正的物理机器，自动化控制部分只是和虚拟机相连，但

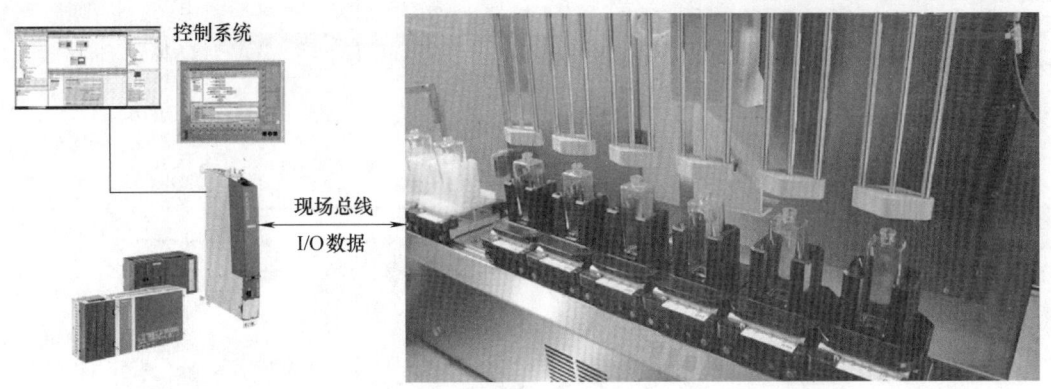

图 2-6　对物理机器进行调试

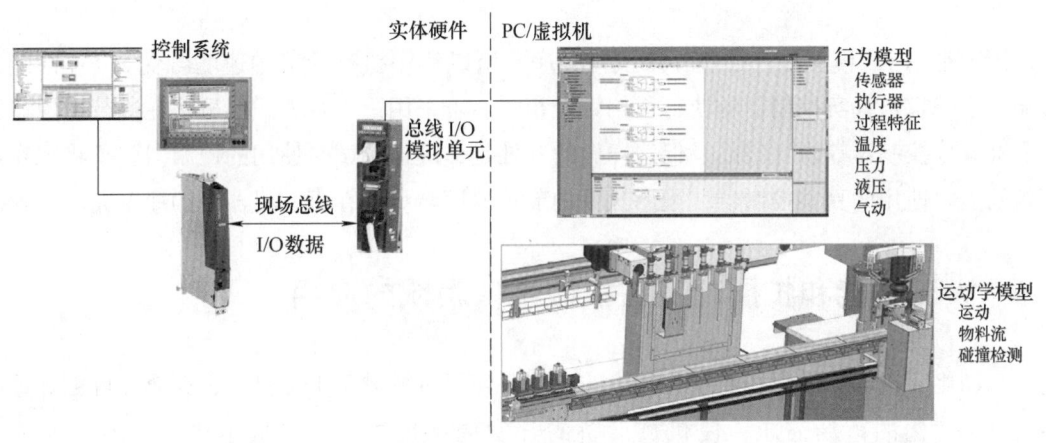

图 2-7　用真实的控制器进行虚拟调试

从电气控制部分的视角来看，它就像是在操控一台实际的物理机器一样，可以验证机械部分的概念设计、机械系统的相互作用、电气系统、软件和用户程序。在控制器中运行已经设计并编制好的机器控制程序，操作人员可以在显示器上直观地看到机器的运动、材料供给、是否有碰撞等情况，还可以看出机器在运行时的温度、压力等参数。如果虚拟机的运行结果达不到设计目标，只须对虚拟机及其控制程序进行修改和优化，直至其达到理想的设计目标为止。由此可见，利用虚拟调试，设计人员可在制造实际物理机器之前，就发现所设计的机器中的错误和可能出现的故障，还可避免因设计失误等原因造成对实体机器和操作人员的伤害，并可根据虚拟调试的结果修改和优化机器设计。因此，数字化双胞胎与虚拟调试技术可极大地减少机器的开发时间和成本，缩短新机型的上市时间。

在图 2-7 所示的虚拟调试方式下，物理机器用 PC 中运行的虚拟机替代，但控制器仍是真实的产品。还有另一种虚拟调试方式：虚拟调试所需的控制器也是用软件仿真出来的，机器的控制程序在虚拟的控制器中运行。在这种方式下，虚拟的控制器和虚拟机都在一台 PC 中运行，如图 2-8 所示。

采用第二种方式的好处是，在虚拟调试前不需要准备任何真实的硬件产品。在这种情况

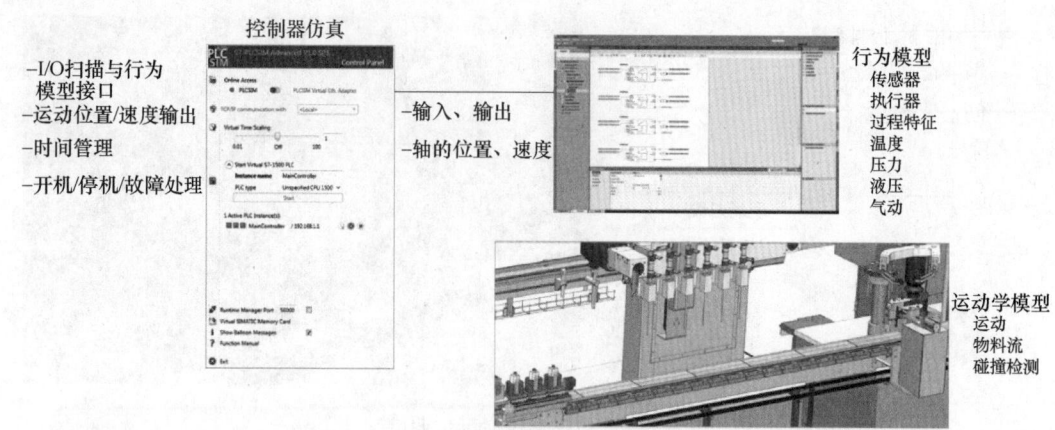

图 2-8 用软件仿真的控制器进行虚拟调试

下,因为是用 PC 模拟硬件控制器来执行程序,所以程序执行的节拍速度会受到 PC 性能的影响,不一定与真实控制器的执行节拍完全相同。若采用第一种方式,虽然在进行虚拟调试前要准备好控制器等硬件产品,但这样做的好处是,虚拟调试时使用的控制器就是将来在物理机器上要使用的真实控制器,程序执行的节拍速度与将来在真实机器上的速度完全一致。

2.6 人工智能和扩展现实在机械设备领域的应用

自动化、机电一体化和数字化技术的应用,使得机械设备更加灵活、高效,可更好地满足用户个性化的市场需求;使机械设备的开发周期更短、开发成本更低。随着人工智能(artificial intelligence,AI)、虚拟现实(virtual reality,VR)、增强现实(augmented reality,AR)等技术的发展,许多原来出现在科幻小说、电影和电子游戏中的场景,也被逐步地应用到了机械设备的生产、使用和维护过程中。这使得机械设备的性能、制造过程及其使用过程得到进一步的优化。请注意,上面所说的虚拟现实和增强现实技术都属于扩展现实(extended reality,XR)技术的范畴。

机器的自动化与智能化有什么不同呢?最重要的区别在于:自动化的机器严格按照人们的规划(如编程)执行任务,如果工作中出现了人们在规划中没有事先考虑到的情况,机器就不知道如何工作了;而具备人工智能技术的机器,则可以自行感知、分析和判断外界的情况,自行做出决定并完成任务。

在现阶段,过去某些只能依靠人类智力来完成的重复、单调的工作(如检查药片泡罩板的外观,确定其是否为合格品),则可以由智能机器自己去完成,而且在工作速度、精度和一致性方面会比人工做得更好。但这并不意味着智能机器会完全代替人类来做决策。现实情况是,智能机器需要与人协同配合,由智能机器完成某些容易使人厌烦和疲劳的重复性的、单调的脑力工作;或由智能机器发挥其在某些方面更擅长的能力,给人们提供提示和建议,使现场的工作人员更方便、更有效、更轻松地工作。例如,借助卫星和大数据,智能地图能够比人看到更远地方的路况，可以提供多种出行参考线路，供驾驶员根据其当前的具体需要做出合理的选择。因此，人们利用人工智能技术，可将自己有限的精力用于更高等级的决策，使企业的生产率得到进一步的提高。

在本书的 2.5 节中，已经介绍了数字孪生及其模型的概念和应用，这里值得一提的是，人工智能技术被广泛地应用于构建数字孪生模型，赋能于数字孪生。例如，可利用 AI 的机器学习、深度学习和强化学习（这些概念将在本小节后面介绍）等方法，自动或半自动地构建数字孪生模型，使其更准确地反映物理实体的特征和行为；对数字孪生进行仿真分析和优化，使其能够更高效地模拟和验证物理实体的状态和性能。

2.6.1 工业领域常用的 AI、VR、AR 等技术简介

为了帮助读者理解本书后面将涉及的有关 AI、VR、AR 等方面的内容，在这里先简要地介绍一下 AI、VR、AR 等技术的基本概念，因为这些技术内容广泛且涉及众多学科，这里只是对现阶段在机械设备制造、运行和维护等领域常用的 AI、VR、AR 等技术做一个简要介绍。如果读者想深入地了解这些新技术，请参考相关的专业书籍。

智能体（agent）：智能体是指用于模仿人类智慧，具有独立思考和判断能力且能同外界交互的实体，其存在的形式可以是计算机软件程序、机械设备中的智能部件等。

机器学习（machine learning）：机器学习是指利用大量数据（包括输入数据和对应的输出数据）来训练智能体，使其能够自动地找出输入数据和输出数据之间的规律或关系，即输入数据经过怎样的算法后产生输出数据。这就是说，机器学习利用已有的数据创建出一个模型，然后利用此模型对新的数据做出判断或预测。这个过程与人类的

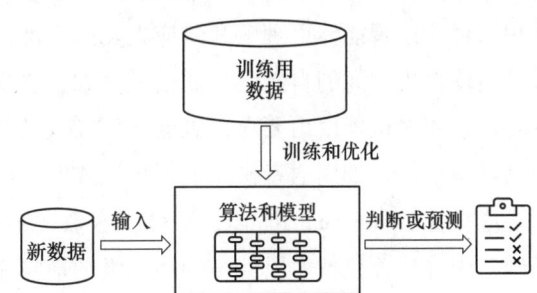

图 2-9　机器学习示意图

学习过程有些相似，当某人从某类问题获得一定的经验后，就有能力对新的问题做出判断或预测。机器学习示意图如图 2-9 所示。

在训练过程中，智能体产生的输出值与正确的输出值之间会存在误差，而智能体可以根据此误差来不断地优化算法，使误差值最小化。这就是说，机器学习是让智能体用经验来发现问题并逐步优化算法，而不是用编写程序的方法改善智能体的性能。当这个智能体的算法性能提升后，就可对新输入的数据做出更加准确的判断和预测。例如，利用北京数十年来每一天的最低气温数据训练智能体并使其学习数据中的模式或规律，当训练完成后，就可利用该智能体来判断今后某年某天的最低气温。

深度学习（deep learning）：深度学习是机器学习的一个分支，它的重要特点是用软件来构建出类似于人脑的多层神经网络结构，每一层神经网络包括很多神经元，各个神经元之间能相互传递信息，如图 2-10 所示。与机器学习类似，深度学习同样需要用大量数据对智能体进行训练，在这个过程中，智能体产生的输出值与正确的输出值之间也存在误差，智能体

同样会据此误差来不断地优化算法，使误差值最小化。与机器学习相比，深度学习更适合解决复杂的、非线性的问题，如在图像识别、语音识别等领域，深度学习可获得比机器学习更好的效果。

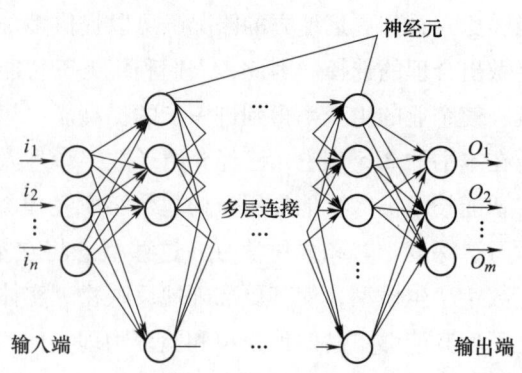

图 2-10 用软件构建的类似于人脑的神经网络结构

强化学习（reinforcement learning）：强化学习是机器学习的另一个分支，它让智能体以自身不断尝试的方式进行学习。对于一个设定的目标，这种学习方式并不告知智能体应如何去做，而是让其去尝试。如果其尝试的方法使结果达到了预期目标，就会得到奖励，否则就会受到惩罚。这样的学习方式使智能体以获得最多的奖励为目标，通过不断的尝试优化算法，学会如何做出最佳决策。例如，山羊刚出生后，不知道如何才能站立起来，但通过不断的尝试，小山羊就能摸索出怎样才能站起来而不会摔倒；经过一段时间后，小山羊不仅学会了站立，还可以奔跑。在这个例子中，小山羊其实就是在做强化学习。

自然语言处理（natural language processing，NLP）：自然语言处理将计算机科学和语言学相结合，让智能体可理解和响应人类的自然语言。对于机械设备而言，目前应用较多的场景是实现人机之间的自然语言通信。例如，当操作人员因手持其他工具而不方便手动操作机器时，只须对机器说出要求，机器就可按人的要求做出相应的动作。类似的场景在日常生活中已经很常见，如用语音操作电视机，或开车时用语音选择目的地以实现导航等。

虚拟现实（virtual reality，VR）：虚拟现实技术以反映真实世界各种特征的大量数据为基础，围绕计算机技术，综合利用三维图形技术、多媒体技术、仿真技术、显示技术、伺服技术等多种手段，营造出一个逼真的、与真实世界相对应的能够提供三维视觉、触觉、嗅觉等多种感官体验的虚拟世界，使处于该虚拟世界中的人产生一种置身于真实世界的感觉。当前的虚拟现实系统通常离不开头戴式显示器，当用户戴上它后，便可在其小屏幕中看到一个立体的、全景的虚拟世界，并且用户可以使用手柄、数据手套或利用语音与之进行交互。在日常生活中，许多人已经体验过在 VR 云商城购物、在 VR 云展厅参观等活动，这些就是 VR 技术的应用。

增强现实（augmented reality，AR）：增强现实技术将反映真实世界某些重要部位的相关特征数据，如文字、图像、三维模型、语音、视频等数字化的虚拟内容，叠加到真实世界的对应部位上。当真实世界和上述虚拟内容在同一个画面或空间中同时存在时，真实世界和虚拟世界的两种信息互相补充，使人们能够更方便地实时了解更多关于真实世界的信息，即这些虚拟信息直观地"增强"了人们对真实世界的感知，看到自己需要了解的，但只靠肉眼又看不到的真实世界的某些特征。例如，进入商场等公共区域时，可能会遇到使用 AR 技术的体温检测系统，通过检测区域时，人们不仅可以在显示屏上看到摄像机拍摄到的自己的真实影像，还可以看到在这个真实影像上叠加了由体温检测仪检测到的自己的体温数据。这就是一个 AR 技术的简单应用，相比由工作人员手持体温检测仪来逐一检测每个人体温的方法，这种方式可极大地提高工作效率，并降低工作人员的工作强度。

2.6.2 当前 AI、VR、AR 等技术在机械设备领域的典型应用

前面已经说到，当前配备人工智能等新技术的机器并不会完全取代人类的智力和工作岗位。但人类需要和这些智能机器协同配合，由智能机器完成某些容易使人厌烦和疲劳的重复性的、单调的工作，且发挥智能机器在工作速度、精度和一致性方面的优势；而人类可以参考智能机器提供的提示和建议，更轻松、高效地工作，将有限的精力用于更高等级的决策和管理，从而进一步提高生产率。

根据之前的介绍，我们已经了解到 AI 机器学习的过程是让智能体通过大量的数据自动地学习和改进算法，而无须由工程师们针对具体问题进行费时费力的计算机指令编程。机器学习方法往往能比传统的计算机指令编程方法更快地解决问题。

在机械设备的制造、使用和维护领域，AI、VR、AR 等技术在现阶段的常用应用有以下几种：

（1）基于 AI 的机器视觉　在传统机器视觉的基础上引入深度学习算法，以便从复杂和抽象的特征中提取信息，实现更高的准确性和适应性。该方法更适合解决那些难以用编程方法解决的问题，如识别容易混淆的背景、产品外观差异等。该方法还常用于完成产品分类、产品质量检测等工作。

（2）基于 AI 的运动控制算法　对于复杂多变的运动控制问题，用传统的编程方法难以或需要较长时间才能完成解决这些问题所需的控制算法，而利用基于 AI 的运动控制算法则可更快地生成所需的控制算法。

（3）基于 AI 的机器参数控制　利用大量数据来训练智能体，使其能够自动地找出输入数据和输出数据之间的规律或关系；再利用上述规律或关系（模型），对新的数据做出判断或预测。这种方法常用于涉及较多参数的复杂生产工艺控制，以实现更准确和可靠的控制。

（4）基于 AI 的机器自然语言控制　当操作者不方便手动操作时，利用该方法可使操作者用自然语言与机器互动。

（5）基于 AI 的预测性维护　这种方法能根据当前的设备状态数据，预测故障发生时间并提示设备维护人员在适当的时间进行设备维护，减少因故障停机造成的损失。

（6）基于 VR、AR 的培训　这种培训方式利用反映真实世界各种特征的大量数据来模拟真实环境，使学员沉浸在虚拟的三维环境中，实现人机交互，从而极大地降低机械设备制造、操作和维修等方面人员培训的难度和成本。

（7）基于 AR 的现场设备巡检和维修　利用 AR 和物联网等技术手段，借助移动终端或头戴式显示设备，将与现场设备有关的某些重要信息，实时地显示在现场画面上。现场人员可利用该技术快速地定位问题所在点位，更加准确无误地执行检查和维护任务。这种方法不

仅可提高设备巡检和维修的工作效率，还能减少因人为失误导致的损失或伤亡。

在本书第 3 章，将介绍 AI 技术在一些机型中的典型应用，并说明 AI 技术的应用给这些机型带来的好处；在本书第 6 章，将简要介绍如何利用 AI 软件开展预测性维护，如何利用 VR 技术进行虚拟培训，以及如何利用 AR 技术帮助现场人员查看实时机器数据，并进行操作或维护指导等内容。

第 3 章

典型机械设备的工艺及自动化解决方案

3.1 机械设备与自动化方案的相互促进及发展现状

本书将以包装等行业的机械设备为例,说明机械设备及其相关自动化和驱动产品及解决方案的发展情况。在四十多年前的国内市场中,有许多散装的食品和饮料出售。那时要买酱油或醋,需要自带瓶子;要买月饼或蛋糕,售货员称重后会用纸将它们包装起来交给你。上述场景现在几乎见不到了。酱油和醋已改由灌装机进行灌装,灌装过程更加卫生,灌装量更准确;月饼和蛋糕也改由食品包装机进行包装。在产品出售前先进行灌装和(或)包装的优越性在于:更利于保证产品不易变质,更方便经销商运输和存储,更利于消费者购买和携带,还有利于产品生产商进行产品宣传和促销等。

随着市场对包装精度(如包装量误差)和质量(如卫生标准)、包装生产的高效率和低成本等需求的不断提升,包装机械生产商逐步改进其当前所制造机器的性能或开发新机型以满足市场的需求。由于不同的商品具有不同的物理和化学特性(固态、液态、粉末、易变质、易挥发等),为更好地保护商品,应采用不同的包装形式。这就使得包装机械设备的工艺种类繁多,如裹包、灌装、泡罩包装、无菌包装等。即使是完成同一包装工艺的包装机,由于包装机的设计和开发者的设计思路不同,机器的工艺原理和机械型式也会有所不同。例如,为了实现将粉末状产品装入袋子这一功能,有一种包装机利用采购来的预制袋,将粉末状产品灌入袋子后再封口;另一种是垂直设置的机器,可顺序完成制袋、灌装和封口;还有一种机器是水平设置的,也可顺序完成制袋、灌装和封口。由于包装机的工艺原理不同,机器中的机械部件以及它们的运动形式就不同,这就使得这些机械部件间的运动关系也不同,因此这些包装机械所需的自动化和驱动方案也不一样。

不同机器的自动化与驱动解决方案可能是由不同的电气工程师各自分别设计的。所以有时候会有这样的情况,即使是按照同样工艺原理工作的包装机,可能会存在不同形式的自动化与驱动系统解决方案。例如,在有些机器中,不同机械部件之间的运动关系依靠齿轮、凸轮等机械部件实现;在另一些机器中,不同机械部件之间的运动关系是靠电子部件(如电子齿轮和电子凸轮等)来实现的。在本书第 2 章中介绍机电一体化时,已经提到了采用伺服驱动方式的优越性,如灵活性高、无磨损、低噪声等,在此不再赘述。从生产机械发展的总体趋势上看，采用伺服驱动方式的解决方案会越来越普遍。

还须指出的是，机械设备与其对应的自动化和驱动方案是相互促进和发展的。机械设备的工艺对其机械部件运动要求的提高，会促进自动化和驱动产品供应商或系统集成商开发出与之相适应的产品和解决方案；自动化和驱动产品新技术及其解决方案的出现和其价格的降低，又会促使机械设备制造商对其机器的机械部分进行改变，以适应更先进的自动化和驱动技术。上述相互促进的结果将使生产机械的性能更高、更灵活和更可靠，从而进一步增强其市场竞争力。

当前，国内的机械设备制造商已经认识到了提高机器灵活性和联网能力的重要性，开始接受模块化的机器设计理念，在其机器中采用机电一体化技术，不仅使得同一台机器可以生产多种产品或不同形式的产品，还使得机器切换不同产品（或产品形式）生产所需的时间更短且更易操作。许多产品生产线的提供商开始考虑采用标准化的机器状态和控制数据、标准化的生产线网络结构，并以标准化的通用显示画面来显示关键绩效指标和生产线的实时状态（包括故障和报警）等信息。

现以饮料行业常用的吹瓶、灌装、旋盖机为例来阐明上述观点。过去，吹瓶、灌装和旋盖三个工艺分别由三台机器实现。彼时，制瓶厂生产出 PET 瓶后要经过运输（或须经过仓储）送到灌装厂，且瓶子在仓储和运输环节容易被污染。瓶子经灌装机灌入饮料后，还要经过一段传输带被送入旋盖机为瓶子加盖，这样的工艺过程又可能造成对产品和容器的污染，而且容易使饮料氧化，影响产品质量。

为了克服上述缺点，人们想到了将吹瓶、灌装和旋盖三个工艺功能集成在一台机器中。我们知道，吹制一个瓶子所需的时间与灌装完一个瓶子所需的时间不一定相同；灌装完一个瓶子所需的时间与旋紧一个瓶盖所需的时间也不一定相同。要使机器的吹瓶、灌装、旋盖三个工艺环节能够连续地工作而不必相互等待，吹瓶、灌装和旋盖三个工艺段在单位时间内必须加工出同样数量的产品（即单位时间内吹制出的瓶子数量 = 完成灌装的瓶子数量 = 完成旋盖的瓶子数量）。要做到这一点，就要使机器拥有的吹瓶头数量、灌装头数量和旋盖头数量保持一个特定的比例关系，这是因为吹制一个瓶子（灌装一个瓶子或为一个瓶子旋盖）的时间是一定的，吹制瓶子用的吹瓶头（灌装用的灌装头或旋盖用的旋盖头）越多，单位时间内就能吹制出更多的瓶子（灌装更多的瓶子或完成更多瓶子的旋盖）。

高速吹瓶、灌装、旋盖机一般都采用转盘式结构，在转盘旋转 360° 所需的时间内，完成转盘上全部瓶子的吹制（或灌装或旋盖）工作。转盘的直径越大，就能够在转盘的圆周上安置更多的加工头，从而在转盘旋转 360° 的时间内，完成更多产品的加工。为使机器的三个工艺环节（吹瓶、灌装、旋盖）能够连续地工作（即单位时间内吹制出的瓶子数=完成灌装的瓶子数=完成旋盖的瓶子数），吹瓶、灌装和旋盖三个转盘旋转的角速度要保持特定的比例关系。例如，灌装转盘上安置 120 个灌装头，旋盖转盘上安置 20 个旋盖头，灌装转盘每转一圈，旋盖转盘需要转 6 圈，即灌装转盘和旋盖转盘的转速比为 1∶6，这样才能使机器连续地正常工作。

因为完成一个瓶子的吹瓶、灌装和旋盖工艺所需的时间会随着瓶型、瓶盖型的不同而变化。例如，灌装完一个瓶子所需的时间会随着饮料或瓶子的大小而变化，所以如果瓶型（或灌装的饮料，或使用的瓶盖）发生变化，上述三个转盘旋转的角速度比也要随之变化。如果将机器三部分间的转速比例关系通过机械部件（如机械长轴和机械齿轮）来实现，机器的灵活性会很差，而且它们之间的协调配合及同步精度会随着机械磨损而逐渐变差。随着运动控制器和伺服驱动技术的发展，越来越多的吹瓶、灌装、旋盖一体机将电子齿轮、电子凸轮等技术应用在其自动化和驱动解决方案中，克服了机械方案的上述缺点，使机器更加灵活，更好地满足了小批量、多品种的产品市场需求，从而进一步促进了吹瓶、灌装、旋盖一体机的发展。

下面将介绍一些市场上常用的机械设备，包括机器的工艺、自动化和驱动系统解决方案。当我们较深入地考察机械设备的自动化与驱动系统解决方案时会发现，对于同一种类的机器，现有大多数机器的工艺原理和自动化与驱动系统解决方案都是类似或相同的。这是由于前人设计、实施并逐步改进成熟后的机械设计、自动化与驱动系统解决方案，会被后人学习和模仿。所以当我们理解并熟悉了一种机型，就有利于我们理解同类机型并为其做出相应的自动化与驱动系统解决方案。另一方面，市场上现存的许多同类机器的工艺原理及其自动化与驱动系统解决方案也不一定是完全相同的，而且它们会随着时间的推移和技术的进步不断更新，因此会不断地涌现出更新、更好的工艺和自动化与驱动系统解决方案。因此，本书中介绍的各种机器的工艺原理及其自动化与驱动系统解决方案不一定与市场上的所有同类机型完全一致。重要的是，读者应理解本书所介绍机型的工艺和自动化与驱动系统解决方案的原理，只有这样才能在实践中灵活运用，并做到举一反三。

3.2 典型机械设备的工艺及其自动化和驱动方案

3.2.1 涂布机

1. 简介（适用场景、常用技术、发展趋势）

涂布机（coating machine）用于在纸张、铝箔、塑料薄膜等基材上施涂某种具有特定性质（密封性、化学惰性等）的热塑性材料，并使涂在基材上的材料经干燥硬化。涂布的目的是使基材的性能（如密封性、阻隔性、抗反射、绝缘性、强度等）得以改善。涂布机的涂布次数通常为1或2次。涂布机所用的基材通常以卷筒材料的形式供给，完成涂布及烘干后再复卷起来。涂布工艺还经常与复合工艺（将两种以上的材料或经涂布的材料粘合在一起，使复合后的新材料具备多种不同材料的优良特性）结合使用，所以涂布机通常与复合机配合使用。经涂布和复合的材料具有多种不同的用途，其中一个重要的应用是将其作为食品或药品的包装材料。如用于鲜牛奶包装盒（tetra-pack）的材料是在纸板上涂一层聚酯薄膜以增强其密闭性，再将其与铝箔复合在一起形成的，这样的材料不易与牛奶发生化学反应。图3-1所示为一台涂布机的外形。

涂布机的工作速度与其施涂的材料等因素有关，从每分钟几十米到数百米不等。一般基

图 3-1　涂布机（西安航天华阳机电装备有限公司产品，照片由该公司提供）

材的宽度可达 2m 左右。涂布机可使用不同的涂布方法（或者说选用不同型式的涂布头），如凹版涂布、刮刀涂布、挤出涂布、计量棒涂布、狭缝式涂布、喷雾式涂布等。

传统的涂布机在生产过程中会产生多种成分的废气，且烘干过程中能耗较大。随着社会的不断发展进步，消费者或行业协会等组织会要求在日常生活、工业、医药等领域使用新型的包装材料；政府对包装材料自身和其生产过程中的绿色环保要求日益提高，促使涂布机的制造和使用过程中要采取适当的措施，做到更加节能、环保。这就要求涂布机采用无溶剂型和高固体成分的涂层配方，并对易挥发的涂层材料进行更好的控制；对涂布机排放的有机废气进行收集和处理后，方可经排气筒排出机外；对涂布机的烘干通道做保温处理，尽可能减少热量损失；在涂布机上尽可能采用变频器和节能电动机以减少电能消耗。

为提高生产率，涂布机应具有快速更换其所生产产品的能力，并且易于使用、清洁和保养，要有较高的可靠性、安全性和自动化水平。

2. 工艺介绍

（1）涂布工艺过程　图 3-2 所示为涂布机二次涂布的工艺过程。有些机型只进行一次涂布，其工艺过程与该图所示类似，只是少了第二次涂布和第二次烘干。

基材以卷筒的形式装在放卷部分的支架上，由放卷机构以一定的速度和张力将基材放出。基材进入涂布机构之前先经过进料牵引单元，以消除基材在放卷时可能产生的张力波动。基材在第一次涂布机构内完成某种涂布工艺。第一次涂布后的材料进入烘箱，使基材上的涂布材料干燥并硬化。经过烘箱后的材料经冷却辊降温后进入第二次涂布机构再次涂布。二

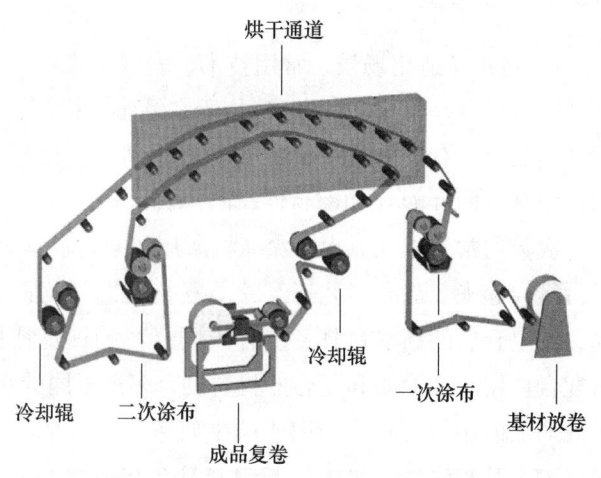

图 3-2　涂布机二次涂布的工艺过程

次涂布完成后,材料再次进入烘箱完成第二次干燥,使第二次涂布的材料干燥和硬化,然后再经过第二次冷却使材料成为成品。成品被送入复卷机构前先经过收料牵引单元,在此消除前面各段工艺可能对材料产生的张力波动。复卷机构将完成涂布工艺的成品复卷起来。

为提高工作效率,有些涂布机的收、放卷机构各配备两个卷筒架,当其中一个材料卷筒处于工作状态时,可对另一材料卷筒进行换筒的准备工作,这样就减少了更换卷筒所需的时间。收、放卷机构还可配备自动接料机构,实现不停机更换料卷。

(2) 张力控制 在涂布机的产品生产过程中,基材要经过放卷、涂布、烘干、复卷等加工环节。为满足涂布效果均匀、基材不受损等要求,在上述多重加工环节中,基材必须保持速度和张力的稳定,且在机器的起动和停止过程中,要求基材的速度能够平滑过渡,保持张力稳定。基材在被加工过程中保持稳定的张力和速度,是涂布机能够高质量生产的重要条件。

二次涂布机的工艺介绍

一般来说,在实现收卷、放卷、进料牵引、出料牵引等部分张力控制的自动化与驱动解决方案中,应包括控制和驱动装置、料带卷直径和张力检测传感器等部件。收、放卷控制的作用就是以设定的张力和速度将料带卷起或放出。在收卷或放卷过程中,料带卷的直径会逐步增加或减小。控制器应根据多种不同的参数,采用某种方法来计算料带卷的当前直径,并可通过控制电动机速度的方法使料带张力保持恒定。为达到上述要求,需要利用传感器来获取料带的当前速度和张力、料带卷筒的当前直径和转速等参数。因此,为实现高质量的张力控制性能和控制精度,自动化和驱动系统方案中都会用到测量张力的传感器。目前,在收、放卷等张力控制中最常见的传感器是浮动辊或压力传感器。浮动辊实际上是用于位置测量的装置,如图3-3所示。

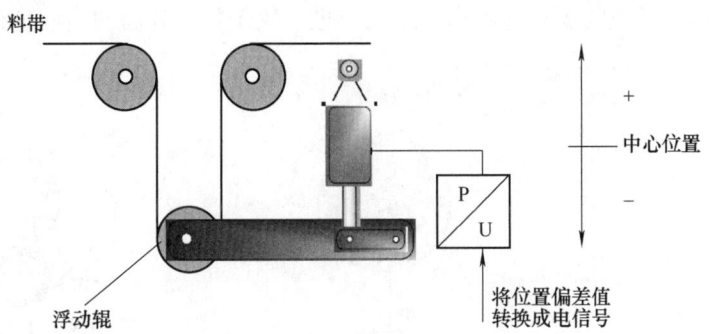

图3-3 用浮动辊测量张力示意图

料带的张力对浮动辊的位置产生影响。当浮动辊处于其设定位置(通常为中心位置)时,说明此时料带的张力与所选浮动辊相适应,其张力值与设定值一致。若浮动辊的位置向其中心位置上方移动,说明料带的张力大于设定值;若浮动辊的位置向其中心位置下方移动,说明料带的张力小于设定值。控制系统的目的是确保浮动辊处于其中心位置。不论何种原因,如果料带的张力发生变化,浮动辊的位置就会发生相应的变化。因此可以通过检测浮动辊的当前位置相对其中心位置的偏移值来判断料带的张力偏差,并将其转换为电信号送到控制器。控制器得到料带的张力偏差值，经分析和处理后，发出指令到驱动系统，去调整料带驱动电动机的转速，使料带的张力恢复到正常值。

压力传感器是另一种常用于检测张力的器件，它直接与料带接触，受到料带相应的压力。料带的张力越大，传感器受到的压力就越大，压力传感器由此获得料带的张力值，再将该值变换为电信号传送给控制器，如图 3-4 所示。

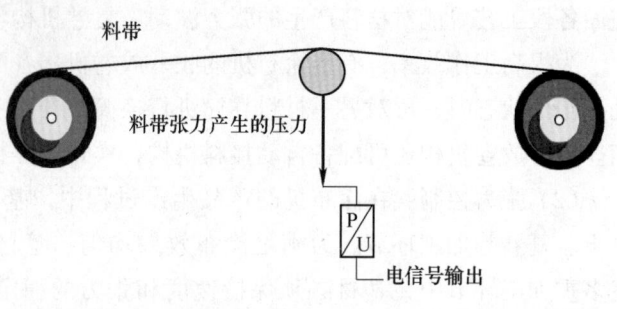

图 3-4 用压力传感器测量张力

张力控制系统利用张力的实际测量值与设定值的偏差来进行张力控制。当料带的张力发生变化时，就会产生相应的张力偏差值。控制器根据这个偏差值，可相应地改变驱动电动机的速度或转矩来消除张力的变化。

控制收、放卷的张力有两种常用方法，一种是中心轴控制的方法，另一种是在卷筒表面施加制动力的方法。图 3-5 所示为中心轴控制收卷示意。

从图 3-5 中可以看到，料带卷筒在一个中心驱动轴电动机的驱动下转动。采用这种控制方法时，卷筒的当前直径是一个重要的控制参数。这是因为当料带的速度和张力恒定时，卷筒的转速（角速度）与其当前的直径成反比。这就是说，最大的驱动速度由最小的卷筒直径确定；最大的驱动转矩由最大的卷筒直径确定。

卷筒表面压力控制方法，是用一个或多个压辊与料带卷筒直接接触，带动料带卷筒转动，如图 3-6 所示。压辊的驱动速度和功率大小也取决于料带卷筒的当前直径。

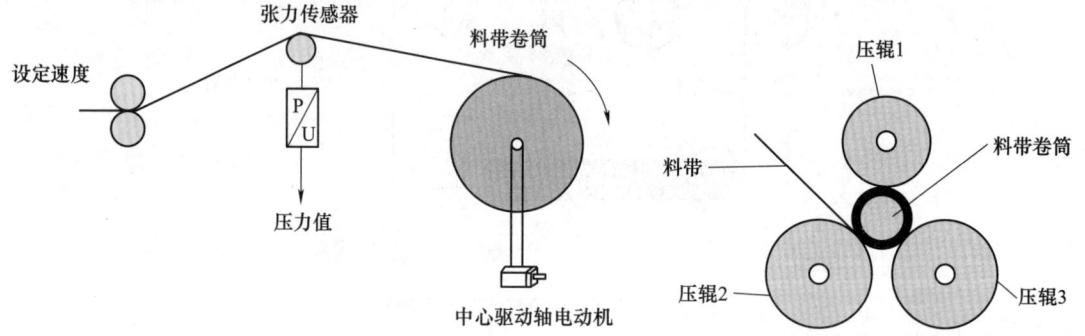

图 3-5 中心轴控制收卷示意　　　　图 3-6 卷筒表面压力法控制收卷张力示意图

从控制的角度看，采用中心轴控制的方法更复杂；而从机械设计的角度看，卷筒表面压力控制法则更复杂。在现实中，中心轴控制方法的应用更为普遍。常用于收、放卷张力控制的驱动装置有磁粉制动器、变频器、伺服驱动器等。图 3-7 为一个收卷控制的示意图。

在这个示例中，来自收料牵引部分的料带经过浮动辊时，料带的张力使浮动辊的位置发生变化，产生了一个与浮动辊中心位置的偏差值，该值被转变为电信号后送到控制器。控制

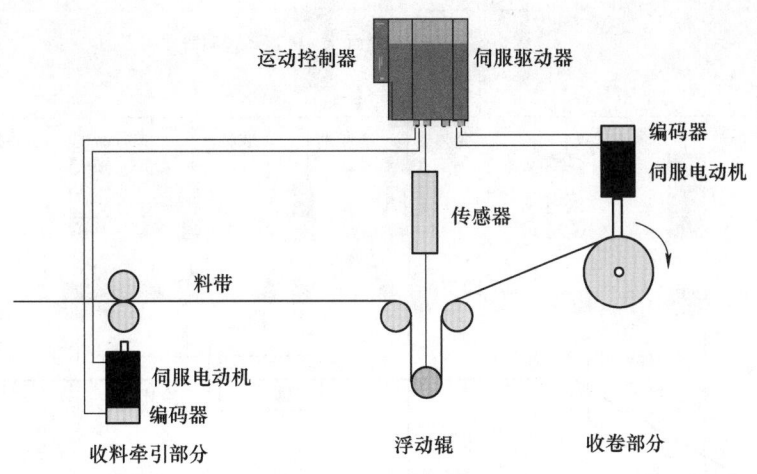

图 3-7 收卷控制示意图

器根据该值、为料带设定的张力值、当前料带卷径等相关参数,将调整信号发送给驱动系统以调整料带卷筒驱动电动机的转速或转矩,使料带的张力偏差得到补偿,从而使其张力保持恒定。

控制器可采用不同的控制模式,如可借助浮动辊或张力传感器检测到的张力变化值来调整驱动电动机的转速以控制料带的张力;也可以根据料卷的直径变化进行速度控制,使料带的张力保持恒定。为了能够进行收、放卷的张力控制,控制器需要具有料带卷径计算、料带速度点设置、料带卷转动惯量计算、张力梯度特性计算等相关功能。

为使料带在经过机器各加工工艺段时的张力稳定,通常会在相应的驱动辊处设置张力传感器(如输入牵引单元之后、涂布机构之后、烘干箱之前),这些传感器为控制和驱动系统提供当前的实际张力值(或偏差值),控制和驱动系统根据张力实际值与设定值的偏差,对料带驱动辊的速度进行调整,以保持料带在机器各处的张力一致。

因为张力控制和收、放卷的应用非常普遍,许多自动化和驱动系统供货商都为客户提供标准化的软件模块来帮助客户解决此类问题。有的驱动产品供货商在其变频器中集成了相应的张力控制功能,专门用于收、放卷的张力控制。

3. 自动化与驱动方案

为实现涂布机各部分之间的速度同步,且达到完美的张力控制效果,需要为涂布机配备完整的自动化与驱动系统。下面给出一个涂布机的自动化与驱动系统参考方案,如图 3-8 所示。

该方案的控制核心是一台运动控制器,它同时具备逻辑控制(PLC 功能)和运动控制功能。该方案采用的主要产品都具有 PROFINET 总线接口,因此其中的运动控制器、多台变频器、伺服驱动器、I/O(输入/输出)模块和人机界面等功能部件之间,都可通过 PROFINET 总线进行通信。

放卷和收卷部分由变频器和异步电动机驱动,配合张力传感器(浮动辊)进行闭环控制,实现收、放卷的速度和张力控制。放卷牵引、收卷牵引和涂布机构均采用伺服驱动和伺

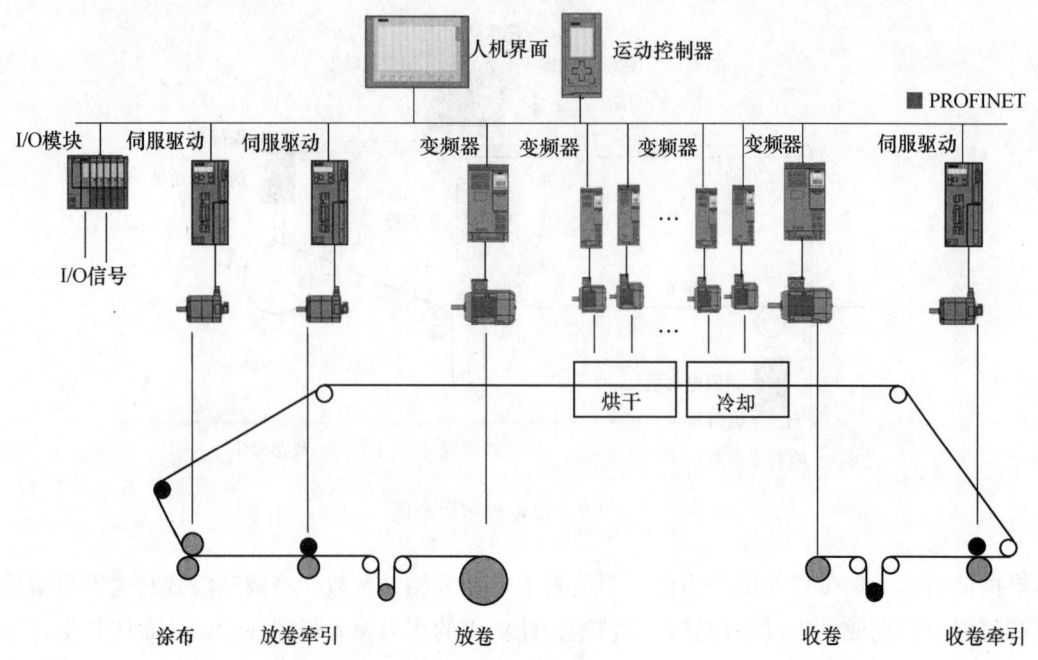

图 3-8 涂布机自动化与驱动系统参考方案示意图

服电动机进行控制,以保证涂布机内料带的张力稳定和良好的涂布效果。烘干和冷却部分由多台变频器和异步电动机驱动风机等部件,使烘干和冷却的温度分布均匀并可以按需要进行调节,既可保证烘干和冷却质量,又可节省能源。

I/O模块分别对应于机器的多个功能部分,可用来采集有关传感器的状态信息,也可向执行机构发出控制信号,使它们按照设定的程序完成特定的动作。

利用现有经过实际运行验证的张力控制和收、放卷应用的软件功能模块,用户只须将机器的相关参数输入软件功能模块,而无须从零开始设计和编程,即可方便地完成机器的控制程序。该方案采用模块化软、硬件结构设计,给调试、操作和维护带来极大的方便。

利用人机界面可进行闭环速度控制,设定线速度或执行涂布机的加减速等操作;根据需要,可实现按照料带剩余长度或卷径进行报警、减速和停机等功能。

3.2.2 轮转式凹版印刷机

1. 简介(适用场景、常用技术、发展趋势)

凹版印刷(凹版印刷工艺在后面介绍)是三种主要印刷工艺(胶印、柔印、凹印)之一,采用直接印刷方式,机器结构比胶印机简单。凹版印刷的特点是印制品墨层厚实、颜色鲜艳、饱和度高、印版耐用、印品质量稳定、印刷速度快(轮转式凹版印刷机的速度可达约300m/min)。在国外,凹版印刷常用于印制杂志、产品目录、包装材料、钞票和邮票等产品。由于凹版印刷的制版工艺比较复杂,对印版辊筒的要求严苛,制作周期长、成本高,因此,凹版印刷更适合用于多次反复印刷的长版活。在国内,凹版印刷更多地用于塑料薄膜等软包装材料、装饰纸张等。图 3-9 所示为一台轮转式凹版印刷机(rotogravure printing machine）的外形图。

图 3-9 轮转式凹版印刷机（西安航天华阳机电装备有限公司产品，照片由该公司提供）

轮转式凹版印刷机的印刷速度较高。以用于塑料薄膜印刷的轮转式凹版印刷机为例：印刷速度约 300m/min，印刷物幅宽约 1~1.25m，套印精度可控制在 ±0.1mm 范围内。

随着政府对环保、卫生等方面要求的提高，食品、药品等行业越来越重视包装材料的安全和环保性。印刷企业也更加重视印刷工艺和印刷车间的环境问题。因此，环保型油墨将越来越广泛地用于凹版印刷，具有封闭式刮墨刀系统、使用水性油墨的凹版印刷机将被广泛地选用。

为提高机器的使用效率，当需要更换印刷品时，机器应能快速地更换印版，并快速地进行机器有关部件的调整，为印刷新产品做好准备。现代凹版印刷机将其印刷单元的供墨系统、印版辊筒和刮墨刀组件安装在一个可移动的小车（gravure trolley/printing trolley）上，这样不仅可以实现快速地更换印版辊筒，而且可以降低工人的劳动强度。

印刷机内电子轴传动（电子轴传动将在后面的工艺部分介绍）和自动套色系统的使用也非常有利于缩短切换印品的准备时间。这些技术早期出现在日本和欧洲的凹版印刷机上。随着国内市场对小批量、多品种印品需求的提高，国内的部分凹版印刷机生产商也逐步将电子轴传动技术和自动套色系统用于凹版印刷机。在印刷机中以电子轴取代机械轴还有其他的好处，如可在印刷机组处留出更大的空间，使得维修人员更易于接近印刷机组进行维护或维修等操作。此外，轮转式凹版印刷机还有如下的发展趋势：一些印后加工工艺，如上光、横切等将被集成到凹版印刷生产线上；模块化机器的理念将被应用在凹版印刷机上，机器的放卷、印刷、收卷（或连线加工）等部分都被做成相对独立的功能模块；凹版印刷机的整机管理、远距离技术支持等功能将被集成在凹版印刷机的控制和管理系统中。

2. 轮转式凹版印刷机工艺介绍

（1）印刷原理、机器结构和工艺过程　凹版印刷采用直接印刷的方式，如图 3-10 所示，它的印版上具有与原稿图文对应的凹坑，印版辊筒旋转时经过墨槽，凹坑内被填充了油墨，印版表面多余的油墨被刮墨刀刮掉。压印辊筒使得印版与承印物之间产生压力，该压力将凹坑内的油墨转移到承印物上，完成印刷。机器所印画面的浓淡层次是由凹坑的大小及深浅程度决定的，如果凹坑较深，则含的油墨量较多，压印后承印物上留下的墨层就较厚；相反，如果凹坑较浅，则含的油墨量就较少，压印后承印物上留下的墨层就较薄。

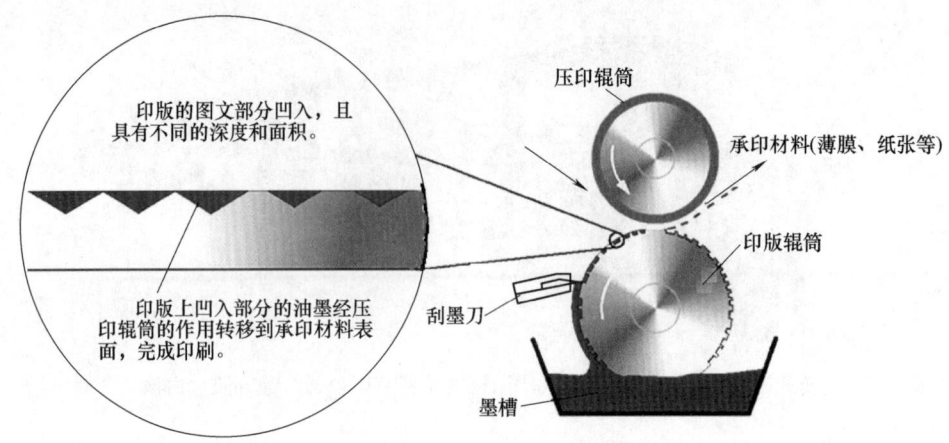

图 3-10 凹版印刷工艺原理

现以塑料薄膜为承印材料、多机组的轮转式凹版印刷机为例，介绍凹版印刷机的主要结构和印刷工艺过程。图 3-11 所示为凹版印刷机的组成和结构，包括放卷部分、进料牵引部分、印刷部分、收料牵引部分和收卷部分。印刷部分由多个印刷单元组成，每个印刷单元用于印刷不同颜色，每个印刷单元中都包括印刷机构和烘干机构，如图 3-12 所示。

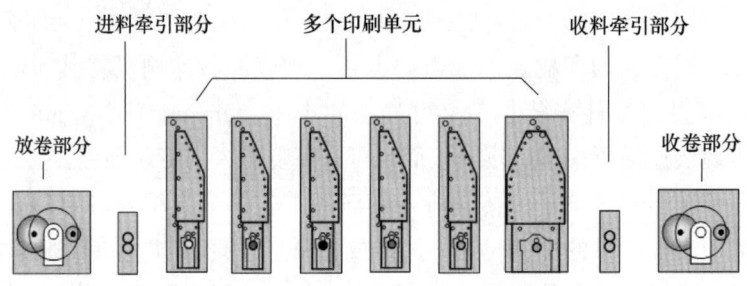

图 3-11 凹版印刷机的组成和结构

放卷部分将卷筒形式的承印材料连续地输送出来。利用其所配备的自动控制系统，放卷部分应具有保持承印薄膜材料的张力和速度稳定、计算卷筒上薄膜材料的剩余长度、完成更换薄膜卷和接料（即将不同卷筒上的承印薄膜材料搭接起来）等主要功能。

进料牵引部分的作用是在薄膜进入印刷单元前将放卷时的张力波动消除，使薄膜在放卷部和第一印刷单元之间的张力得以优化。

按照用户要求，印刷部分包括相应数量的印刷机组，用于不同颜色的印刷。每个印刷机组中有 1 个印版辊筒和 1~2 个压印辊筒。设置 2 个压印辊筒的目的是增大印刷压力。印刷机组内含有不同型式的

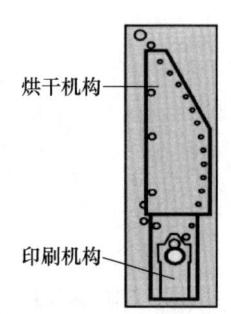

图 3-12 印刷单元由印刷机构和烘干机构组成

给墨装置，一种是将印版辊筒浸在墨槽内，直接给墨；另一种是将一个出墨辊浸在墨槽内，由出墨辊将油墨传递给印版辊筒。

印刷机组内的烘干机构利用电能或蒸汽加热（或红外线或远红外线灯加热）产生的热风，使印刷后承印材料上的油墨干燥。

收料牵引部分的作用是使印刷和烘干后的薄膜进入收卷（或印后加工）部分之前，将薄膜在印刷及烘干部分产生的张力波动消除，使得收卷时薄膜的张力稳定。

收卷部分将印刷并烘干后的薄膜复卷起来。按照客户的要求，也可在此配备裁切等印后加工装置，将印刷并烘干后的薄膜切成一定长度的单张，并堆积起来。

传统轮转式凹版印刷机采用机械传动方式，由一个主电动机通过一根机械长轴，并借助一些机械部件（如蜗轮蜗杆等）带动机器各部分协调运动（图3-13），使各印刷辊筒之间保持同步运动以实现多色印刷。

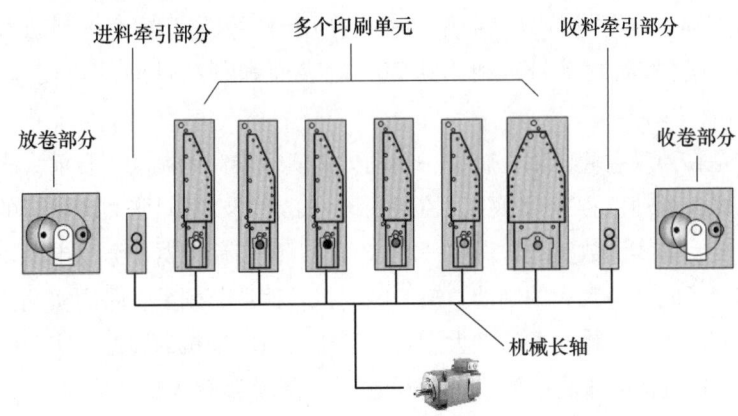

图3-13 传统印刷机利用机械长轴实现同步

为了提高印刷机的灵活性，减少更换活件的准备时间，许多印刷机生产商采用模块化的机器设计，取消了印刷机内的机械长轴，为不同的机器模块配备独立的伺服电动机，利用伺服驱动系统的多轴同步功能实现印刷机内各个模块间的同步运动关系，如图3-14所示。这样的印刷机被称为无轴传动印刷机或电子轴传动印刷机。

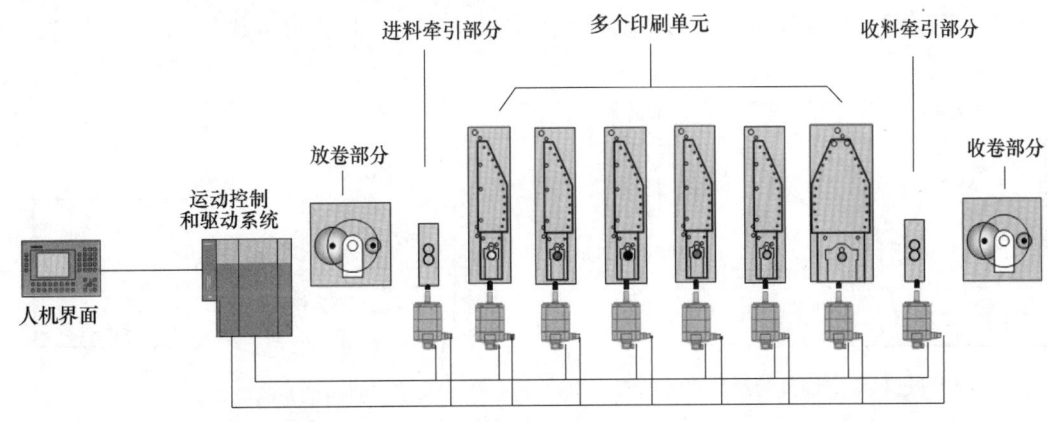

图3-14 电子轴传动印刷机用伺服电动机驱动机器的各模块

（2）承印材料的张力控制　为保证凹版印刷机工作时各个不同工艺段之间能相互良好地衔接，承印材料在机内的移动过程中必须保持稳定的张力。张力太小，会使薄膜向前滑动或横向起皱，造成套印精度下降；张力太大，可造成薄膜纵向起皱，也会影响套印精度，甚至会造成薄膜断裂。因此，在放卷、印刷、收卷或印后加工工序中都应保持恒定的薄膜张力。放卷时的恰当张力能确保薄膜被平稳地输送到印刷单元；印刷过程中的恰当张力可确保套印精度，获得高质量的印刷效果；印后阶段恰当的张力有助于实现良好的收卷或印后加工过程。

1）放卷机构及其张力控制。放卷过程的张力控制系统包括薄膜卷制动装置、张力检测装置（如浮动辊）和控制器。制动装置须根据薄膜张力的波动情况进行制动力矩的自动调整，使薄膜能以一定的张力值匀速、平稳地进入印刷装置，并可在机器开始运行和制动时防止薄膜张力过载和松弛。在印刷过程中，随着薄膜卷直径的不断减小，为保持薄膜张力不变，也要对制动力矩进行相应调整。薄膜卷制动可采用圆周制动或轴制动方式。

圆周制动方式是在薄膜卷筒外表面施加一个作用力，依靠摩擦产生制动力矩。该制动机构可采用电动机单独驱动制动带，利用薄膜卷的表面和制动带间的速度差产生一个制动力矩。

轴制动方式是在薄膜卷筒转轴上施加一制动力矩实现卷筒的制动。目前大多数凹版印刷机都采用磁粉制动器或电动机转速调节张力控制系统。磁粉制动器对张力测量辊的实测数值和标准设定值进行比较，如实测数值低，说明薄膜张力小，磁粉制动器中激磁电流增加，产生较大磁力，使定子和转子间产生较大的制动力矩。电动机转速调节则是将张力实测值与设定值进行比较，得到二者间的差值，将此差值放大后直接用于调节电动机的转速，实现张力控制。

2）印刷和收卷机构的张力控制。如前所述，对薄膜卷筒实施的制动力要借助张力检测装置给出的测量信号来实现。常用的张力检测装置是浮动辊或张力传感器，如图3-3和图3-4所示。在本书3.2.1节中的张力控制部分，已经介绍了这两种传感器的基本原理，这里不再赘述。图3-15所示为进料牵引部分的浮动辊的使用。

图3-16所示为印刷单元前的张力传感器示意图。印刷开始前，先对薄膜张力进行预设，并进行相应张力控制；印刷开始后，由于实际薄膜移动状况及机器相应部件位置等因素，薄膜的张力会与理想值产生一定的误差。传感器检测出这个误差信号，并将其转换为电信号。控制器利用该信号对执行部件（如电动机）进行相应控制，使张力得到调整。

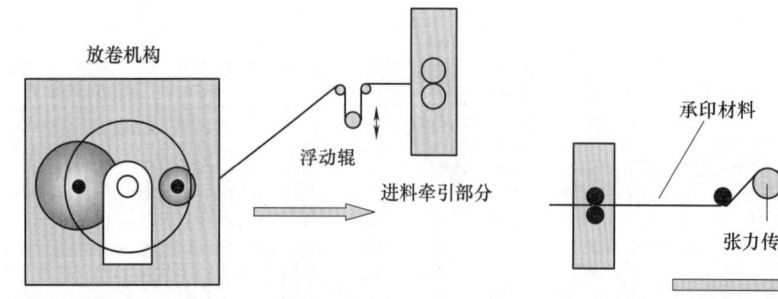

图3-15　进料牵引部分的浮动辊示意图

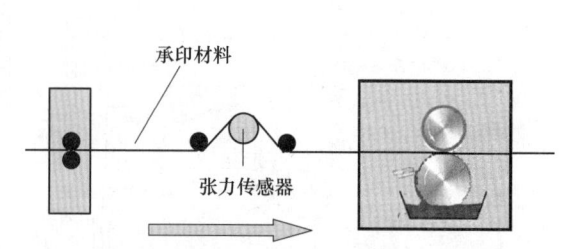

图3-16　印刷单元前的张力传感器示意图

在收料牵引处，也可利用浮动辊进行相应的收卷张力控制，如图3-17所示。

在印刷机内实施张力控制不仅能有效提升印刷质量，而且有利于减少印刷机加速和减速时的材料浪费。

（3）自动套色系统

1）机械轴同步凹版印刷机的自动套色。如前所述，传统机组式凹版印刷机配备一根机械长轴（或称为主轴），该长轴通常由变频器控制

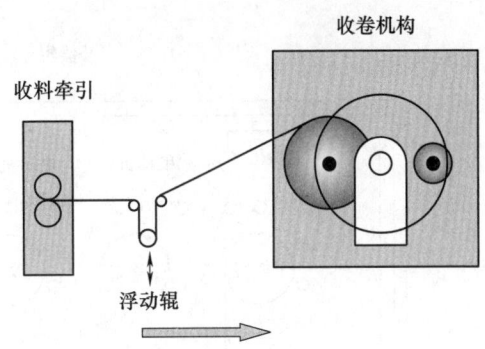

图3-17 收卷机构前使用浮动辊示意图

的三相异步电动机驱动，通过蜗轮蜗杆等机械装置为各印刷单元提供动力。刚性的机械轴能够确保各色组印版辊筒的运动同步，机器的同步精度取决于机械加工精度。由于机械结构比较复杂，加上机械磨损等原因，会使机械部件的误差随着其使用时间的增加而增加，所以这种型式的印刷机往往很难得到理想的套色精度，需要加装自动套色系统。为了保证印刷品的高质量，凹版印刷机的套印精度应当控制在±0.10mm以内。

为实现自动套色，各色印版上要增加套色标记，使其随图文一同印在薄膜上，如图3-18所示。如果印刷时的套色精度在正常范围内，印出的套色标记间的距离与制版时确定的距离是相同的；如果出现套色误差，套色标记间的距离就会缩小或加大。

图3-18 套色标记

自动套色系统用光电扫描头检测各个印刷单元印出的套色标记，将相邻两色套色标记之间距离的实际检测值与设定值进行比较得到差值，根据差值和一定的算法计算出补偿值，利用该补偿值调节对应电动机的转动，该电动机带动补偿辊进行对应于补偿值的上下运动，使两个印刷单元间的薄膜长度（或拉伸）得到相应的调整，从而达到理想的套色效果，如图3-19所示。

2）电子轴同步凹版印刷机的自动套色。电子轴同步凹版印刷机的每个印刷单元由独立的伺服电动机驱动，伺服控制系统具有的多轴同步功能可确保伺服电动机带动各印版辊筒进行精准的同步运动。这样不仅可以取消机械长轴，而且可取消机械轴凹版印刷机套色系统所需的补偿辊机构。其原理是利用独立的伺服电动机直接作用于印版辊筒，在各个印版辊筒自身同步转动的基础上叠加一个与当前套色误差相反的相位调整，从而消除套色误差。在这样的控制方式下，驱动印版辊筒的伺服电动机兼具驱动印版辊筒转动与自动套色相位调整的功能，如图3-20所示。

电子轴凹版印刷机的自动套色系统用光电扫描头检测各个印刷单元印出的套色标记，得出相邻两色套色标记之间距离的实际检测值，套色控制系统将该值与设定值进行比较得到差值。根据该差值和一定的算法，套色控制系统会计算出一个补偿值，再根据该补偿值的正负和大小，利用伺服驱动器调节印版辊筒对应伺服电动机的相位，从而达到理想的套色效果，

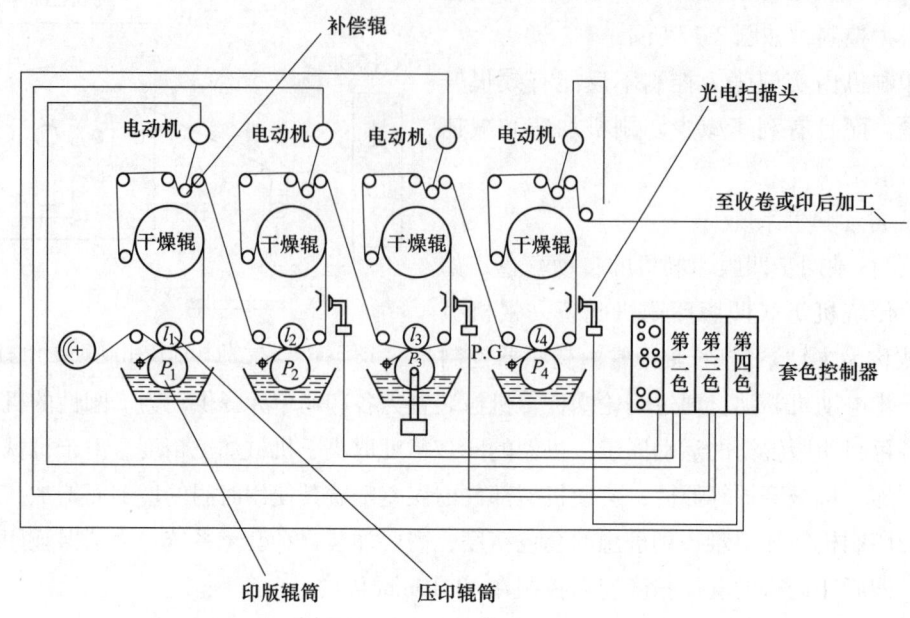

图 3-19　机械轴凹版印刷机套色原理图

如图 3-21 所示。

由于取消了机械轴凹版印刷机自动套色所需的补偿辊机构，使相邻两个色组间所需的塑料薄膜长度得以缩短，因此减少了凹版印刷机增速和减速期间进行套色精度调整时薄膜材料的浪费。

以上介绍的是独立于凹版印刷机自动化控制系统的自动套色系统，它通常是由专业套色系统供应商提供的。目前，许多自动化与驱动系统供应商开发了自己的印刷机自动套色系统，并将其集成在印刷机整体的自动化和驱动控制系统中，使印刷机的整体控制系统更加简洁和高效，降低了印刷机的制造成本，采用这种方案的印刷机也更具市场竞争力。

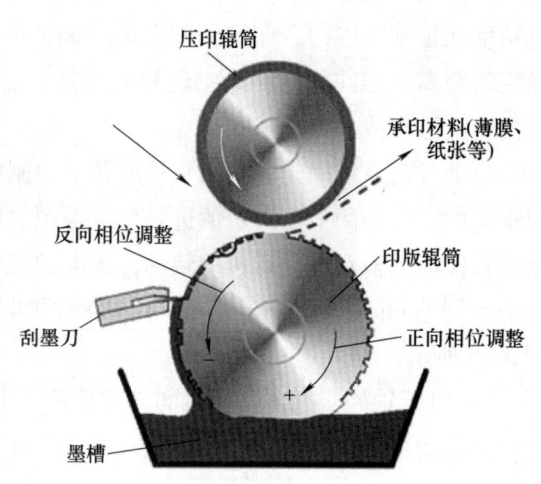

图 3-20　调整印版辊筒相位实现套色

前面介绍的套色误差，是与凹版印刷机承印材料移动方向平行的，称之为纵向套色误差，如图 3-22 所示。实际应用中，也存在与凹版印刷机承印材料移动方向垂直的套色误差，称其为横向套色误差，如图 3-23 所示。为了达到高质量的印刷效果，也需要进行横向套色控制。

第3章 典型机械设备的工艺及自动化解决方案

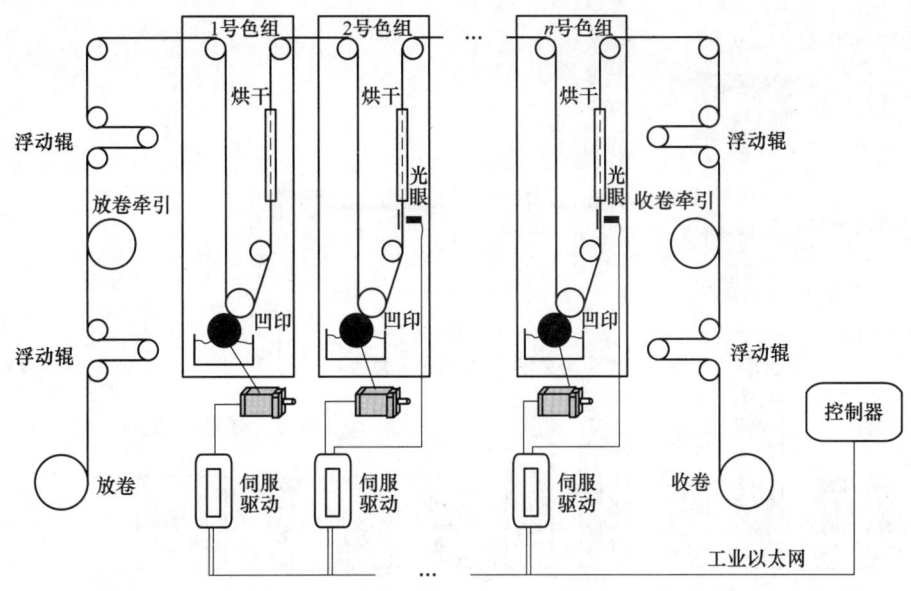

图 3-21 电子轴凹版印刷机自动套色系统组成及原理图

图 3-22 纵向套色误差　　　　　图 3-23 横向套色误差

许多印刷机的横向套色误差调整是通过手工操作完成的。如果要求横向套色也采用自动方式调整，就要求印版上有横向套色标记并将其印刷在承印物上。一种方法是在原有纵向套色标记的基础上增加一个横向套色标记，这样每个色组必须用两个扫描装置才能控制。另一种方法是将纵向套色标记改为三角形或梯形，如图 3-18 所示，使光电检测装置可通过套色标记宽度的变化发现横向的偏差，通过一定的算法计算出需要的横向调整值，由驱动执行机构（电动机）进行横向套色调整。目前采用后一种方法的厂商较多。

3. 自动化与驱动方案

根据前面的工艺介绍，如何利用自动化与驱动产品实现凹版印刷机的放卷、进料牵引、印刷、收料牵引、复卷等部分的同步协调运行？如何实现薄膜在机内各部分的张力稳定？如何保证套色精准？都是印刷机自动化与驱动方案要解决的主要问题。下面给出一个轮转式电子轴凹版印刷机的自动化与驱动系统参考方案，如图 3-24 所示。

放卷部分的任务是将薄膜以特定的张力和速度从卷筒架输出并送入印刷单元。因薄膜卷的直径随着印刷的进行而逐渐减小，所以控制系统要检测薄膜卷的直径变化，并根据薄膜的

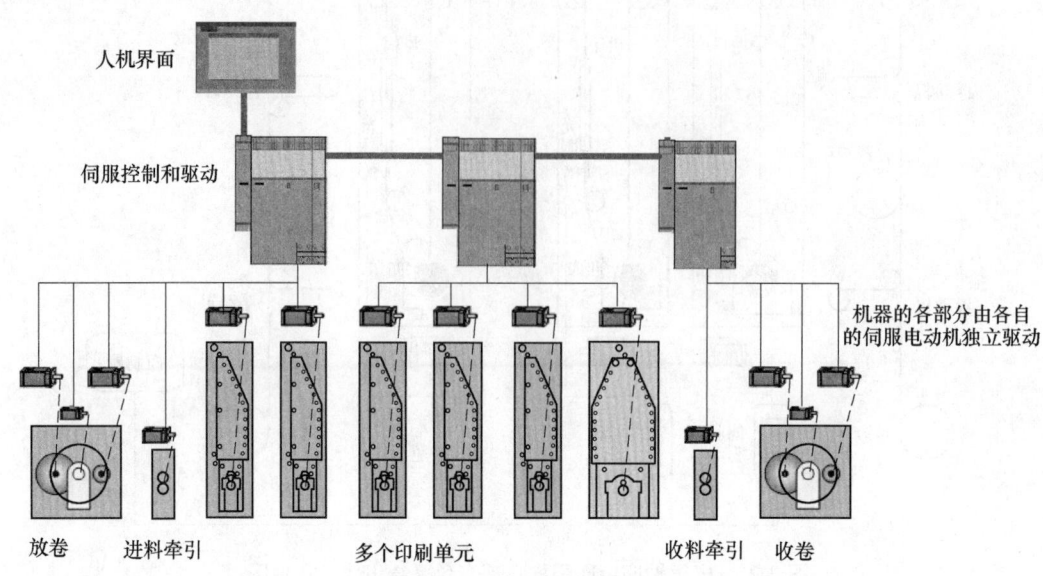

图3-24 轮转式电子轴凹版印刷机自动化与驱动系统结构示意图

质量等参数计算出驱动电动机对应的转速和转矩。该方案为放卷装置配备一台伺服电动机，可根据需要调整其转速和转矩。有些机型利用变频器转矩输出可控的功能，由其驱动异步电动机实现放卷的张力控制。驱动系统的I/O模块（或外加模块）用于接收来自传感器的信息，如薄膜卷当前的直径等。许多印刷机的放卷装置是由第三方提供的独立放卷机，通常配备有单独的控制器和驱动装置。为减少更换薄膜卷所需的停机时间，提高机器的工作效率，有些机型配备两个薄膜卷架，当使用某个薄膜卷时，另一个可离线进行上卷等准备工作。

薄膜进入印刷单元之前，先经过一个进料牵引单元，其作用是在薄膜进入印刷单元前将放卷时的张力波动消除，使薄膜在放卷部分和第一印刷单元之间的张力得以优化。进料牵引单元的性能会极大地影响印刷机的性能。在此配备一台伺服电动机，使得进料牵引单元的转速和转矩与相邻的机器部分完全匹配。此处驱动系统的I/O模块（或外加模块）用于传递来自传感器的信息，如浮动辊位置或压力传感器的数值等，它能辅助主控制器和伺服驱动系统完成进料牵引单元的任务。

每个印刷单元配备一台可独立驱动印版辊筒的伺服电动机，因此取消了传统的机械长轴。在机器的控制程序中具有自动套色功能模块，利用光电检测装置和伺服系统的电子轴功能实现多色印刷机组的同步和纵向套色功能。为实现横向套色，在每个印刷单元中再配备一台横向套色用电动机，如图3-25所示。该方案中，每个印刷色组（或印刷单元）配备一台伺服电动机来驱动印版辊筒，而压印辊筒与印版辊筒之间的同步是通过机械方式实现的。在有些印刷机中，压印辊筒配备有自己的伺服电动机，因此压印辊筒和印版辊筒之间的同步也是靠电子轴来实现的。此处驱动系统的I/O模块（或外加模块）用于传递来自传感器的信息，如色标光电传感器信息等。

完成印刷后，承印薄膜还要经过一个收料牵引单元，其作用与进料牵引单元类似，用于

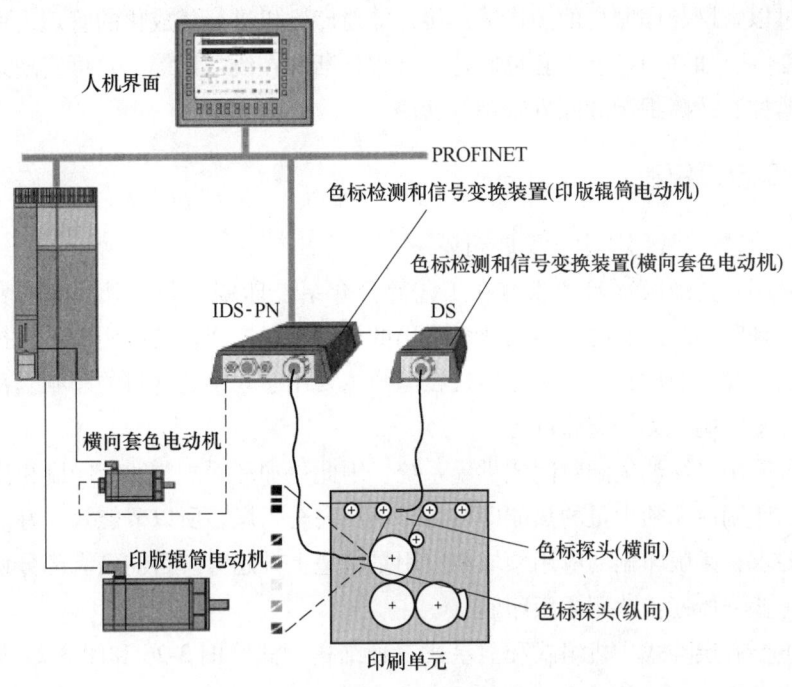

图 3-25　印刷色组中纵向和横向自动套色示意图

消除印刷过程中薄膜的张力波动，使薄膜在复卷时的张力得以优化。此处同样配备一台伺服电动机实现收料牵引单元与其他部分的张力和速度匹配。I/O 模块（或外加模块）用于传递来自传感器的信息，如浮动辊位置或压力传感器的数值等，辅助主控制器和伺服驱动系统完成收料牵引单元的任务。

收卷部分的任务是以特定的张力和速度将印刷后的薄膜复卷起来。因薄膜卷的直径随着复卷的进行而逐渐增加，所以控制系统要检测薄膜卷的直径变化，并根据薄膜的质量等参数计算出驱动电动机对应的转速和转矩。该方案为收卷部分配备一台伺服电动机，可根据需要调整其转速和转矩。有些机型利用变频器的转矩输出可控的功能，用其驱动异步电动机来实现收卷的张力控制。驱动系统的 I/O 模块（或外加模块）用于接收来自传感器的信息，如薄膜卷当前的直径等。许多印刷机的收卷装置是由第三方提供的独立收卷机，配备有单独的控制器和驱动装置。

该方案采用模块化的自动化与驱动控制方式。这里的主控制器为运动控制器，具有逻辑和运动控制功能，支持分布式的自动化结构和模块化机器设计，并可提供多伺服轴同步功能和印刷机所需的各种工艺功能。可对机器的所有功能部分，如放卷、放卷牵引、印刷色组、收料牵引和复卷分别进行设计、开发、编程和调试。

印刷机各部分所需的驱动力不同，如薄膜卷的质量可达数吨，需要较大的驱动力。因此，该方案为机器选配的驱动系统具有较宽的驱动参数范围及较高的过载能力。多轴同步所需的传感器、电动机状态等信息通过光纤以数字化的形式传输，不仅速度快，而且降低了机器内传输线的复杂度。

主控制器通过以太网与印刷机的操作屏连接,能对印刷机进行集成化的管理,可完成印刷机的各种操作任务,如张力控制、套色监控、远程诊断和在线帮助等,并可实现系统参数读写、系统状态监控、故障提示和配方管理等功能。

3.2.3 卫星式柔版印刷机

1. 简介(适用场景、常用技术、发展趋势)

柔版印刷机采用柔性凸版(具体内容在工艺部分介绍)印刷工艺,对承印物表面的平整度要求较低,而且印刷时的压力轻,因此可适用的承印材料广泛,既适用于不易拉伸的材料,也适用于伸缩性较大的材料。柔版印刷机在国内主要用于软包装材料的印刷、瓦楞纸预印材料的印刷、标签印刷、无纺布印刷等。

柔版印刷机可采用水性油墨和封闭式供墨系统,因此更加环保。与凹版印刷相比,柔版印刷机上墨量少,印刷后无须大量的热能即可将印刷品完全干燥,所以节能效果好。为满足国家环保政策的要求,柔版印刷的应用领域和应用量将呈上升趋势。目前已有部分使用传统凹版印刷工艺的企业开始逐步改用柔版印刷。

柔版印刷机主要有层叠式、机组式和卫星式三种结构型式,图 3-26 和图 3-27 所示分别为卫星式和机组式柔版印刷机的外观。

图 3-26 卫星式柔版印刷机(西安航天华阳机电装备有限公司产品,照片由该公司提供)

图 3-27 机组式柔版印刷机(潍坊东航印刷科技股份有限公司产品,照片由该公司提供)

本节将介绍卫星式柔版印刷机（satellite flexographic printing machine）的工艺原理和自动化与驱动解决方案。典型卫星式柔版印刷机的主要参数（以用于软包装材料印刷的机器为例）如下：印刷速度为200~450m/min、印刷色数为4~10色、印刷幅宽为1~1.35m、套印精度可优于±0.1mm。

卫星式柔版印刷机的各印刷色组分布在中心压印辊筒周围，当其进行印刷时，承印材料紧贴在中心压印辊筒表面，且与中心压印辊筒表面的线速度一致，即承印材料与中心压印辊筒表面相对静止，因此套印精度高；升速、降速过程速度平稳，对套色误差影响小，因此在起动、停机过程中，能很快达到要求的套色精度，可节省承印材料；从放卷到收卷，承印材料走料的线路非常短，所以承印材料浪费较少，印刷产品的成品率较高。因此，与层叠式和机组式柔版印刷机相比，卫星式柔版印刷机具有更大的发展空间。

为提高机器的灵活性，适应小批量、多印品种类的市场需要，电子轴传动和套筒式印版辊筒等新技术正越来越多地被用于卫星式柔版印刷机。电子轴传动卫星式柔版印刷机的印刷机组由多个独立的伺服电动机带动，如中心压印辊筒、网纹辊、印版辊筒等均由电子轴驱动且同步。由于采用了无机械齿轮传动技术，在更换不同长度的印刷产品时，无须更换机械齿轮，大大缩短了准备时间。目前，卫星式柔版印刷机常采用的另一个新技术是套筒式印版辊筒和网纹辊。套筒式印版辊筒成本低，装卸容易，这也同样有助于缩短更换印刷产品的准备时间。

为减少印刷过程中对环境的污染，越来越多的柔版印刷机采用了封闭式墨腔和刮墨系统，使油墨位于封闭的墨路内而不向外挥发，从而使印刷过程更符合环境保护的要求。封闭式墨腔和刮墨系统还能节约油墨，且避免环境中的灰尘进入油墨循环系统，以提高印刷产品质量。

2. 卫星式柔版印刷机工艺介绍

（1）柔版印刷工艺、机器结构和工作过程　柔版印刷是凸版印刷工艺的一种形式，印版上欲印刷的图文部分高于空白的部分。印刷时，印版上的图文部分被涂上油墨，油墨在压印辊筒压力的作用下被转移到承印材料表面，完成印刷。

图3-28所示为采用封闭式墨腔和刮墨系统的柔版印刷工艺原理。网纹辊旋转时与油墨直接接触并粘上了油墨，经刮墨刀去除多余的油墨后，网

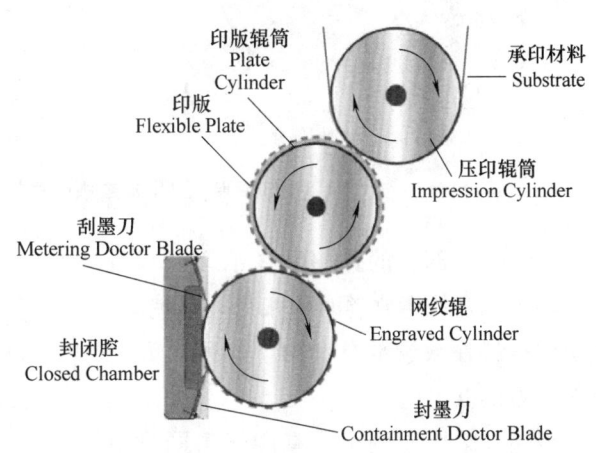

图3-28　采用封闭式墨腔和刮墨系统的柔版印刷工艺原理

纹辊上的油墨转移到印版辊筒的印版上，承印材料从印版辊筒和压印辊筒中间通过时，在压印辊筒的压力作用下，印版表面的油墨被转移到承印材料上，即完成了印刷。有些柔版印刷机的传墨装置中还配备有传墨辊筒（或称橡皮辊筒），墨腔中的油墨要经过传墨辊筒转移到

网纹辊,如图 3-29 所示。

卫星式柔版印刷机又称中心压印(central impression)辊筒式柔版印刷机,是柔版印刷机中最重要的机型。一般来说,卫星式柔版印刷机由放卷部分、进料牵引、印刷部分、干燥部分(色间干燥和最终干燥)、冷却部分、收料牵引、收卷部分(或连线加工部分)组成,如图 3-30 所示。

放卷部分将卷筒形式的承印材料连续地输送给印刷部分。借助其配备的控制和驱动系统,放卷部分通常具有保持承印材料张力稳定、计算承印材料卷的剩余长度、完成更换承印材料卷和接料等功能。

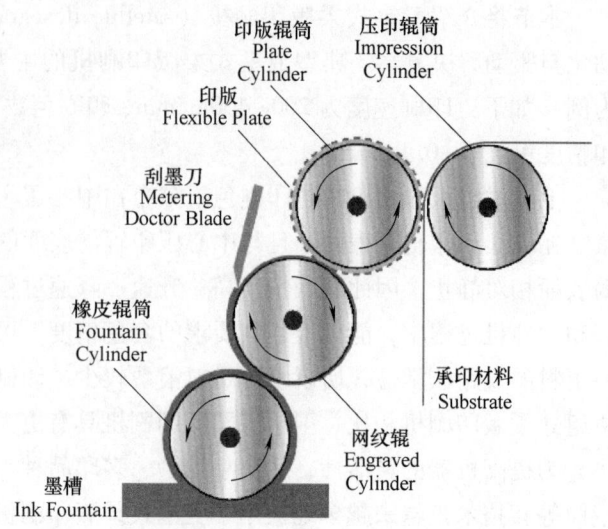

图 3-29 双辊传墨柔版印刷工艺示意图

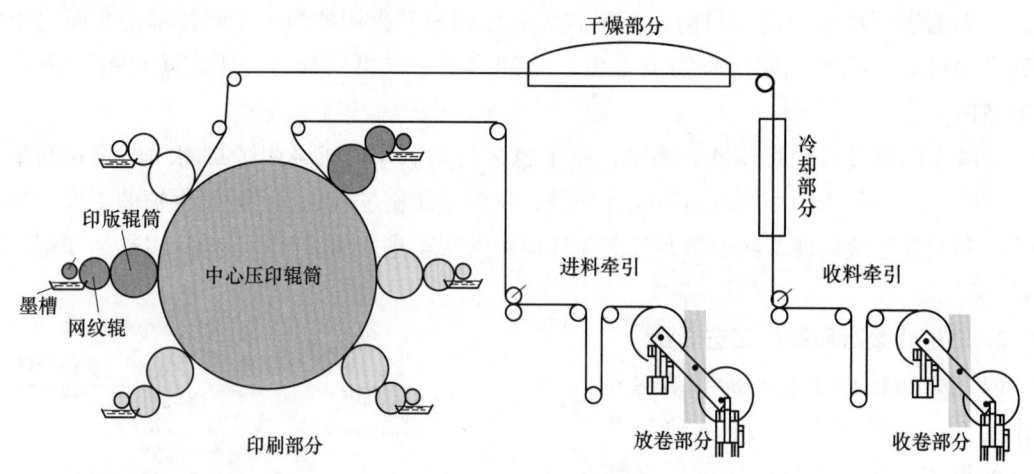

图 3-30 卫星式柔版印刷机典型工艺过程

进料牵引部分的作用是在承印材料进入印刷单元之前将放卷时的张力波动消除,使承印材料在放卷部分和第一印刷单元之间的张力得以优化。

卫星式柔版印刷机具有用于不同颜色的多个印刷机组,它们环绕在一个大的中心压印辊筒周围,类似多个卫星环绕在行星旁。各个印刷机组采用同样的印刷工艺,

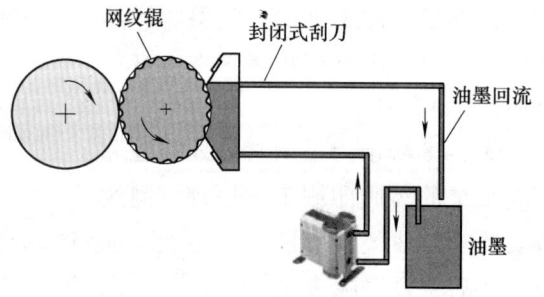

图 3-31 全封闭式输墨系统

即将网纹辊上的油墨转移到印版辊筒的印版上,再转移到承印材料上。卫星式柔版印刷机多采用全封闭式输墨系统,如图 3-31 所示,该系统内的油墨不仅可循环使用,而且由于封闭

性好，有利于环境卫生与环境保护。

印版辊筒和网纹辊过去常采用整体式结构，这种型式结构简单、刚性好，但更换过程复杂且费时。目前的趋势是采用套筒式的印版辊筒和网纹辊，它们配备有气动快速夹紧和松开装置，使印版辊筒和网纹辊的更换过程方便且快捷，可极大地减少更换活件的准备时间，提高工作效率。

印刷部分的传动可由机械齿轮传动方式实现，但目前更流行的是电子轴传动。在机械齿轮传动方式下，中心压印辊筒的运动通过机械齿轮传递给印版辊筒和网纹辊，由此实现三者之间的同步转动。而电子轴传动的卫星式柔版印刷机，其中心压印辊筒、印版辊筒和网纹辊的转动是由相互独立的伺服电动机带动的。利用伺服驱动系统的多轴同步功能，可方便地满足印刷产品长度变化和套色的需求。

干燥部分包括色间干燥和最终干燥。色间干燥是将每色印刷完成后的油墨表层进行预干燥，以免影响下一色印刷。当所有颜色的印刷完成后，再通过最终烘干装置进行最终干燥。

冷却部分的作用是将干燥后的印刷产品进行冷却降温，以进行正常收卷或连线加工等操作。

收料牵引部分的作用是对印刷、烘干和冷却后的承印材料进行收卷（或印后加工）前，将其在之前加工工艺过程中可能产生的张力波动消除，使收卷（或印后加工）时承印材料的张力稳定。

收卷部分将印刷后的材料复卷起来，其结构和功能与放卷相对应。

（2）张力控制　如前所述，放卷部分的主要功能包括保持承印材料张力稳定、计算承印材料剩余长度、完成对承印材料的换卷和接料等。

在放卷部分，为控制承印材料的张力，要配备张力检测装置，如浮动辊或压力传感器；还须采用某种制动方式，如用磁粉制动器制动或用电动机制动。磁粉制动是利用电磁原理对卷材进行制动的。目前，利用变频器和异步电动机进行制动控制的方式比较流行。

在印刷过程中，承印材料卷筒的直径不断减小，为保持材料的张力不变，要对制动力矩进行相应调整。电动机调节原理是利用张力实测值与设定值的差值信号，并根据当前的卷筒直径值，计算出需要的电动机转速和转矩，再利用变频器或伺服驱动器调节电动机，使其转速或转矩达到理想值，从而实现张力控制。采用电动机制动方式还有利于实现放卷部分更多的自动化功能，如实现自动接、换料时的预驱动功能等。

进料牵引部分的作用是在承印材料进入印刷单元前将放卷时的张力波动消除，使承印材料在放卷部和第一印刷单元之间的张力得以优化。

卫星式柔版印刷机的各印刷色组分布在中心压印辊筒周围，承印材料紧贴在中心压印辊筒表面上（通常其包角可达85%以上），且与中心压印辊筒表面运动的线速度一致。中心压印辊筒内部通有冷却水，使辊筒表面保持恒温，由此保证承印材料不易变形。相邻印刷色组间的距离很短且不存在机械同步速度损失，因此无须做任何补偿。因为承印材料在不同色组间的速度差几乎为零，可认为各印刷单元是在零张力条件进行印刷的，所以就不存在因张力变化引起的套色误差。因此，只要印版辊筒等部件的机械加工精度和装配精度足够高且转速稳定，即可达到可接受的套色精度。

收料牵引部分的作用是使承印材料进入收卷（或印后加工）部分之前将材料在印刷等部分产生的张力波动消除，使得收卷（或印后加工）时产品的张力稳定。

目前，主流的收卷张力控制方式是通过变频电动机或伺服电动机来卷取产品，由浮动辊或压力传感器来检测张力的变化，并将其转换成电信号后传输到控制器。控制器要考虑到收卷过程中卷径的变化，根据上述实测张力和设定张力的差值以及当前的卷径，计算出电动机应输出的转速或转矩，通过变频器或伺服驱动器控制电动机的转速或转矩输出值，达到控制张力的目的。

（3）套色控制　根据之前介绍的卫星式柔版印刷机的结构型式和多色印刷原理，印刷过程中承印材料的张力非常稳定。如果各个印版、印版辊筒、压印辊筒的制造加工精度和装配精度足够高，在没有配备自动套色系统的情况下，就能够达到约±0.1mm的套色精度。电子轴驱动的套色精度会更高些。

因为电子轴印刷机由独立的伺服电动机驱动印版辊筒，在伺服驱动系统的控制下，伺服电动机可以在带动印版辊筒与其他色组伺服电动机同步转动的同时，在印版辊筒上叠加一个与套色误差值相对应的相位调整值，对套色误差进行动态调整，从而得到更好的纵向套色效果。所以在电子轴卫星式柔版印刷机中，操作人员可以根据纵向套色误差的实际情况，在机器的人机界面上发出某个色组的套色调整信号，伺服驱动系统利用该信号来调整相应印版辊筒伺服电动机的相位，以得到更理想的纵向套色效果。

对于横向套色，可以为每个印版辊筒配备横向丝杠，并由一个伺服（或步进）电动机驱动丝杠带动印版辊筒的横向移动。与纵向套色类似，操作人员可以根据横向套色误差的实际情况，在机器的人机界面上发出横向套色调整信号，伺服驱动系统和电动机即可利用该信号来调整丝杠带动印版辊筒的横向移动，实现更理想的横向套色效果。

3. 自动化与驱动方案

根据前面介绍的卫星式柔版印刷机的工作原理和工艺过程，需要利用自动化与驱动产品和软件来实现放卷、进料牵引、印刷、收料牵引、收卷等部分的同步协调运行，同时确保承印材料在机内各部分张力稳定，保证印品套色精准。下面给出一个卫星式柔版印刷机的自动化与驱动系统方案，如图3-32所示，其中印刷部分的自动化与驱动系统方案如图3-33所示。

卫星式柔版印刷机

在本方案中，放卷部分的任务是将承印材料以特定的张力和速度送入印刷单元。因承印材料卷筒的直径随着印刷的进行而逐渐减小，所以控制系统要检测承印材料卷的直径变化，并根据其质量等参数计算出驱动电动机对应的转速和转矩。本方案为放卷装置配备一台伺服电动机，可根据需要调整其转速或转矩。有些机型利用变频器的转矩输出可控的功能，将其用于放卷的张力控制。对应的I/O模块用于接收来自传感器的信息，如承印材料卷的当前直径等。许多印刷机的放卷装置是由第三方提供的独立放卷机，配备本机自己的控制器和驱动装置。为减少更换承印材料卷时的停机时间，提高机器的工作效率，有些机型配备两个材料卷架，当使用某个材料卷架时，另一个可离线进行材料上卷等准备工作。

承印材料进入印刷单元之前先经过一个进料牵引单元，进料牵引单元的性能会极大地影响印刷机的性能。在此配备一台伺服电动机，使得进料牵引单元的转速和转矩与相邻的机器

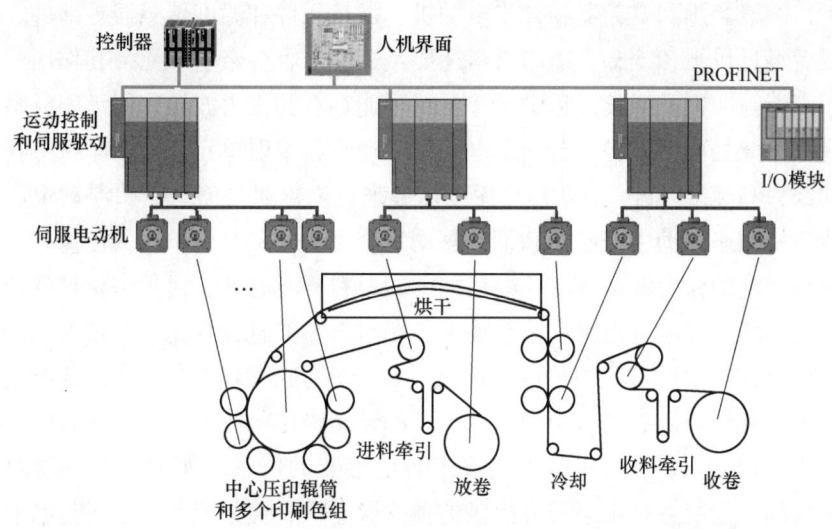

图 3-32 卫星式柔版印刷机自动化与驱动系统方案

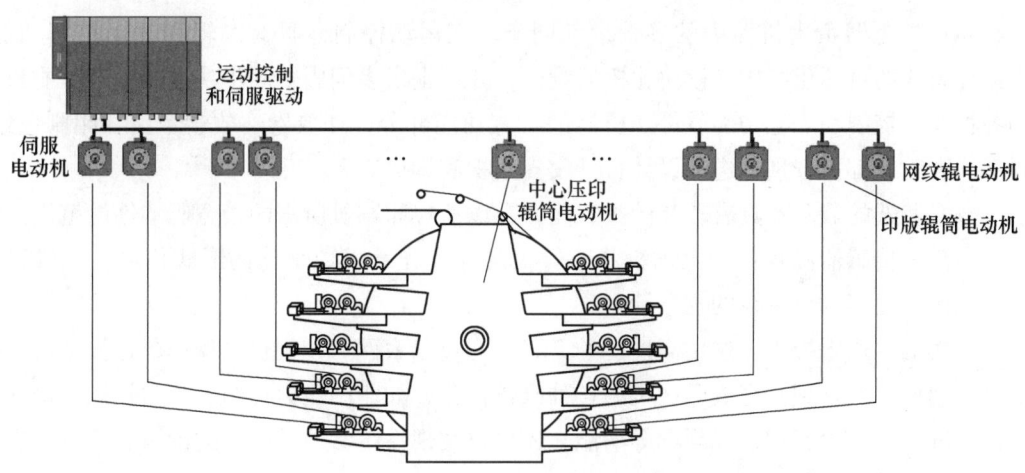

图 3-33 印刷部分的自动化与驱动系统方案

部分完全匹配。此处的 I/O 模块用于传递来自传感器的信息，如浮动辊位置或压力传感器的数值等，用来辅助主控制器和伺服驱动系统完成进料牵引单元的任务。

印刷部分通常包括一个中心压印辊筒、多个印刷色组及其调压单元（用于驱动印版辊筒、网纹辊的前后移动，完成它们与中心压印辊筒之间的压力调整）。在图 3-33 所示的驱动方案中，用一个伺服电动机驱动中心压印辊筒；每一个印刷色组中，包括两个伺服电动机，分别驱动印版辊筒和网纹辊。在某些机型中，可能会用到更多的伺服电动机，如将它们用于调压单元、横向套色用丝杠等。如前所述，每个印版辊筒对应的伺服电动机兼具驱动印版辊筒转动和纵向套色功能。这些伺服电动机的运动间有严格的同步要求，需要依靠运动控制器具有的多轴同步功能来实现。

色间干燥和最终干燥通常需要加热和吹风装置，这些工艺并没有严格的运动控制要求，无须伺服控制，一般会用到变频器和异步电动机、加热元件和温度传感器等部件。

印刷完成后经过烘干和冷却，承印材料还要经过一个收料牵引单元，其作用与进料牵引单元类似，用于消除印刷及后续过程中承印材料可能存在的张力波动，使承印材料在复卷时的张力得以优化。此处同样配备一台伺服电动机驱动收料牵引单元，使承印材料在此处与机器其他部分的张力和速度匹配。I/O模块用于传递来自传感器的信息，如浮动辊位置或压力传感器的数值等，用来辅助主控制器和伺服驱动系统完成收料牵引单元的任务。

收卷部分以特定的张力和速度将印刷后的承印材料复卷起来。因承印材料卷的直径随着复卷的进行而逐渐增加，所以控制系统要检测承印材料卷的直径变化，并根据承印材料的质量等参数计算出驱动电动机对应的转速或转矩。本方案为收卷部配备一台伺服电动机，可根据需要调整其转速和转矩。有些机型利用变频器的转矩输出可控的功能，用其驱动异步电动机实现收卷的张力控制。I/O模块用于接收来自传感器的信息，如承印材料卷的当前直径等。许多印刷机的收卷装置是由第三方提供的独立收卷机，通常配备有本机自己的控制器和驱动装置。

本方案采用典型的模块化自动化与驱动控制方法。这里用一台（或多台，如果伺服轴较多）运动控制器负责机器内的多轴运动同步。该运动控制器具有逻辑和运动控制功能，且支持分布式的自动化结构和模块化机器设计，并可提供多伺服轴同步功能，运行印刷机所需的各种逻辑控制和工艺功能软件。机器的所有功能部分，如放卷、放卷牵引、印刷色组、收料牵引和收卷都可分别地进行设计、开发、编程和调试。

本方案所选的驱动器具有较高的过载能力，以适应印刷机所需的较宽驱动性能范围。多轴同步所需的传感器测量值、电动机状态等信息通过光纤以数字化的形式传输，不仅速度快，且降低了机器内传输线的复杂性。

本方案的主逻辑控制器选用高性能的PLC，通过以太网与印刷机的操作屏连接，可对印刷机进行集成化的管理，完成印刷机的各种操作任务，如印刷压力控制、张力控制、横向以及纵向套准、远程诊断和在线帮助等功能，还可以实现系统参数及配方的读写、系统状态监控、故障提示等。

3.2.4　商业轮转印刷机

1. 简介（适用场景、常用技术、发展趋势）

如果按照印刷工艺来分，商业轮转印刷机（commercial rotary printing machine）属于胶印（胶印的概念在介绍该机工艺时一并介绍）机。胶印机是使用最为广泛的印刷机，具有速度快、印刷质量好、制版成本较低的特点。因此，胶印机常被用来印刷内容变化频繁、周期短且对出版时限要求较高的印刷品，如报纸、杂志等。这里介绍的商业轮转印刷机是相对于非轮转的单张纸印刷机而言的。因为采用了胶印工艺，商业轮转印刷机又被称为商业轮转胶印机。输入到商业轮转印刷机的承印材料以卷筒形式存在，经过放卷装置被连续地输送到印刷单元，完成印刷后通常还会经过烘干、折页、裁切、装订等印后工序制成印刷品。

图3-34所示为一台商业轮转印刷机的外观。

图 3-34 商业轮转印刷机（小森公司产品，照片由该公司提供）

商业轮转印刷机的印刷精细度通常优于报纸印刷机，一般用于印刷彩色杂志、彩色插页、高档商业广告、宣传品、画报等。由于高档杂志和报纸的印量越来越多，且单张纸胶印机的印刷速度已不能满足市场需求，所以催生且促进了印刷速度更快、印刷质量更高的商业轮转印刷机的发展。

目前，商业轮转印刷机的印刷能力可达约 40000 份/h，且一般都带有多开纸（如 8 开、16 开、24 开、32 开等）的折页功能。

如今市场对印刷品的需求是批量小、品种变化多。为满足这样的市场需求，且能够高效率地生产，就要求印刷机在变更印品时可快速更换印版、方便且快速地调整机器的折页部分以减少准备时间，而且还要保持较低的废品率。为实现上述目的，许多商业轮转印刷机采用了无轴传动（或称电子轴传动）技术。该技术取消了传统的机械传动长轴，每一个印刷色组由一个独立的伺服电动机驱动。有些机型甚至在每个印刷机组内都取消了传动齿轮和传动轴，即印版辊筒、橡皮辊筒、压印辊筒、传墨辊筒等部件均由单独的伺服电动机驱动。电子轴传动技术取消了机械齿轮等部件，可降低机器的噪声；因各个印刷机组独立驱动，当某个机组印刷时，另一个机组可以停机装版，这样就减少了更换印品的辅助时间；因为采用了软件和伺服驱动技术实现多轴同步的方式，可使机器的灵活性更强，自动化控制程度更高。

为保证印品的套印精度，商业轮转印刷机不仅对各印刷单元伺服电动机间的同步性要求较高，而且一般会配备自动套准系统来提高套印精度。

随着印刷品市场需求向个性化、高精度、品种多和小批量方向发展，无轴传动印刷机的市场份额会越来越大，并逐步取代采用机械轴传动方式的传统印刷机。

2. 工艺介绍

（1）印刷原理和工艺过程　轮转胶印机印刷单元的结构和印刷工艺原理如图 3-35 所示。因为轮转胶印机在纸张的上下两面进行双面印刷，所以印刷单元由上下两组印版辊筒、橡皮辊筒、供墨辊、供水辊等组成。

待印刷的图文信息经印前工艺处理后制成印版，并安装在印版辊筒上。印版的空白部分亲水斥墨，而图像部分亲墨斥水。印刷时，印版上的油墨先转移到橡皮辊筒的橡皮布上，当纸张从上下两个橡皮辊筒之间经过时，受到两个橡皮辊筒的压力，橡皮布上的图文信息被印刷到纸张的正反两面上。

在实际应用中，为使油墨调整均匀以达到更好的印刷效果，印刷单元通常配有一系列匀墨辊和匀水辊，如图 3-36 所示。

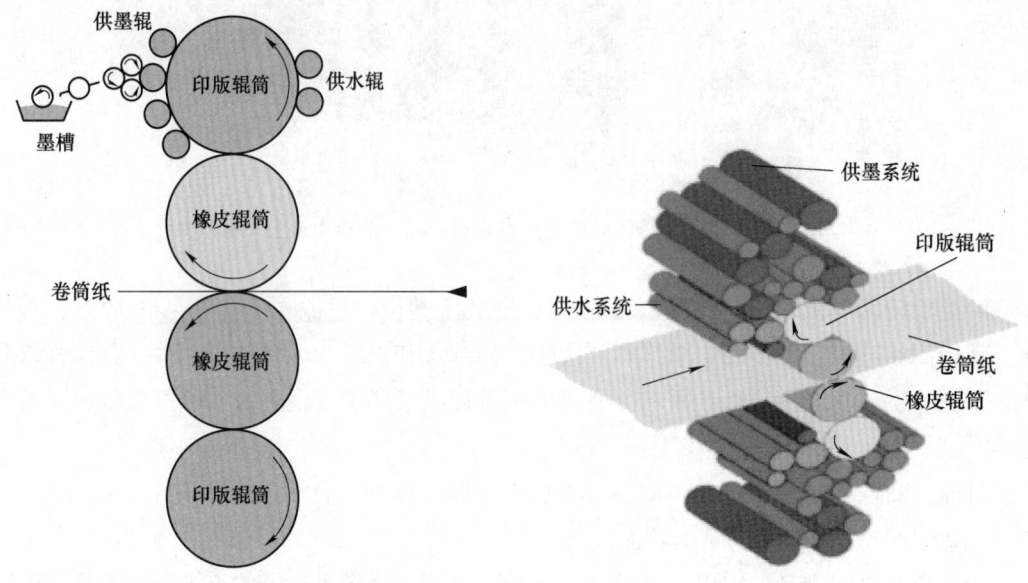

图 3-35　轮转胶印机印刷单元的结构和印刷工艺原理

图 3-36　印刷单元内的多个匀墨辊和匀水辊

轮转胶印机通常以水平机组的形式排列，包括放卷部分、多个印刷单元、烘干部分、冷却部分、折页部分和其他后处理装置，如图 3-37 所示。纸张从纸卷中放出，经过多个印刷单元完成多色印刷，然后进行烘干，再对印品进行冷却和上光，最后经折页、裁切和装订等印后设备加工后生产出杂志等印刷产品。

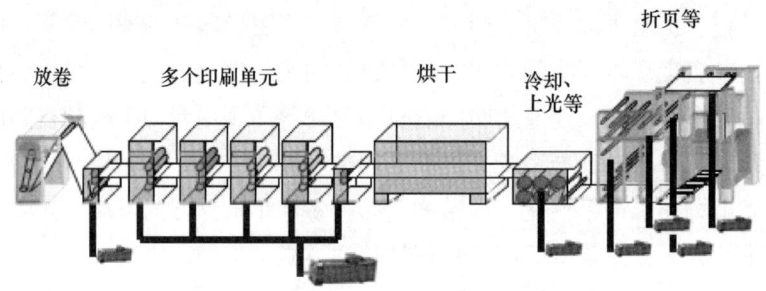

图 3-37　商业轮转胶印机构成示意图

放卷部分为印刷单元供应纸张，且具有保持纸带张力稳定、计算纸卷剩余长度、完成换纸卷和接纸的功能。

印刷部分由多个印刷单元组成，每个印刷单元负责印刷一种颜色。每个印刷单元包括印版辊筒、橡皮辊筒、上印版装置、供墨装置、供水装置、套色装置等部件。上下两个橡皮辊筒之间保持一定的压力，当纸张从其间通过时即可完成双面印刷。为了使彩色印品的套色精准，印刷单元内还配备有套色系统，其工作原理是根据当前的套色误差量，利用伺服电动机（电子轴传动印刷机）或机械斜齿轮等（机械轴传动印刷机）装置相应地调整印版辊筒的相位角，如图3-38所示，使套色误差量达到可接受的程度。套色系统可以是全自动的，即利用光电传感器扫描纸张上的套印标记，由控制器自动计算误差值，并根据误差值控制伺服电动机调整印版辊筒相位角；也可以由人工在操作台观察套色误差，并手动遥控伺服电动机调整印版辊筒相位角实现套准。上面所说的是纵向套准，多数机器的套色系统还可以手动或自动进行横向套准。

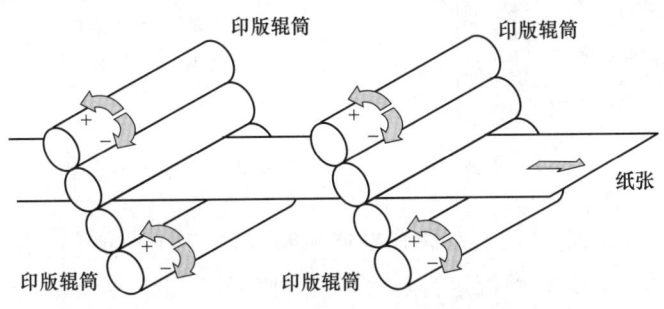

图3-38 调整印版辊筒相位角进行套色

为高效地满足小批量、多印品的市场需求，现代的印刷单元中还要配备自动装版系统，以减少印品切换所需的准备时间。

烘干单元对印刷后的纸张吹热风，进行快速烘干，为后续的折页工作做好准备。

冷却、上光部分使印刷后的纸张经过数级冷却辊以实现降温，再经过上光油工艺使纸张软化且消除静电。经过这些工艺处理的纸张会更有利于后续的折页和其他印后工序。

商业轮转胶印机

折页部分利用机械装置（如三角板、折刀等）对完成印刷、烘干、冷却和上光等工艺后的连续纸带进行折叠，然后再经过机器的分纸机构输出书帖。

（2）印刷机的张力控制　从上述印刷过程可知，为保证各工艺段的工作能够流畅地相互衔接，纸张在移动过程中必须保持稳定的张力，如图3-39所示。

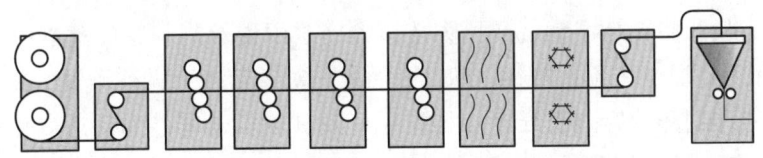

图3-39 商业轮转胶印机中移动纸带应具有稳定的张力

在轮转胶印机印刷过程中，纸带在印刷机内各部分间移动时必须保持恒定的张力。张力太小，会造成纸带向前滑动，使套印精度下降，对油墨转移造成负面影响，还会使纸带横向起皱且无法进行正常的折页等作业；张力太大，可造成纸带纵向起皱，也会影响套印精度和油墨转移，甚至会造成纸带断裂。因此，纸带在放卷、印刷、印后工序中都必须保持恒定的张力。放卷时，恰当的张力能确保纸带平稳地输送到印刷单元；印刷过程中，恰当的张力可确保良好的套印精度，获得高质量的图文印刷效果；印后阶段，恰当的张力能保证纸带平稳进入三角板及后续折页等机构，实现完美的印后加工。

控制纸带张力需要制动装置和张力检测装置（如浮动辊），如图3-40所示。

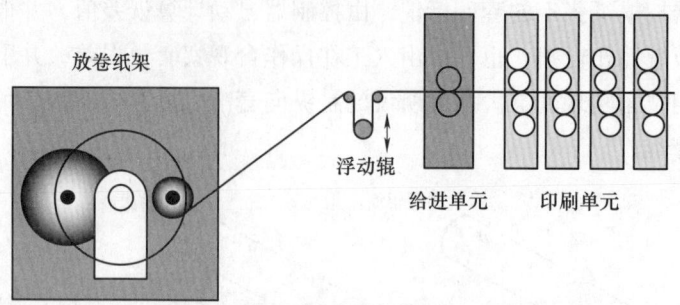

图3-40　商业轮转胶印机中的放卷和张力控制示意图

放卷部分的张力控制由纸卷制动装置根据检测装置（如浮动辊）给出的信号实现。制动装置须根据纸带张力的波动情况进行自动调整，使纸带能以一定的张力值匀速、平稳地进入印刷装置，还须具有在机器开始运行和制动时防止纸带张力过载和松弛的能力。在印刷过程中，随着纸卷直径不断减小，为保持纸带张力不变，要对制动力矩进行相应调整。纸卷制动可采用圆周制动或轴制动方式。

圆周制动方式是在卷筒纸外表面施加一个作用力，依靠摩擦产生制动力矩。该制动机构可由电动机单独驱动进行制动，利用纸卷表面和制动装置之间的速度差产生一个相应的制动力矩。

轴制动方式是在卷筒纸转轴上施加制动力矩实现纸卷制动。目前，大多数轮转胶印机都采用磁粉制动器或电动机转速调节张力的控制系统。磁粉制动器利用张力测量辊的实测值和标准设定值之间的差值进行张力控制。如实测值低，说明纸带张力小，磁粉制动器中激磁电流增加，产生较大磁力，使定子和转子间产生较大的制动力矩。电动机转速调节则是将纸带张力的实测值与设定值之间的差值信号放大后，直接用于调节电动机的转速，实现纸带的张力控制。

常用的张力检测装置是浮动辊或压力传感器。这两种检测装置的基本原理已在本书的3.2.1节中做了介绍，这里不再赘述。印刷开始前，对纸带张力进行预设，并对纸卷进行相应的张力控制；印刷开始后由于纸卷（如卷径）及其他机器部件的动态变化等因素，纸带的实际张力会与理想的张力值之间存在一定的偏差，使浮动辊产生一个相应的位置变化，该位置变化值被转换成电信号，控制器根据这个反映张力误差的信号，经过分析处理后向执行部件（电动机或磁粉制动器）发出控制信号，使执行部件对纸卷产生相应的制动力，以实现纸带张力稳定的目的。

（3）印刷机的自动套色系统　纸带经放卷机构放出后依次经过多个印刷单元进行各色的印刷，然后进行烘干、冷却和上光，最后进入折页等印后处理装置。每色印刷单元都会在纸带的边缘印上套色控制所需的色标，每个相邻颜色的色标在套印精确时应相互平行并保持设定的距离（如20mm）。光电扫描头的作用是检测相邻两个印刷单元印出色标的间距，如果相邻两色标间的距离不等于设定值（如20mm），说明套色出现误差。色标误差值被送入套色控制器，控制器以一定的算法进行分析处理，然后输出一个误差调整信号到电动机驱动器，该驱动器将使伺服电动机带动印版辊筒进行其相位的前后移动，这样就可消除（或减少）套印误差，如图3-41所示。

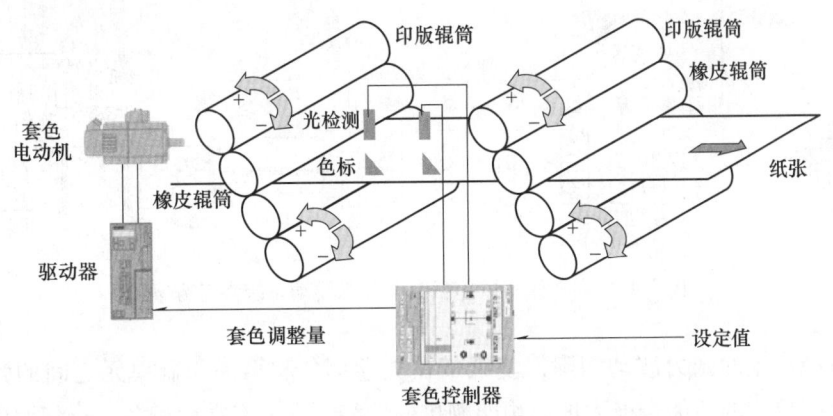

图3-41　商业轮转胶印机自动套色系统原理示意图

因为商业轮转胶印机一般具有四个印刷单元且每个印刷单元进行双面印刷，光电检测装置从第二个印刷色组起进行配备，所以含有四个印刷色组的商业轮转胶印机应配备六套光电检测装置。

从上述套色系统的介绍中可知，套色控制系统是印刷机整机控制系统之外的一个专门用于套色的独立控制系统，一般由专业的套色系统供货商提供。目前，许多自动化产品供货商将套色算法和其他套色控制功能集成在其控制器中，这样就使得印刷机的控制系统中集成了套色控制功能，简化了印刷机控制系统的结构。

3. 自动化与驱动方案

根据前面商业轮转胶印机的工艺和张力控制介绍，如何利用自动化与驱动产品实现印刷机放卷、印刷、烘干、冷却和上光、折页等部分的同步协调运行，如何实现纸带在机内各部分的张力稳定，如何保证套色精准是自动化与驱动解决方案的主要任务。下面给出一个商业轮转胶印机的自动化与驱动系统参考方案，如图3-42所示。

放卷部分的任务是将纸带以指定的张力和速度送入印刷单元。因纸卷的直径随着印刷的进行而逐渐减小，所以控制系统要检测纸卷的直径变化，并根据纸张的质量等参数计算出驱动电动机对应的转速和转矩。本方案为放卷装置配备一台伺服电动机，可根据需要调整其转速和转矩。有些机型利用变频器转矩输出可控的功能，由其驱动异步电动机进行放卷的张力控制。在此配备I/O模块用于接收来自传感器的信息，如纸卷的当前直径等。许多印刷机的放卷装置是由第三方提供的独立放卷机，并通常配备放卷机自己的控制器和驱动装置。为减少更换纸卷时的停机时间，提高机器的工作效率，有些放卷机型配备两个纸卷架，当使用某个纸卷架时，另一个可离线进行上纸卷等准备工作。

纸带进入印刷单元之前先经过一个进料牵引单元，其作用是在纸带进入印刷单元前将放

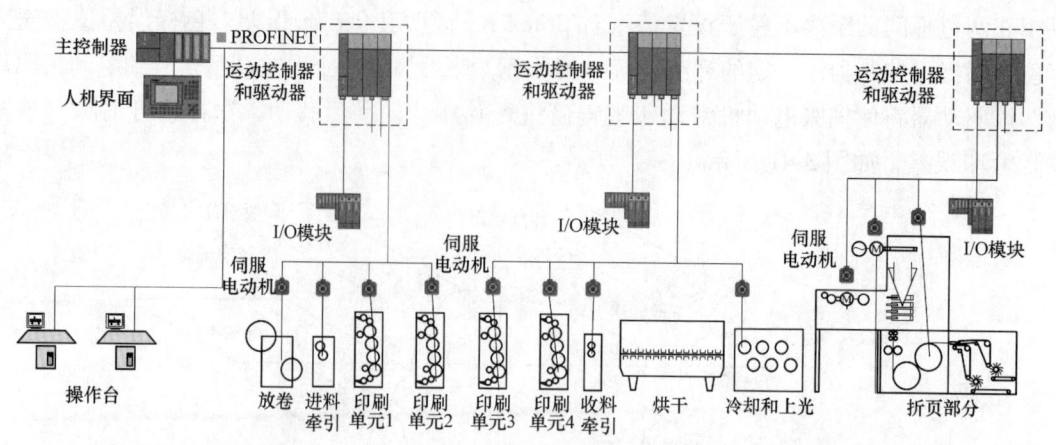

图 3-42 商业轮转胶印机自动化与驱动系统参考方案

卷时纸带可能产生的张力波动消除，使纸带在放卷部分和第一印刷单元之间的张力得以优化。进料牵引单元的性能会极大地影响印刷机的性能。本方案在此配备一台伺服电动机，使得进料牵引单元的转速和转矩与相邻的机器部分完全匹配。此处的 I/O 模块用于传递来自传感器的信息，如压力传感器的检测数值等，辅助主控制器和伺服驱动系统完成进料牵引单元的任务。

每个印刷单元配备一台可独立运转的伺服电动机，并取消了传统的机械长轴。在机器的控制程序中配备有自动套色功能软件模块，利用光电检测装置和伺服系统的电子轴同步功能实现四色印刷的同步和套色控制功能。在本方案中，每个色组配备一台伺服电动机，这就是说，印版辊筒、橡皮辊筒和水、墨辊筒之间的同步仍然是通过机械方式实现的。在有些印刷机中，印版辊筒、橡皮辊筒和水、墨辊筒之间的同步也是靠电子轴来实现的，这种机型需要在同一个印刷单元中配备更多的伺服电动机。此处的 I/O 模块用于传递来自传感器的信息，如来自色标光电传感器的信息等。有些机器会采用第三方提供的独立套色系统。

完成印刷后，纸带再经过一个收料牵引单元，其作用与进料牵引单元类似，用于消除印刷过程中可能产生的纸带张力波动，使纸带在进入烘干部分时的张力得以优化。此处同样配备一台伺服电动机驱动收料牵引单元，使纸带在此处和机器其他部分处的张力和速度匹配。I/O 模块用于传递来自传感器的信息，如压力传感器的检测数值等，辅助主控制器和伺服驱动系统完成收料牵引单元的任务。

烘干过程没有严格的位置同步要求，但要控制温度、风机转速等参数，因此需要 I/O 模块用于传递温度传感器的数值等信息。通常还需要在机器中配备一些变频器和异步电动机，以实现对其他部件的调整，如调节风机转速等，这些在图中没有详细画出。

为冷却和上光部分配备一台伺服电动机，实现纸带在此处与印刷机其他处的张力和速度匹配。

折页、裁切和装订等部分可以被视为独立的印后加工设备，可配备自身所需的控制器和驱动等产品。这里标出的伺服电动机是为了实现该部分与机器其余部分的同步和协调工作而配备的。

本方案采用典型的模块化自动控制方法。这里的主控制器具有逻辑和运动控制功能，可提供多伺服轴同步功能和印刷机所需的各种工艺功能，且适用于分布式自动化系统结构，支持模块化机器设计。所有机器的相关部件，如放卷、印刷单元、供墨、供水、干燥、冷却与上光和折页等部分都可分别地进行设计、开发、编程和调试。

本方案所选的驱动器和电动机具有较高的过载能力，以适应印刷机各部分（如纸卷的质量可达数吨）通常所需要的较宽的驱动性能范围。多轴同步所需的传感器、电动机状态等信息通过光纤以数字化的形式传输，不仅速度快，而且降低了机器内传输线的复杂性。

主控制器通过以太网与印刷机的操作台连接，能对印刷机进行集成化的管理，可完成印刷机的各种操作任务，如张力控制、水墨平衡、远程诊断和在线帮助等功能。

3.2.5 旋转刀

1. 简介（适用场景、常用技术、发展趋势）

旋转刀（rotary cutter）实质上是指一种工艺，利用它可对连续运动的物料（通常为带状材料，如纸张、塑料薄膜等）按照指定的长度进行裁切，或进行其他形式的加工（如在纸带上按照指定的间距进行打孔等）。采用旋转刀工艺进行加工的机器种类很多，如切纸机、打孔机、焊接机等。旋转刀也可能只是某台机器中的一个工艺段，例如将在后边介绍的枕式包装机，其横向封合和切断部分就用到了旋转刀工艺。

旋转刀工艺最大的特点是，当对材料进行加工（如切断、打孔、粘合等）时，材料仍在不停地向前运动，这使得旋转刀的加工速度更快。与旋转刀不同，有些机器在对材料进行加工时，材料是静止不动的，待加工完成后，材料再向前移动一个定长后停下来，等待进行下一次加工。这种加工方式是间歇式的，加工速度慢，但控制简单，加工的精度（如裁切物料的尺寸精度）容易掌控。通常对旋转刀的要求不仅是加工速度快和加工尺寸精准，而且要有较强的灵活性，如可以方便地调整裁切产品的尺寸，但这会涉及更多的控制功能。

图 3-43 所示为采用旋转刀工艺的卷筒纸横切机。

图 3-43 采用旋转刀工艺的卷筒纸横切机（温州质为机械有限公司产品，照片由该公司提供）

目前，市场的发展趋势是产品的个性化强、品种多、批量小。机器生产商要适应这样的市场需求,就要提高其机器的灵活性和生产率,即当需要转换被加工产品时,可以方便地对机器进行相应的调整,且调整机器所需的时间越短越好。随着自动化和驱动产品、检测产品和软件技术的发展,市场上已经有了成熟的用于旋转刀工艺的自动化与驱动系统解决方案,使得旋转刀工艺的应用领域越来越广。为提高机器的灵活性、加工速度和加工精度,运动控制技术、伺服驱动、伺服电动机和传感器等产品被大量地应用到旋转刀工艺的自动化与驱动系统解决方案中。

因为旋转刀工艺的应用非常广泛,许多自动化和驱动系统供货商将实现该工艺的相关软件做成标准软件包。利用这些软件包,编程者只须根据机器的实际情况提供相关的工艺参数即可,而无须从零开始编制旋转刀的控制程序,大大减少了机器的开发时间并降低了开发难度。自动化和驱动系统供货商提供的标准软件包一般都经过了反复的调试、优化和实际应用考验,因此具有较好的可靠性和稳定性。

2. 工艺介绍

旋转刀的工艺原理如图3-44所示,物料在进料辊的驱动下以一定的速度连续向前移动。旋转刀辊上装有一个或多个切刀(图中为一个切刀的例子),在电动机的驱动下转动。当刀刃与物料相接触的瞬间,物料被切断,形成一个个长度相等的物料段。为保证切刀与物料接触时物料不会起皱或被撕裂,在切刀接触物料的瞬间,刀刃的线速度应与物料前进的速度一致。

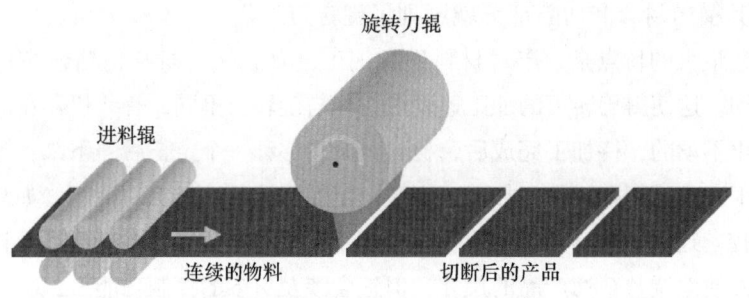

图3-44 旋转刀的工艺原理示意图

该工艺虽然称为旋转刀,但在实际应用中不一定是用刀去切断物料,也可以用于其他形式的加工操作,如打孔、封合等,且在旋转刀辊上可以安装多个加工工具,如图3-45所示。

旋转刀工艺的关键点在于:刀辊的直径是一定的,而且在切断物料的瞬间,刀刃的速度必须与物料的移动速度一致;若要裁切出指定长度的物料段,必须使刀辊在其旋转的每个360°范围内,转速按照某种规律变化。

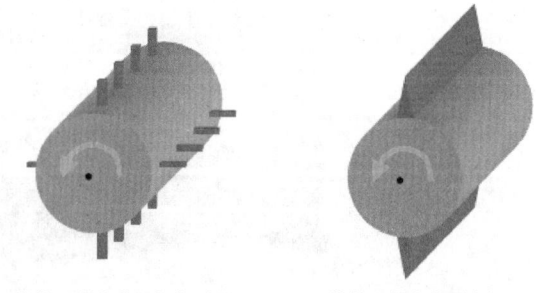

a) 旋转刀辊上装四组打孔器　　b) 旋转刀辊上装两个切刀

图3-45 具有多组加工工具的旋转刀

现以刀辊上装有一个切刀的情况为例进行分析。假设物料为带状，且以一定的速度 $v_{料带}$ 移动，当刀刃的线速度 $v_刀$ 等于 $v_{料带}$ 时，切出产品的长度等于刀辊的周长；若要使切出产品的长度大于刀辊的周长，$v_{料带}$ 应大于 $v_刀$；若要使切出产品的长度小于刀辊的周长，$v_{料带}$ 应小于 $v_刀$。但不论切出产品的长度如何，在刀刃与物料带接触的瞬间，$v_刀$ 应等于 $v_{料带}$，否则会造成物料带起皱或被撕裂。因此，只有在要求产品的长度等于刀辊周长时，刀辊才可以保持匀速转动。在其他情况下，必须在刀刃与物料带接触之前，对刀辊的转速进行调整，才能切出长度小于或大于刀辊周长的产品。根据上述分析，按照切出产品的长度，可归纳出旋转刀的如下三种工作情况：

1）产品长度=刀辊周长，$v_刀=v_{料带}$，刀辊速度曲线如图 3-46 所示。

2）产品长度<刀辊周长，$v_刀>v_{料带}$，刀辊速度曲线如图 3-47 所示。

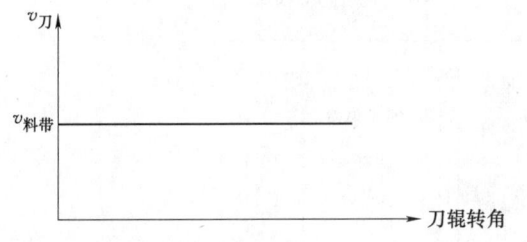

图 3-46　产品长度=刀辊周长时的刀辊速度曲线

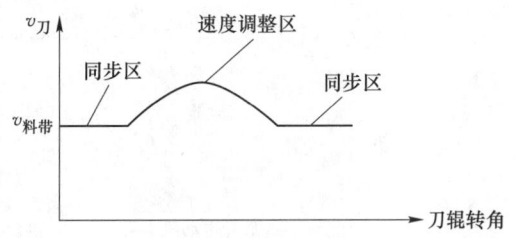

图 3-47　产品长度<刀辊周长时的刀辊速度曲线

3）产品长度>刀辊周长，$v_刀<v_{料带}$，刀辊速度曲线如图 3-48 所示。

从上述三种情况可以看出，若需要切出不同长度的产品，刀辊和物料带（或进料辊）之间要具有相应的运动关系，且该运动关系不是线性的，而是凸轮运动关系。可将刀辊 360°的旋转范围分成两个区间：以刀刃与物料带接触的时间为中心，留出一段区间作为同步区，在同步区内，要保证刀刃的线速度 $v_刀$ 等于物料带的速度 $v_{料带}$，以确保物料带被切断，且不会起皱或被撕裂；同步区之外为速度调整区，刀辊在速度调整区内的速度变化曲线要随着产品长度的变化而变化，如图 3-49 所示。

这样的运动关系可以靠机械凸轮实现，但机械方式的最大问题是不灵活，因为当需要变更产品长度时，须改变机械凸轮的形状，这通常是比较困难和费时的。利用运动控制器具有的多轴间凸轮同步功能，可以方便地变换刀辊的凸轮曲线，而且可

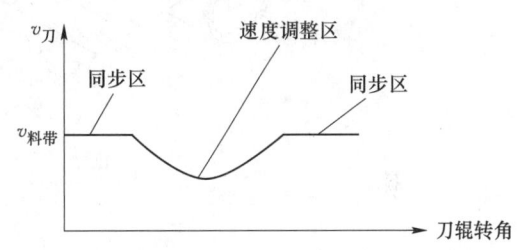

图 3-48　产品长度>刀辊周长时的刀辊速度曲线

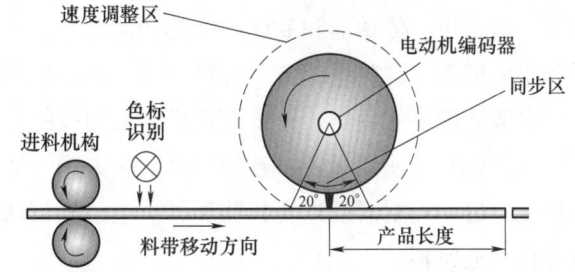

图 3-49　旋转刀的同步区、速度调整区和色标识别传感器

以将多种凸轮曲线存储在控制器中,当需要变更产品长度时,选择对应的凸轮曲线即可,非常方便快捷。

如果物料带上有图案或色标,且要求图案处于产品的适当位置,这种情况就需要配备光电传感器,将色标的位置信息传送给运动控制器,如图3-49所示。运动控制器根据色标的位置,利用相应的算法控制刀辊的运动,以实现将料带上的图案置于产品适当位置。

3. 自动化与驱动方案

前面介绍了旋转刀的概念和工艺原理,并指出利用运动控制系统可灵活快捷地变换产品长度。下面就给出一个用于旋转刀的自动化与驱动系统方案,如图3-50所示。

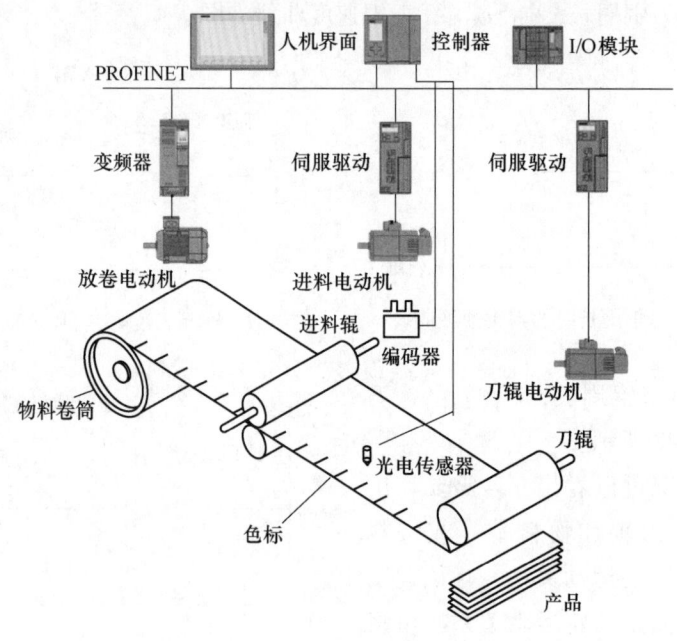

图3-50 旋转刀自动化与驱动系统方案

本方案以运动控制器(具有逻辑和运动控制功能)作为系统控制的核心,在伺服驱动、变频器、电动机、传感器和I/O模块等产品的配合下,实现放卷、进料辊、刀辊的同步运动关系和张力控制。这些系统部件均可通过工业以太网(这里选用PROFINET)实现通信。

放卷部分配备变频器、异步电动机、运动控制器和在其中运行的放卷软件功能模块,该软件模块具有料带速度设置、卷径计算、张力锥度计算、料卷转动惯量计算等常用收、放卷控制功能。运动控制器通过变频器和异步电动机驱动放卷辊,可确保物料带以设定的速度和张力输出到进料辊。

进料辊的功能是将物料带从物料卷筒中拉出,并保证能将其以稳定的张力和速度送到刀辊。为达到上述目的,需要运动控制器进行转矩计算。因为放卷开始时物料卷筒是静止的,这时需要较大的转矩将物料带拉出。运动控制器还要根据物料带及卷筒的材料和尺寸等因素确定物料卷筒的转动惯量,并计算拉出物料带所需的适当张力。运动控制器的计算结果需要执行机构去实施,这里配备伺服驱动和伺服电动机以确保转矩和张力能够准确和稳定地输出,将物料带从物料卷筒中拉出。

刀辊的运动是本方案的关键部分。运动控制器接收来自光电传感器的色标位置信息和来自进料辊外部编码器的信息,进行综合分析和处理后向伺服驱动器发出指令,伺服驱动器驱动伺服电动机使刀辊转动,使其按照与指定产品长度和料带速度对应的刀辊凸轮曲线运动,切出符合长度和精度要求的产品。

人机界面用于操作人员对机器进行操作和参数设置,并可显示机器的当前及历史状态、报警及故障信息。

I/O模块用来接收来自外部传感器或执行机构的状态信息,也可向各种外部元件或执行机构发出控制信号,使它们按照设定的程序完成特定的动作。

本方案采用旋转刀工艺的标准软件功能模块,用户无须从零开始编程,只须将其实际机器的有关参数输入到对应的软件模块中,即可方便地完成机器控制的编程工作。虽然有时需要对程序略加修改和补充,但仍可大大减少开发时间并降低开发难度。标准软件功能模块多采用模块化结构设计,并经过了长时间的优化和验证,所以非常成熟可靠。采用标准软件功能模块还有另一个好处,即能使用户的机器控制程序更加安全可靠,且方便维护和升级。

3.2.6 立式袋成型、填充、封口机

1. 简介(适用场景、常用技术、发展趋势)

立式袋成型、填充、封口机(vertical form fill seal machine)是一种很常见的包装机。机器外观和常见的包装产品如图3-51所示。

该机型在食品、药品、日化等行业应用非常广泛,常用于包装固体、颗粒状、粉末状及黏稠的物料,如糖果、饼干、食盐、洗衣粉、黄酱等。

该机型的生产厂家众多,虽然机器的基本功能类似,但根据机器包装质量、包装速度和精度等方面的差异,可将机器分为不同的档次。不同档次的机器,其电气部分的差别很大,就机器的控制器而言,常见的有单片机、PLC、伺服控制器等。机器所用的驱动产品可分为变频器和伺服驱动器等。

鉴于当今产品小批量、多品种的市场需求,具有较高灵活性的机器会有更好的市场前景。为提高机器的灵活性,现在许多此类机器生产厂家已采用伺服控制和驱动系统,以满足市场的需求。

2. 工艺介绍

图3-52所示为立式袋成型、填充、封口机的主要结构和工艺原理示意图。成卷的、印有文字和图案的塑料薄膜作为包装材料,经过放卷装置和薄膜牵引装置的作用,被拖送至一个形状像衣领的机械部件(通常称其为衣领成型器),经过衣领成型器后,塑料薄膜被卷成了圆筒状(尚未被封合),围绕在一个垂直的圆筒导管上。薄膜牵引装置上配备有加热装置和纵向封合装置,将薄膜加热到适当的温度,并由纵向封合装置将其热封合成圆筒,再经横

向封合和切断装置进行加热、横向封合和切断后，就形成了一个塑料袋。在横向封合之前，经过计量装置（如多头秤）计量后的产品（如糖果或花生仁等）已经靠重力进入了垂直的圆筒导管，随后即进入塑料薄膜圆筒内，当机器进行横向封合后，产品就被包装在塑料袋内。请注意，机器的横向封合与切断是同时完成的。当横向封合与切断工艺完成后，就形成了一个个独立的、已填充了产品的包装袋。

图 3-51 立式袋成型、填充、封口机（上海瑞吉锦泓包装机械有限公司产品，照片由该公司提供）

图 3-52 立式袋成型、填充、封口机的主要结构和工艺原理示意图

袋子的大小由两个因素决定：一是塑料薄膜的宽度，它决定袋子的宽度；二是薄膜牵引装置的行程，它决定袋子的长度。

如前所述，装入袋中产品的多少是由计量装置控制的。立式袋成型、填充、封口机的上部配有计量装置，用来确定产品的填充量。根据产品不同，要选用不同的计量装置。常见的计量装置有：

1) 多头秤，常用于较大的颗粒状产品（如糖果）。
2) 量杯，常用于较小的颗粒状或粉末状产品（如洗衣粉）。
3) 螺杆式计量装置，常用于粉末状或黏稠状产品（如洗发膏）。

根据横向封合和切断装置的运动形式，该类机型的工作方式分为间歇式和连续式两种。间歇式机型在进行横向封合和切断时，塑料薄膜不再向下运动，是静止的。当横向封合和切断完成后，薄膜牵引装置再将塑料薄膜向下拉一个设定的长度（行程的大小根据袋子的长度决定）。连续式机型在进行横向封合和切断时，塑料薄膜仍然在向下运动。由此可知，连续式包装机的工作速度更快。对于连续式包装机，要求横封装置在进行横向封合和切断的同时，在纵向跟随塑料薄膜向下运动。这就意味着，横向封合和切断装置的运动与薄膜的运动之间存在凸轮运动关系。

还有两个细节要注意。首先，如果塑料薄膜上印有图案（如产品介绍、商标等），怎样保证图案落在包装袋的中央位置呢？塑料薄膜上除印有与产品有关的图案外，根据包装袋的长度，会在塑料薄膜边缘处按特定的间距印上一个个深色的标志（称为色标）。该机器配备有光电检测和控制系统，在拖动塑料薄膜时，光电探头检测到色标的位置并将此信息发送给控制器，根据色标位置信息和包装袋长等参数，控制器进行分析处理后向薄膜牵引驱动器发出速度调整指令，使薄膜牵引电动机进行相应的速度补偿，即调整牵引薄膜速度的快慢，使产品图案落在袋子的中央。其次，当薄膜牵引电动机拖动薄膜向下运动时，有可能存在打滑现象，造成薄膜的实际牵引量与理论牵引量之间的误差。为解决这个问题，可以在机器中添加滑差补偿装置，利用外部编码器检测薄膜的实际牵引量，并与理论牵引量比较，得出一个差值，控制器根据该差值对每次的理论牵引量做出修正。这样会使袋子尺寸的精度更高。

需要指出的是，滑差补偿装置是可选项，只在精度要求较高的机器上使用。

3. 自动化与驱动方案

该机器的各个功能部件不仅要按设计要求完成各自的工艺功能，还要相互协调配合并保持应有的运动关系，才能完成机器的整体功能。为达到上述目的，机器的自动化与驱动解决方案中要相应地配备自动化、检测和驱动装置，如图3-53所示。图中的虚线部分为可选项，应根据机型的具体情况决定是否需要配备。

图中的顶部是计量装置，这里给出的是一个螺旋式计量装置（根据产品的不同，可选用多头秤或其他计量装置），由一个伺服电动机带动螺杆，伺服电动机转动量的大小决定了产品的填充量。

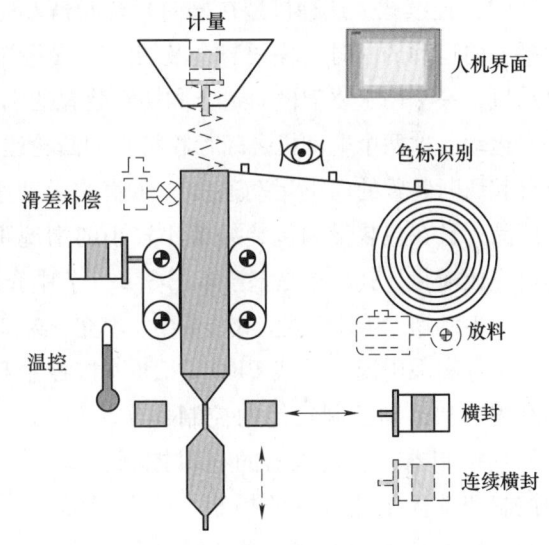

图3-53 立式袋成型、填充、封口机控制和驱动系统部件示意图

放料装置由一个电动机（可用异步电动机）带动，将塑料薄膜放出。可根据薄膜卷直径的变化调节料卷放料时的转速，使薄膜的张力保持稳定。

牵引电动机选用伺服电动机，利用其定位功能将薄膜向下拖动一定的长度，该长度应根据袋子的长度而定。控制器依据袋子长度的设定值来控制伺服驱动器和伺服电动机以确定薄膜牵引量的大小。当需要改变袋子长度时，控制器给出对应的薄膜移动长度，非常方便且快捷。

色标识别装置用一个光电传感器来检测薄膜上色标的位置（图中所画的色标是凸起的，这只是为了方便读者看到色标的存在和它们之间的间距，实际上色标是以较深的颜色印在塑料薄膜上的，并不会凸起）并将这个位置信息发送给控制器，控制器根据色标的位置和其他信息（如袋子长度设置）来控制薄膜牵引的速度，达到调整薄膜牵引量的目的，以确保薄膜上的图案落在包装袋的中央位置。

由于牵引装置在拖动薄膜前进时可能产生机械滑动，造成实际牵引量与理论值的误差，机器可配备一个外部编码器来检测薄膜的实际前进距离，控制程序根据薄膜前进的实际值与理论值之差，对牵引量的理论目标值进行向前或向后的微调。这就是所谓的滑差补偿功能，其目的是使薄膜的实际前进距离最大限度地接近理论值。

对薄膜进行纵向和横向封合时都需要先将其加热到适当温度，因此需要配备电加热装置、温度传感器和温度控制程序。

立式袋成型、填充、封口机的横封装置有如下两种型式：

(1) 间歇式　这种机型在横向封合时塑料薄膜是静止的，横向封合和切断装置只须在水平方向运动，完成封合及切断，因此只需要一个伺服电动机做定位控制，驱动横封装置的水平运动。

(2) 连续式　这种机型在横向封合时薄膜是继续向下运动的，横向封合和切断装置在水平方向运动的同时（完成封合及切断），还要向下与薄膜做等速运动，因此需要两个伺服电动机，一个用于驱动横向封合和切断装置的水平运动，另一个驱动横向封合和切断装置的垂直运动。这两个电动机之间存在特定的凸轮运动关系，以保证在横向封合和切断时，横向封合和切断装置的向下运动速度与薄膜的运动速度一致。对于粉末或黏稠状产品，且在包装量和包装袋都比较小的情况下，也可以只用一个伺服电动机完成横封，其动作是基于本书3.2.5节中介绍的旋转刀原理实现的。

图3-54所示为连续式立式袋成型、填充、封口机自动化与驱动系统示意图。

立式袋成型、填充、封口机

本方案采用现场总线PROFINET连接控制和驱动系统中的各部件。将具有逻辑和运动控制功能的控制器作为机器的主控制器，负责机器的逻辑控制、运动控制和整体工艺过程的控制。两个伺服电动机用于横向封合和切断工艺，另一个伺服电动机负责拉膜和纵封工艺。这里以拉膜和纵封轴作为主轴，另外两个伺服电动机与其保持同步运动关系。当需要变换产品使包装袋的大小发生变化时，可以方便地调取对应的同步关系曲线，即可灵活且快速地实现不同产品生产的切换操作。人机界面用来输入机器的控制指令和参数，也可用来显示机器的工作状态、报警和故障的实时信息和历史记录。I/O模块分别对

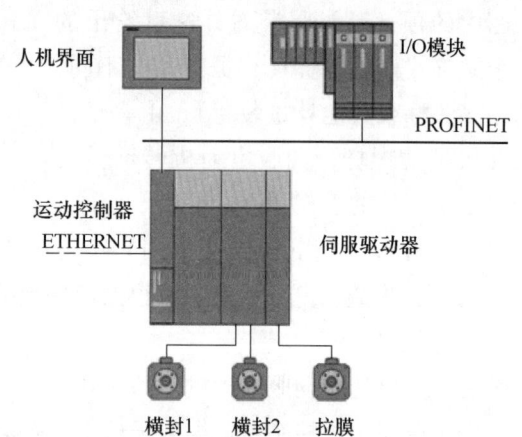

图3-54　连续式立式袋成型、填充、封口机自动化与驱动系统示意图

应于机器的多个功能部分，如连接温度传感器用来采集电加热器的温度、连接色标传感器采集色标位置信息，也可向执行机构发出控制信号，使它们按照设定的程序完成特定的动作。主控制器通过工业以太网可连接到生产线上的其他机器或连接到上层管理软件服务器等设

备,以实现生产线数据的实时采集等功能。

4. 水平式袋成型、填充、封口机

前面介绍了常见的立式袋成型、填充、封口机的机器外形。目前,市场上还有一种水平式袋成型、填充、封口机。机器外形及典型包装产品如图3-55所示。

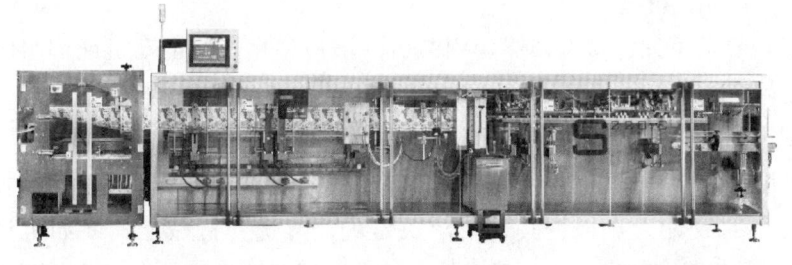

图3-55 水平式袋成型、填充、封口机及包装产品(沧州怡和机械有限公司产品,照片由该公司提供)

这种水平式的包装机同样适用于粉末、颗粒或黏稠类流体等形态的产品。从这一点看,它与立式袋成型、填充、封口机有些相似。水平式袋成型、填充、封口机的工艺原理如图3-56所示。

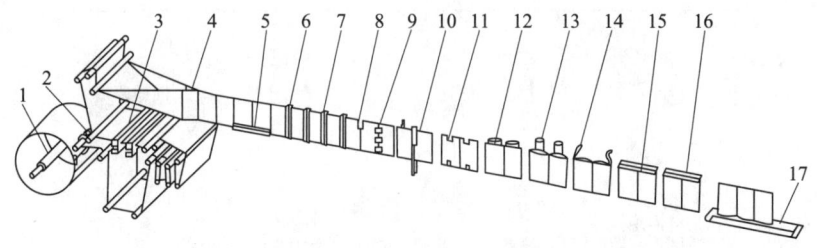

图3-56 水平式袋成型、填充、封口机的工艺原理示意图
1—放膜 2—导膜 3—冲底孔 4—成型 5—底封 6—竖封1 7—竖封2 8—色标 9—伺服牵引
10—剪刀 11—开袋 12—吹气 13—灌装 14—拉平 15—封口 16—整形 17—传送带

存储于卷筒上的包装用塑料薄膜被拉出后,经薄膜导杆和成型装置被折成U形带。光电检测装置对塑料薄膜上的商标或色标等图案进行检测,并将检测信息送给控制器用于确定每次拉出薄膜的长度。底部(横向)加热封合与纵向(垂直)加热封合装置对U形薄膜带进行底部及侧边的加热和封合。牵引装置将U形薄膜带向前拉出一个与包装袋宽相等的长度,然后由切刀将热封后的U形薄膜带裁切成一个包装袋。开袋装置将包装袋口吸开,袋内被吹入压力空气,使袋口扩开。当袋子被送到充填(或灌装)工位时,产品被填充到包装袋内。在封口工位完成袋口封合后,包装袋从机器中输出。

比较立式和水平式袋成型、填充、封口机的工艺原理可知,二者之间的主要不同点在于机器的制袋和填充部分。立式机器的制袋和填充是同时进行的,而水平式机器是先将袋子制好,再将袋口撑开,然后进行填充。立式机器的填充头是固定不动的,产品靠重力下落到袋子中。水平式机器填充的产品也是靠重力下落到袋子中,但填充头可以上下往复运动。填充开始时,填充头可下探至袋子底部,随着袋子内产品的不断增多,填充头逐渐上移,这样使得产品下落的行程缩短,可有效地避免粉末状产品向上扬起,有利于袋子的热封合。水平式机器可以在水平方向上配备较多的工位,如牵引、裁切、开袋、填充、封合、切圆角和易撕口等,根据需要,还可以增加粘吸管、加盖等工位。水平式机器还可以为不同的产品配备多个填充头,适合多种不同产品的混装。

根据上述工艺过程和要求可知:塑料薄膜牵引装置一般应使用步进电动机或伺服电动机,按照包装袋的宽度确定每次牵引的长度;切刀切出袋子后,可使用伺服电动机将袋子夹持到开袋工位,也可利用伺服电动机将袋子从开袋工位移动到填充工位;切刀、填充头等的动作可通过伺服或气动装置实现;封口会用到温度控制。需要指出的是,具体通过什么技术来实现工艺动作,是机器的设计人员根据具体要求决定的,可选择机械方式(如机械凸轮),也可选择气动装置或伺服电动机方式。下面给出一个适用于该机型的自动化与驱动解决方案供参考,如图3-57所示。

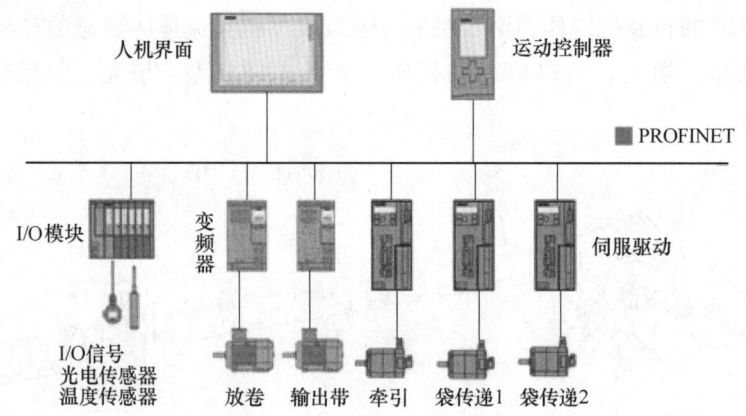

图3-57 水平式袋成型、填充、封口机自动化与驱动解决方案示意图

3.2.7 枕式包装机

1. 简介(适用场景、常用技术、发展趋势)

枕式包装机(flowpack machine)是一种常用于具有一定形状的固体产品的包装机,广泛用于饼干、巧克力、面包、雪糕、肥皂等产品的包装,产品范围涉及食品、医药、日化品、文具等诸多行业。该类机器的外形和典型产品如图3-58所示。

该类机型的生产厂家非常多,且机器的工作原理基本相同。因为这种机型所包装的是一个个固态的产品,它们在形状、大小和质量等方面是确定的,所以无须计量装置(如多头秤等)。

与立式袋成型、填充、封口机不同,这种机器基本都是连续式的,所以该机型的横向封合和切断装置的运动与薄膜向前的运动之间存在凸轮运动关系。需要说明的是,根据包装产品自身高度的不同(如面包比湿纸巾会高出许多),机器的横向封合和切断装置有不同的型

第3章 典型机械设备的工艺及自动化解决方案

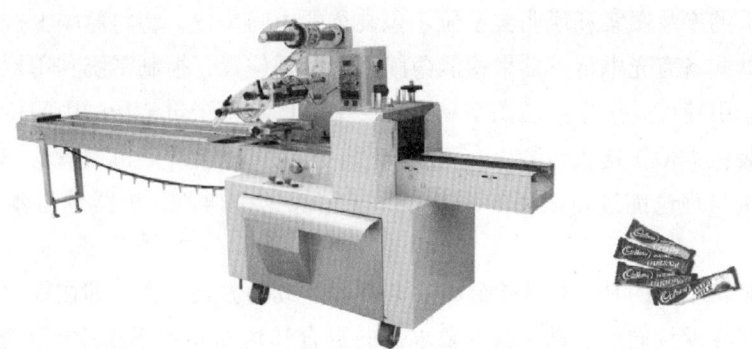

图 3-58 枕式包装机外形及其产品图（上海瑞吉锦泓包装机械有限公司产品，照片由该公司提供）

式。就该机型的自动化和驱动解决方案的产品配备而言，有采用纯机械方式的，即用一个变频器驱动主电动机，带动整个机器工作，也有半伺服和全伺服型的。全伺服型的机器更加灵活，能够更方便且快速地切换所包装的产品。

2. 工艺介绍

图 3-59 是枕式包装机的工艺原理图。来自上游机器的产品经传送带被送入包装机。存储在包装材料卷上的塑料薄膜在牵引装置的作用下被拖出，经过袋成型器后形成筒状，但尚未完成封合。筒状的塑料薄膜进入中心密封（纵封）部，在此处，塑料薄膜的两边被加热、施压后被粘在一起，塑料薄膜在此时被粘合成筒状。袋成型器前部设有产品传送装置，将待包装的产品以一定的速度、固定的间隔推入塑料薄膜筒内。位于筒状塑料薄膜上、下方有一对压包传送带，它们的作用是对筒状塑料薄膜和产品施加一定的压力，将塑料薄膜和产品稳定地向前传送（产品之间的间隔保持不变）到机器的横封装置处。横封装置上通常配备有加热部件，对位于两个产品之间的薄膜部分进行加热，同时完成薄膜的封合和切断。完成切断后，机器输出的就是一个个被塑料薄膜包装后的产品。

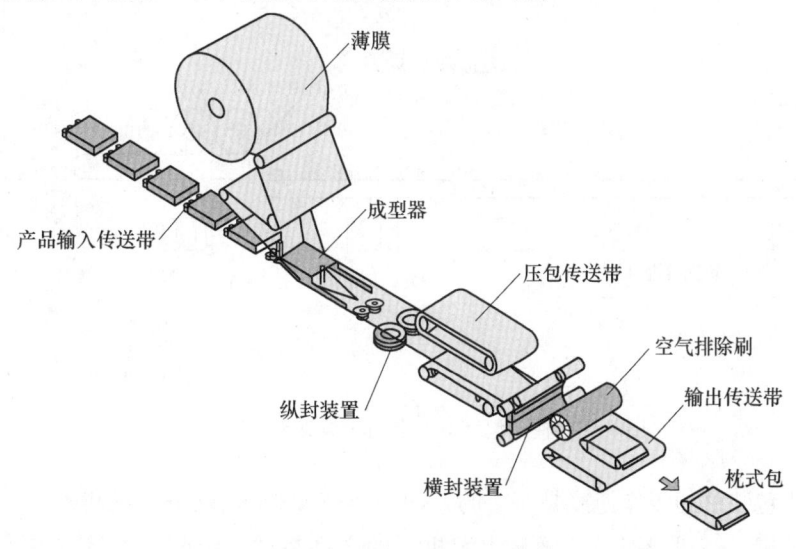

图 3-59 枕式包装机的工艺原理图

为使薄膜上的产品图案和说明文字位于包装袋的中间位置，塑料薄膜上按照一定的间隔印有色标。机器配备有光电传感器来检测薄膜上色标的位置，控制系统利用检测到的色标信息调整薄膜的牵引速度，确保产品图案和说明文字等信息位于包装袋的中间位置。

与立式袋装机类似，枕式包装机在薄膜被牵引时也可能会产生机械滑动，因此也存在薄膜的实际前进量与理论前进量之间的误差。为了消除这一误差，机器也需要具有滑差补偿功能。

与立式袋装机不同的是，枕式包装机一般都以连续的方式工作，即在横向封合并切断薄膜时，薄膜仍然在继续向前运动。这就要求横向封合和切断装置不仅能上下运动完成封合，还要能跟随薄膜向前运动，并在横向封合和切断完成后及时返回。

根据被包装产品的体积大小，需要不同宽度的塑料薄膜，产品越宽，所需的包装薄膜越宽；产品越长，包装每个产品所需的包装薄膜越长。

3. 自动化与驱动方案

根据前面的工艺介绍，枕式包装机一般包括产品给进装置、放卷装置、色标检测装置、滑差补偿装置（可选）、产品传送装置、温度控制装置、拉膜和纵封装置、横向封合和切断装置等主要功能部件。

该机器的自动化与驱动解决方案，应能够对上述功能部件进行有效的控制与驱动，使它们能够协调工作，完成机器整体的工艺功能，生产出合格的包装品。图 3-60 所示为一个枕式包装机的自动化与驱动方案示意图，图中的虚线部分为可选部件。

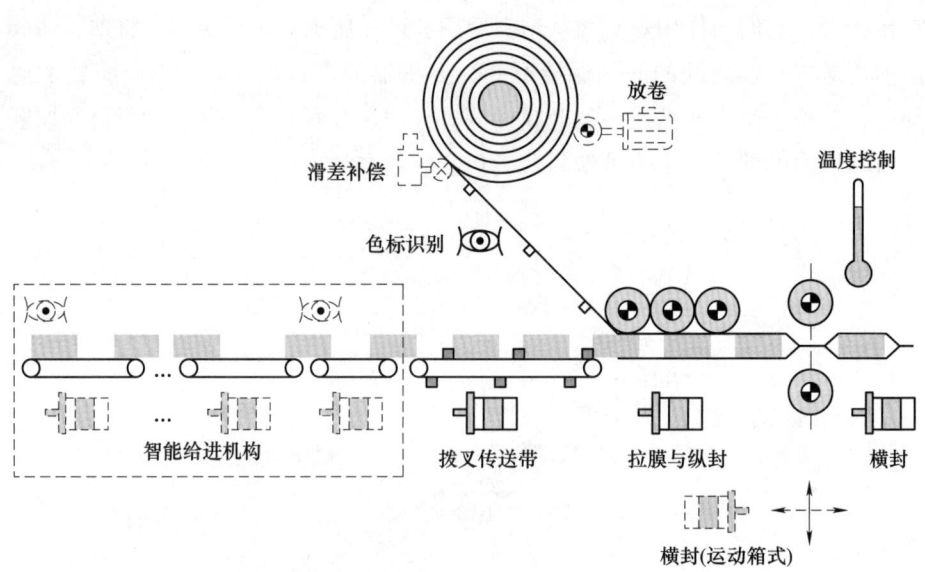

图 3-60 枕式包装机的自动化与驱动方案示意图

每个枕式包装机的工作速度是一定的，如包装速度为 60 包/min 的机器，每秒要送入一个产品给包装机。一般情况下，来自上游机器的产品在被包装前并不是整齐、等间距排列的。图3-60中最左边有一个智能给进机构（intelligent infeed），其功能是使产品在进入包装机之前被等间距地排列起来，并按照设定的速度将产品送入包装机。智能给进机构由具有相互独立调速功能的多段传送带（每段有独立的伺服电动机）、光电传感器和控制器组成。光电传感器检测每个产品的位置，将其发送给控制器，控制器根据产品在传送带上的位置、各段传送带的当前速度和加速度、包装机的产品包装速度等信息，调节各段传送带的速度和加速度，使产品在进入包装机前达到需要的速度和间距。需要说明的是，智能给进机构不属于包装机的组成部分，而是包装机的配套设备。因为需要与包装机配套使用，很多枕式包装机生产厂家也自行生产该配套设备。

从智能给进机构送来的产品被送入拨叉（finger）传送带，该传送带上装有等间距分布的拨叉，一个产品位于两个拨叉之间，随着拨叉传送带以设定的速度向前移动，产品在拨叉的推动下进入包装机。拨叉传送带可采用伺服电动机或异步电动机进行驱动，使该传送带的速度与产品在机器内的前进速度（或纵向封合时薄膜的前进速度）一致。

塑料包装薄膜的放卷装置由一个异步电动机带动，须根据塑料薄膜卷直径的变化调整塑料薄膜卷的转速，使薄膜以设定的速度向前移动并保持其张力稳定。

色标识别部分由光电传感器检测薄膜上色标的位置，并将这个位置信息发送给控制器，控制器根据色标的位置和其他信息（如包装袋长设置）调整拉膜速度，以确保薄膜上印刷的产品图案和文字等内容出现在包装袋的中央或适当位置。

由于薄膜被牵引时可能产生机械滑动误差，对于包装精度要求较高的机器需要增加滑差补偿功能。可利用外部编码器来检测薄膜的实际前进距离，并将其与机器设定的前进距离进行比较，得出一个差值。机器的自动控制程序利用该差值对薄膜的牵引量进行微调，即增加或减少对薄膜的牵引量，使薄膜的实际前进量尽可能接近理想的设定值，由此得到更加精准的包装效果。

拉膜电动机将薄膜向前拖动。其拖动速度可根据机器设定的包装速度由控制器来调节。一般可将此电动机作为机器的主轴，机器的其他轴与其保持各自的特定同步关系。拉膜与纵向封合是由此部件同时完成的。

产品传送带使筒状薄膜内的产品随薄膜向前移动，其速度须与拉膜电动机的速度同步。

因为要对薄膜进行纵向封合和横向封合，需要将塑料薄膜加热到适当温度，因此，机器需要配备电加热装置及其相应的温度控制程序。

枕式包装机一般都是以连续方式工作的，横向封合装置不仅需要在水平方向上跟随薄膜向前运动，还要进行上下运动以完成塑料薄膜的封合及切断。因此需要两个伺服电动机（对高度较大的产品而言），分别用于驱动横向封合及切断装置的水平运动（跟随薄膜）和垂直运动（封合与切断）。这两个电动机之间应保持特定的凸轮运动关系，以确保横向封合和切断薄膜时，该装置向前运动的速度与薄膜的前进速度一致。该凸轮关系曲线可根据产品的大小进行相应的调整，以封切出长度与产品大小相匹配的包装袋。

如果待包装的产品很薄（如湿纸巾），可采用本书3.2.5节介绍的旋转刀工艺实现横向封合和切断。采用这样的方式只需要一个伺服电动机，该伺服轴应与薄膜的前进驱动轴（或纵向封合轴）保持特定的凸轮运动关系，按照产品的大小封切出长度合适的包装袋。

根据上面对智能给进机构工作原理的介绍可知，智能给进机构的工作效果与诸多因素有关，如包装机的工作速度、各段传送带的长度、产品尺寸、光电传感器的位置、传送带表面的摩擦系数等，而且这些因素会随着产品和传送带机械装置的不同而变化，因此调整各段传送带速度和加速度的控制算法会很复杂。用传统的编程方法来编写这种给进机构的自动控制程序并获得理想结果，是一件很不容易的事，通常需要工程师投入大量的时间和精力才能完成。

目前，已有 AI 工程师借助人工智能的强化学习方法对智能体进行训练，并获得了理想的控制算法。训练的目标是使产品被送到最后一段传送带后，产品和产品之间保持一定的距离，且产品被送出的速度与后面包装机的工作速度相匹配。在训练过程中，智能体会不断地进行尝试，并根据尝试结果的好坏接受相应的奖励和惩罚。经过大量的尝试及奖励和惩罚反馈，智能体最终生成可获得最多奖励的控制算法，即达到训练目标。根据某公司的经验，智能体经过数十小时的训练，就可用于控制实际的智能给进机构，而且采用这种方式生成控制算法比工程师人工开发和编写控制算法更节省时间。

枕式包装机

如前所述，根据产品高度的不同，横向封合装置可采用不同的结构型式，如图 3-61 所示。

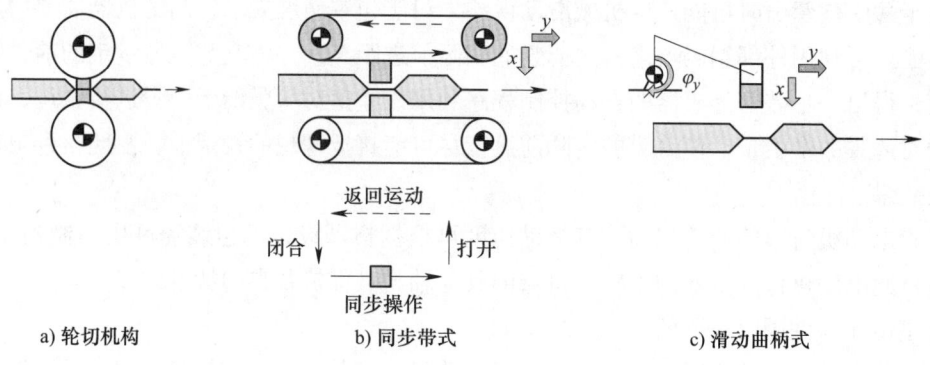

图 3-61 横向封合装置的不同的结构型式

1) 如果产品的高度不大（如薄荷糖），可用轮切（旋转刀工艺）机构。横切轴由一个伺服电动机驱动，并与薄膜（或产品）前进的驱动轴（或纵向封合轴）保持特定的凸轮运动关系。

2) 如果产品的高度较大（如面包），可采用运动箱（box motion）机构。该机构又有两种常见的实现方法。

① 同步带式。

② 滑动曲柄式。滑动曲柄式的灵活性更好，需要配备两个伺服电动机，使横切机构在水平方向跟随薄膜向前运动的同时，完成上下运动，以实现薄膜的封合及切断。这两个伺服轴的运动之间存在凸轮运动关系。使用两个独立伺服电动机的好处是，当产品的尺寸变化

时，可利用控制器方便地调用产品对应的凸轮运动曲线，实现对包装袋大小的调节。

如前所述，根据机械设备设计理念的不同，产品生产的工艺原理及自动化与驱动方案也可能是不同的。就枕式包装机而言，目前常见的自动化和驱动方案有如下四种。但就整体发展趋势而言，灵活性更高、更适合市场需求的伺服解决方案会越来越普及。

1）单变频器式：用一台变频器驱动一台异步电动机带动机器工作。这种机器的横封装置与向前运动的包装薄膜之间的运动关系由一台无极变速箱来实现。无极变速箱为机械结构，长时间运行后会出现磨损，造成包装精度变差。因横封装置的运动曲线是由机械凸轮来实现的，灵活性差。

2）单变频器与单伺服驱动：机器配备一台伺服电动机带动薄膜向前运动，变频器通过异步电动机来带动横封装置。用机器的控制器协调上述两部分的运动。横封装置的运动与薄膜向前的运动两者之间的运动关系仍由机械凸轮实现。

3）双伺服驱动：将单变频器与单伺服驱动方案中的变频器和异步电动机升级为伺服驱动和伺服电动机，使控制精度得以提高。

4）三伺服驱动方式：使用三台伺服电动机，分别用于横封装置、包装膜向前运动和产品传送。横封装置的运行轨迹由电子凸轮实现。这里所说的三个伺服轴是指该机型的三个关键工艺轴，根据不同机器的设计理念不同，有些机型还会配备更多的伺服轴。

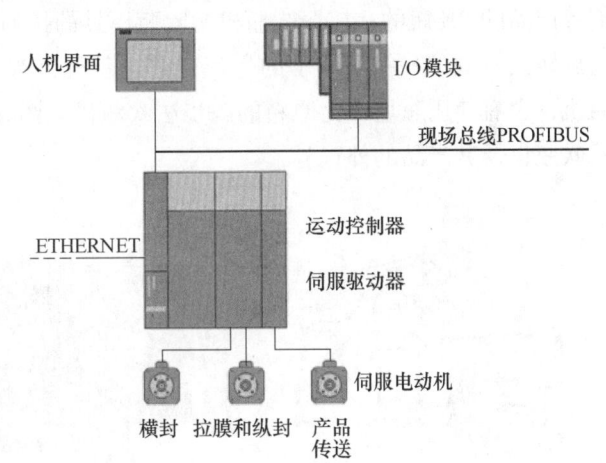

图 3-62 采用三伺服轴的枕式包装机自动化与驱动解决方案

图 3-62 所示为采用三伺服轴的枕式包装机自动化与驱动解决方案。

此方案采用现场总线 PROFIBUS 连接控制和驱动系统中的各部件。以运动控制器作为机器的主控制器，负责机器的逻辑控制、运动控制和整体工艺过程的执行。三个伺服轴分别驱动本机的三个关键工艺轴，以拉膜和纵封轴作为主轴，产品传送轴、横向封合和切断轴（这里只用了一个伺服电动机，如果产品的体积大，则需要用两个伺服电动机）分别与其保持特定的运动关系。当包装产品发生变化时，可以方便地调取对应的同步关系曲线，以实现三轴间相应的运动关系，使得机器可灵活且快速地进行调整，以适应不同产品的包装。人机界面用来输入机器的控制指令和参数，也可用来显示机器的工作状态、报警和故障的实时信息和历史记录。I/O 模块分别对应于机器的多个功能部分，如连接温度传感器用来采集电加热器的温度信息，也可向执行机构发出控制信号，使它们按照设定的程序完成特定的动作。主控制器通过工业以太网可连接到生产线的其他机器或连接到上层管理软件服务器等设备，实现生产线数据的实时采集。

3.2.8 吹瓶机

1. 简介（适用场景、常用技术、发展趋势）

吹瓶机（blow moulder）是用塑料材料（塑料颗粒或瓶坯）制造塑料瓶的机器。按照包装机及其他生产机械的定义，吹瓶机本不属于包装机械，而应属于塑料机械。在过去的很长一段时间内，饮料灌装厂要从制瓶厂购买瓶子，然后在灌装线上将饮料灌装到瓶子中。这样做的缺点是需要对瓶子进行长途运输和仓储，不仅增加了运营成本，而且容易造成瓶子的污染。现在多数饮料灌装厂将吹瓶机作为其灌装线的第一台设备，生产出瓶子后立即进行灌装，克服了上述缺点。为了满足饮料灌装厂的这一需求，许多灌装线成套设备生产商便开始生产吹瓶机。这就解释了为什么现在将吹瓶机算作包装机。

按照制瓶所需的原材料分，吹瓶机有制作用于装饮料的 PET 瓶的，也有制作用于装洗涤剂等产品的 PE 瓶的；按照吹瓶机中吹瓶模具的排列形式分，有直线式的，也有转盘（或称为旋转式）式的；按照瓶子的生产工艺过程分，有直接使用塑料颗粒作为原料的一步法吹瓶机，也有使用瓶坯作为原料的两步法吹瓶机。图 3-63 和图 3-64 所示分别为旋转式和直线式吹瓶机及其产品的外观。

图 3-63　旋转式吹瓶机及其产品外观（广州达意隆包装机械股份有限公司产品，照片由该公司提供）

图 3-64　直线式吹瓶机及其产品外观（广州市万世德智能装备科技有限公司产品，照片由该公司提供）

下面介绍市场上常见的用于饮料 PET 瓶生产的两步法旋转式吹瓶机。所谓两步法，是指将 PET 瓶的生产分成两步，第一步是用注塑机（这是另外一类机器）将 PET 颗粒制成

PET 瓶坯，第二步再用吹瓶机将 PET 瓶坯加工成 PET 瓶，如图 3-65 所示。

在吹瓶机中，PET 瓶坯要经过加热、拉伸、吹瓶等工艺过程被加工成瓶子。在同样的工艺加工条件下，不论是直线式的，还是旋转式的，吹瓶机完成上述工艺过程所需的时间是一定的。因此，衡量吹瓶机工艺水平的一个重要指标是单位时间内单个吹瓶模具

图 3-65　用两步法吹瓶机将瓶坯加工成瓶子

可吹制出的 PET 瓶数量。在这个指标一定的情况下，要想使整个吹瓶机的生产速度更快，吹瓶机中就要配备更多的吹瓶模具（通俗的说法是吹瓶头）。旋转式吹瓶机中的吹瓶模具较多，在单个吹瓶模具效率相同的情况下，旋转式吹瓶机比直线式吹瓶机在单位时间内可吹制出更多的瓶子。

吹瓶机通常用远红外灯对瓶坯进行加热。为控制加热的温度，传统方法是用固态继电器来接通或关闭远红外灯的供电电路。新型吹瓶机采用总线控制的加热控制器来控制远红外灯，其优点不仅是线路简洁，而且当某些远红外灯出现故障时，可直接显示出具体哪一个远红外灯或线路出现了故障，便于及时修复故障。

吹瓶机的另一个发展趋势是用交流电伺服驱动替代机械部件和气动驱动方式，如用伺服电动机驱动机械手实现取坯、取瓶，用伺服电动机驱动拉伸杆拉伸瓶坯（过去常用气动拉伸杆），使得拉伸的速度更快，拉伸的长度更加精准。

如何减少能耗和原材料的消耗是吹瓶机使用者非常关注的问题。为此，许多吹瓶机制造商在其机器内增加高压气回收装置，对吹瓶用的高压气进行回收，对其减压后再用于预吹瓶和其他机械动作，以达到减少能耗的目的。如何在保证产品性能和质量的前提下降低瓶子的自重，减少原材料消耗，也是吹瓶机使用者日益关注的重要问题。因此，生产瓶坯的注塑机制造商开始考虑如何对瓶坯进行优化，吹瓶机制造商也开始考虑对 PET 瓶型进行优化，目的就是要在 PET 瓶性能和质量不变的前提下，使其自重更轻，用料更省。

2. 工艺介绍

下面以生产饮料用 PET 瓶常用的两步法旋转式吹瓶机为例，介绍吹瓶机的工艺过程。

吹瓶机由供坯部分、加热部分和吹瓶部分组成，如图 3-66 所示。

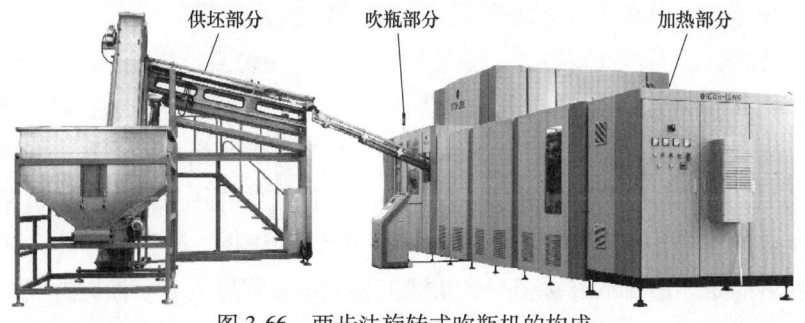

图 3-66　两步法旋转式吹瓶机的构成

供坯部分的作用是将杂乱无序的 PET 瓶坯进行有序的排列，然后将它们送入机器的加热部分。如图 3-67 所示，提升机将料斗中的瓶坯提升到导轨上，使瓶坯在重力的作用下落入导轨。由于瓶坯自身形状，在重力作用下，轨道上的瓶坯以尾部朝上、头部朝下的姿态向前下方滑动。实际生产中会存在一些未能落入导轨的瓶坯，这些瓶坯在踢坯装置的作用下通过回收传送带重新回到料斗中。经过这一过程，导轨中的瓶坯就完成了有序排列，并在自身重力的作用下进入到机器的加热部分。

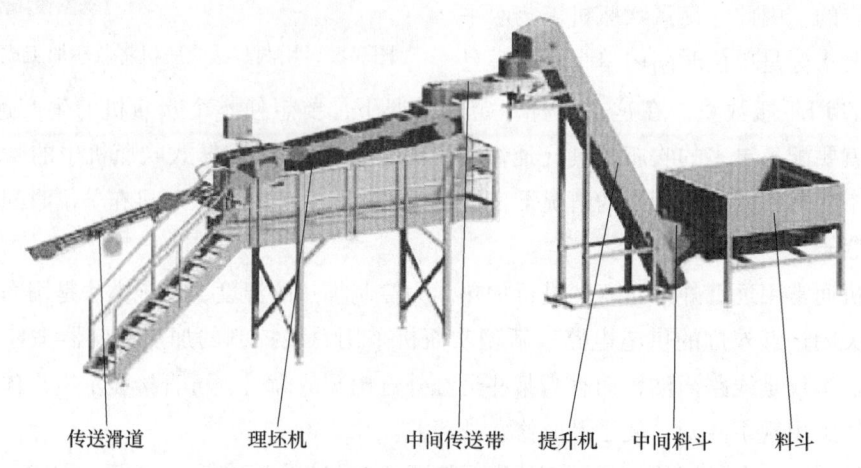

图 3-67 吹瓶机的供坯部分

加热部分的作用是对瓶坯进行加热，使其达到利于压力加工（即吹瓶）时所需的塑性。加热部分由远红外灯管、反光片、鼓风装置、冷却装置等组成。烘箱中通常设置多层远红外灯管，对瓶坯进行辐射加热，由于反光片的存在，使瓶坯两侧同时受热，如图 3-68 所示。

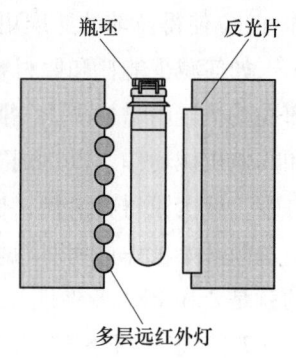

图 3-68 烘箱中的多层远红外灯和反光片

烘箱中的瓶坯在向前运动的同时还要进行自转，使其受热更加均匀。烘箱中配备有鼓风机，用于实现热循环，使烘箱内温度均匀。为了保持瓶口形状，瓶坯口是不需要加热的，因此需要冷却装置对瓶口进行冷却，使瓶口尺寸稳定。恰当的加热温度和瓶坯受热均匀度对于保证 PET 瓶的质量非常重要。温度过高，可能会导致瓶子出现焦化、白雾、过薄甚至破裂现象；温度过低，可能导致瓶子局部积料、发白甚至破裂；如果加热温度不均匀，可能导致瓶子变形甚至破裂。烘箱的整体结构（俯视）如图 3-69 所示。瓶坯加热完毕后，被送入吹瓶部分。

吹瓶部分由拉伸装置、预吹装置、吹瓶装置、排气装置等组成。首先，将预热好的瓶坯放到吹瓶模具中，然后将模具关闭并锁住。瓶坯在拉伸杠的作用下受到机械拉伸，拉伸的同时进行预吹气，使瓶子初具形状。预吹的主要作用是使 PET 材料分布均匀，以便更好地完成吹瓶。预吹后的瓶坯形状将直接影响到吹塑工艺的难易程度与瓶子性能的好坏。预吹工艺完成后，即开始吹瓶工艺，瓶坯将在此环节被吹制成外形精准的瓶子，然后将拉伸杆收回，

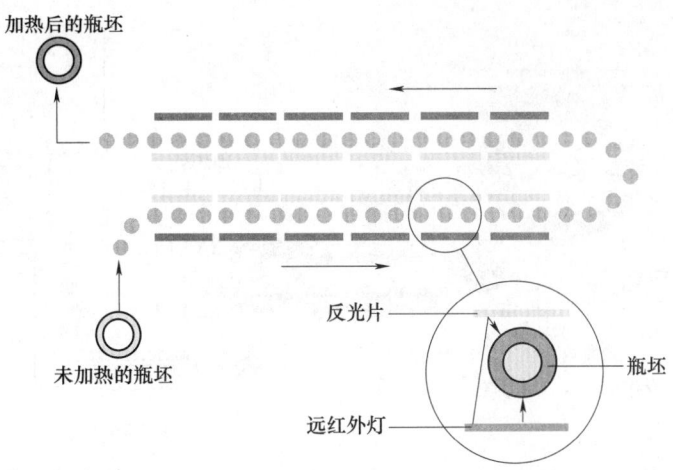

图 3-69 瓶坯在烘箱中的加热过程示意图

并进行排气，随后将吹瓶模具打开，将瓶子从模具中取出，最后由传送带将瓶子送出。图 3-70 所示为两步法旋转式吹瓶机的主要工艺过程。

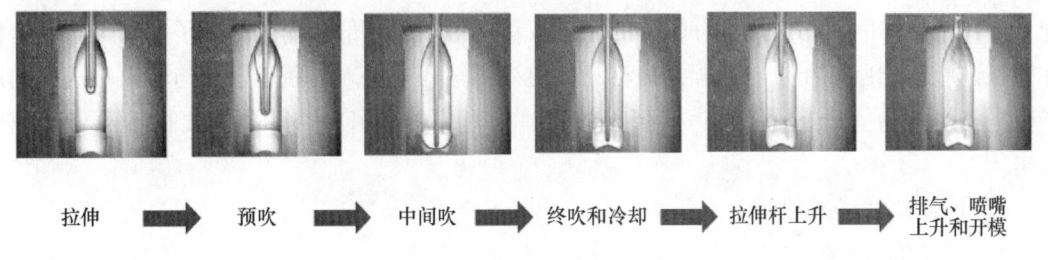

图 3-70 两步法旋转式吹瓶机的主要工艺过程

图 3-71 所示为两步法旋转式吹瓶机的结构（俯视）和工艺原理示意图。从图中可以看出，从供坯部分输出的瓶坯经由一个进坯轮被送入到加热部分，加热后的瓶坯经由取坯轮（可在此配备机械手）送入吹瓶部分，吹制出的瓶子经由取瓶轮（可在此配备机械手）送出。该旋转式吹瓶机共有 18 个吹瓶模具（俗称 18 个吹瓶头）。每个吹瓶模具在随着机器转盘旋转一周的时间内，完成拉伸、预吹、吹瓶、排气等工艺过程。因此，机器的转盘每旋转一周，会输出 18 个吹制好的瓶子。

3. 自动化与驱动方案

根据前面介绍的两步法旋转式吹瓶机的结构和工艺原理（图 3-66 和图 3-71）可知，吹瓶机由供坯、加热和吹瓶三大部分组成。因为吹瓶部分的控制部件随吹瓶模具所在转盘的转动而转动，所以控制信号的传输要借助滑环或利用无线信号传输技术来实现。根据机器的构成，可将整个机器的自动化和驱动系统设计成与机器的主机、瓶坯供给、加热和吹瓶等模块对应的结构，采用主控制器和数个远程 I/O 模块来实现，这样做更有利于系统的维护、更新和升级改造。

根据两步法旋转式吹瓶机的工艺原理，机器中的瓶坯供给部分没有严格的运动同步要

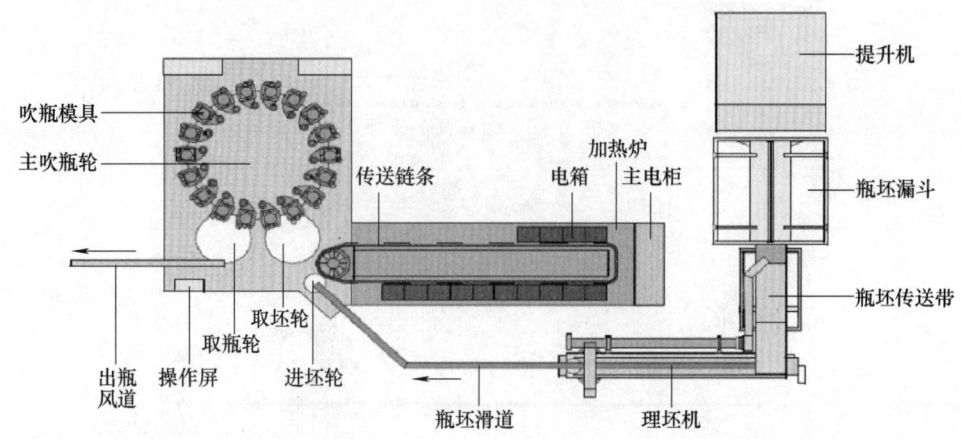

图 3-71 两步法旋转式吹瓶机的结构（俯视）和工艺原理示意图

求，瓶坯提升机、传送带、理坯等部分只须用变频器带动异步电动机实现调速即可。

根据瓶坯加热、吹瓶、出瓶等一系列工艺过程可知，需要将瓶坯一个个地送入加热部分，吹制好的瓶子要一个个地从吹瓶部分送出。机器中各个部分的加工速度必须要相互匹配，即在单位时间内，加热部分输出的瓶坯数量应等于吹瓶部分输出的瓶子数量，只有这样才能保证瓶坯和瓶子在机器内顺畅地移动，使机器输入端送入的瓶坯数量与输出端送出的瓶子数量相等。为达到上述目的，下面几个关键部件（参考图 3-71）之间要保证严格的速度同步：

1）进坯轮与传送链条。
2）传送链条与取坯轮。
3）取坯轮与主吹瓶轮。
4）主吹瓶轮与取瓶轮。
5）取瓶轮与出瓶风道。

为实现上述同步，传统的吹瓶机采用同步带或机械齿轮等方式实现，但这种方式的缺点是不灵活。如果因为更换瓶型或材料，使不同工艺环节（如加热、吹瓶）所需的加工时间发生变化，就要对同步带或机械齿轮做出相应的改变，从而使机器内各加工部分运动速度之间的比例发生对应改变。但我们知道，机械调整通常很不方便且费时费力。如何克服上述缺点呢？常用的方法是配置伺服驱动和伺服电动机，利用运动控制器的电子齿轮功能来方便地实现所需要的速度比例变化，使吹瓶机的灵活性得到增强。

吹瓶机

瓶坯加热是利用远红外灯来实现的。传统的方法是用固态继电器来接通或关闭远红外灯的供电电路，实现远红外灯的开与关，达到控制加热温度的目的。每个固态继电器由控制器（如PLC）的一个输出点控制。因为机内需要配备许多远红外灯（一般的旋转式吹瓶机需要100个以上），每个远红外灯都要有一个对应的固态继电器，这就使得机器内要安装大量的固态继电器，并且会有大量的接线从控制柜连接到固态继电器和远红外灯上。这种方式使得加热控制线路非常复杂,易出故障,且出现故障后很难排查。为了克服上述不足,许多新型吹瓶机采用总线控制的加热控制器,一般每个加热控制器可控制 8~12 个远红外灯,而且可以在人机界面上实时显示出每个远红外灯及其线路的状态。如当某个远红外灯(或线路)出现故障时,可在人机界面上直接显示出其所在位置,便于及时修复或更换。现在已有越来越多的吹瓶机生产厂家认识到这种控制方式的优越性,并将其应用在其生产的吹瓶机上。

前面已经介绍过,在吹瓶工艺中有一个用拉伸杆对加热后的瓶坯进行拉伸的过程。传统的机器通常采用气动装置驱动拉伸杆。为使拉伸速度更快,拉伸长度更加精准,现在许多厂家已改用伺服电动机来驱动拉伸杆。

图 3-72 所示为一个两步法旋转式吹瓶机的自动化与驱动系统方案,供参考。

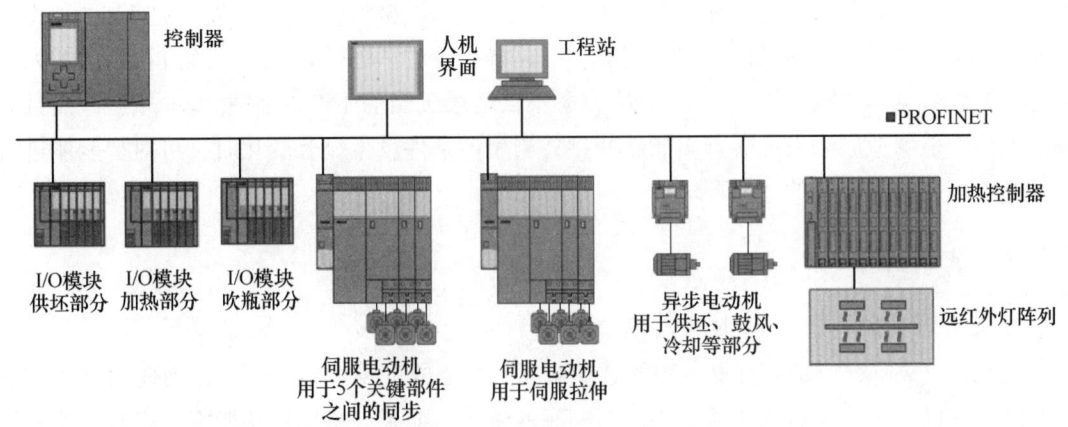

图 3-72 两步法旋转式吹瓶机的自动化与驱动系统方案

此方案采用 PROFINET 总线连接控制和驱动系统中的各部件。图中左上角的控制器为整个机器的主控制器,负责机器的整体工艺过程和逻辑控制。人机界面用来输入机器的控制指令和参数,也可用来显示机器的实时工作状态、报警信息、故障信息和历史记录等。工程站供系统工程师使用,用于机器程序的修改和维护。远程 I/O 模块分别对应于机器的多个功能部分,如瓶坯供给、瓶坯加热、吹瓶等,可利用它采集有关传感器的状态信息,也可由它向执行机构发出控制信号,使执行机构按照设定的程序完成特定的动作。此方案配备了两组包括运动控制器、伺服驱动和伺服电动机在内的运动控制系统,一个用于实现机器中不同功能部分间必需的同步运动;另一个用于驱动吹瓶工艺所需的拉伸杆,实现拉伸杆的高速运动和高精度定位。变频器和异步电动机用于无运动控制要求的工艺过程,如瓶坯供给、鼓风机等。加热控制器中包含多个加热控制模块,每个模块可控制多个远红外灯。加热控制器可精准地调节各个远红外灯的温度,并可以将各个远红外灯及其线路的状态发送给主控制器,使其在人机界面上显示出来。

在前面对吹瓶机的简介和工艺描述中,已经介绍了 PET 瓶的生产过程。PET 材料(尤其是循环使用的 PET 材料)的质量和成分、机器的环境温度和湿度、PET 瓶的轻量化等因素都会影响吹制出的 PET 瓶的质量。在工作现场,上述多种因素并不是恒定的,它们会随着生产批次和时间而变化。因此，现场操作人员要根据生产现场的实时情况和变化，结合自身的工作经验，及时调整吹瓶机的各种工作参数，以保证生产的 PET 瓶质量稳定。我们知道，吹瓶机的工作速度要与生产线上的灌装机速度相匹配，所以现代吹瓶机的工作速度可以达到 60000~100000 瓶/h。这样的高速度意味着，上述任何一种因素的微小变化，都会对 PET 瓶的质量造成显著影响；而且随着工厂自动化程度的提高，一名操作人员在生产现场往往要负责多台机器，这使得他们难以及时发现这些变化并手动调整所有相关的工作参数。

针对上述情况，有些生产 PET 瓶的企业开始对吹瓶机进行适当的软硬件改造，并采用基于 AI 的机器学习方法开发了解决方案。该方案通过从 PET 瓶的多个点位测量透光率来确定瓶壁材料的均匀程度及其微小变化，并将这些测量到的数据传递给智能体，智能体则根据上述数据和吹瓶时的环境温度和湿度、瓶坯的温度、PET 材料的质量和成分等情况，利用算法实时调整吹瓶过程中的工作参数。智能体的算法是经过训练得到的，训练过程利用了大量的已有试验数据和吹瓶结果。此 AI 解决方案不仅适用于当前生产的各种 PET 瓶型，而且具备前瞻性，能够适应未来可能推出的新瓶型；当生产条件发生显著变化时，可对智能体进行再训练，以使其适应新的生产环境。

3.2.9 洗瓶机

1. 简介（适用场景、常用技术、发展趋势）

洗瓶机（washer）是可重复使用的玻璃瓶灌装线上的重要机器之一。它为使用过的玻璃瓶去除原有标签，清除瓶内杂质，并进行彻底的清洗。如果严格地从功能定义来看，洗瓶机并不属于包装机械。为给玻璃瓶灌装厂提供灌装生产线的成套设备，大多数玻璃瓶灌装机生产厂家也生产洗瓶机。这样一来，洗瓶机就通常被列入包装机的品类当中。在不同的应用领域，如饮料、药品、化工、化妆品等行业，所用玻璃瓶的大小、形状、材料等是不同的，洗瓶机的工艺过程和机器结构也是随之变化的。

现以清洗啤酒玻璃瓶的洗瓶机为例，介绍一下洗瓶机的一般情况。在玻璃瓶啤酒灌装生产线中，洗瓶机位于灌装机之前，其洗瓶速度不能低于灌装机的速度，否则将造成整个灌装生产线速度的降低。因为在洗瓶机内需要经过多道工序（详见后面的工艺介绍）才能将回收来的瓶子清洗干净，所以完成洗瓶工艺所需的时间较长。为了提高整机的洗瓶速度，通常在洗瓶机内将数十个瓶子并行排列起来同时进行清洗。另一方面，洗瓶机内要有足够的空间来容纳所有洗瓶工序所需的机器部件，因此，洗瓶机的体积非常庞大。洗瓶机也是玻璃瓶啤酒灌装生产线上能耗（电、水、蒸汽等）较高的设备之一。

玻璃瓶啤酒灌装线上常用洗瓶机的外形如图 3-73 所示，这类洗瓶机的洗瓶速度应高于灌装机的工作速度，为 24000~60000 瓶/h。

先将使用过的玻璃瓶送入洗瓶机，瓶子在机内进行清洗后被输出，然后经传送带送到后续机器。如果洗瓶机的进瓶机构和出瓶机构都位于机器的同一端，则这样的洗瓶机被称为单端洗瓶机。如果瓶子从洗瓶机的一端被送入，洗完后从另一端被送出，则这样的洗瓶机被称为双端洗瓶机。由于单端洗瓶机结构紧凑、操作简单、能耗较低，所以应用较为广泛。但因为单端洗瓶机将未经清洗瓶子的进入和清洗后净瓶的输出安排在同一端，容易对清洗后的净瓶造成二次污染，所以许多用户，尤其是纯生啤酒生产厂，会更多地使用双端洗瓶机。

瓶子在洗瓶机内由链带传送，经过洗瓶所需的多个工艺环节才能完成彻底的清洗。洗瓶机的进瓶机构和出瓶机构须与机内链带的运动实现同步，才能避免出现碎瓶现象。若以机械的方式实现同步，需要对进瓶机构和出瓶机构进行复杂和费时的机械调整。当需要更换瓶型时，此问题更为突出。为了方便、快速地更换瓶型，越来越多的生产厂家用伺服系统取代机械凸轮机构，使洗瓶机更换瓶型的过程更加方便快捷。

图 3-73 玻璃瓶啤酒灌装线的单端洗瓶机（广东轻工机械二厂智能设备有限公司产品，照片由该公司提供）

2. 工艺介绍

下面以双端洗瓶机为例，介绍洗瓶机的工艺过程，如图 3-74 所示。

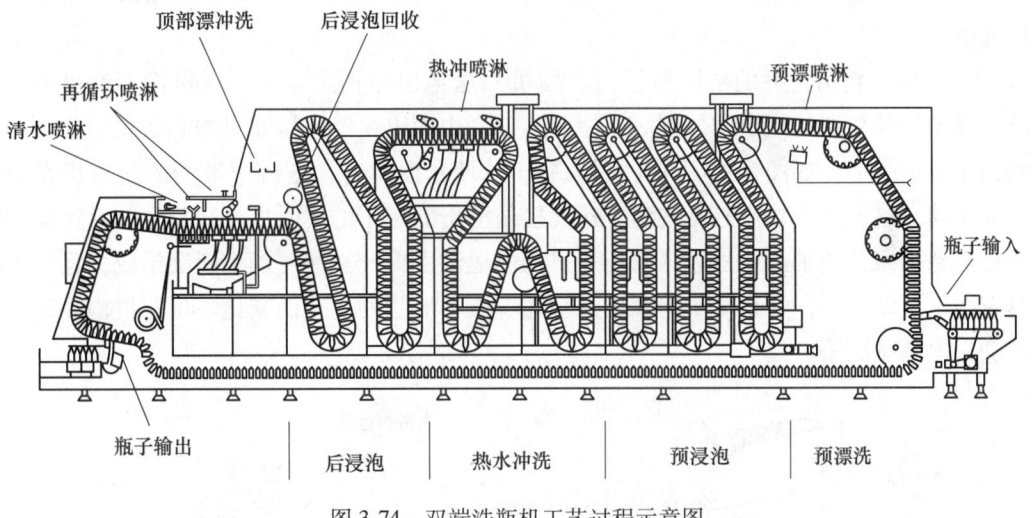

图 3-74 双端洗瓶机工艺过程示意图

（1）进瓶　需要洗涤的瓶子先由传送带送到理瓶台，在此将瓶子排列后，经进瓶机构送入由主链带带动的瓶盒中，如图 3-75 所示。因为瓶子被推入瓶盒时，主链带带动的瓶盒仍在不停地向上运动，这就要求进瓶机构将瓶子在水平方向上向前推入瓶盒的同时，跟随瓶盒向上运动。这意味着进瓶机构与主链带之间存在凸轮运动关系，并且这个运动关系会随着瓶子形状的变化而变化。进瓶机构的旋转部件每旋转 90°，就会将一排瓶子送入一排瓶盒中。

（2）预漂喷淋　首先将瓶子倒置，使瓶内残留的酒液、烟头等异物排出，然后开始预

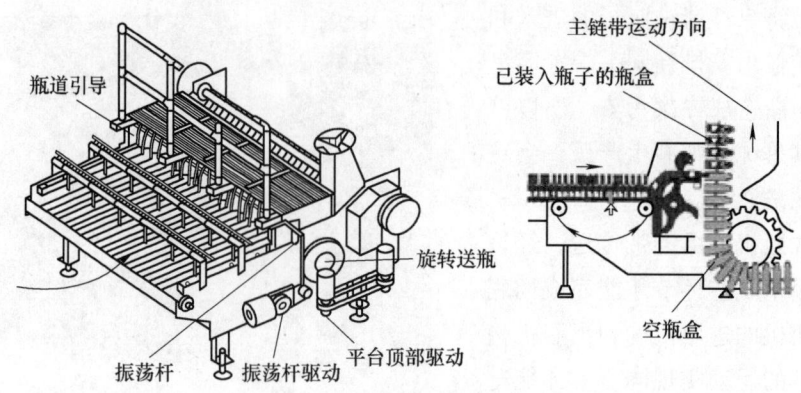

图 3-75 洗瓶机的进瓶机构

漂喷淋。预漂喷淋可有效去除附着在瓶子上的较大异物。

(3) 预浸泡 预浸泡将瓶子进行升温,这样有利于清除瓶子上的附着物。

(4) 热水冲洗 瓶子被传送到碱槽中,经碱液的化学作用,杀灭细菌并去除油脂,然后利用高速、大流量的碱液将瓶身上的标签剥离下来。

(5) 后浸泡 将瓶子在热水中浸泡,这样有利于将瓶中的碱液等残留物彻底清除。

(6) 清水喷淋 分别用热水、温水和冷水对瓶子进行喷淋,将瓶中的碱液及其他残留物彻底清除。

(7) 出瓶 将清洗后的洁净瓶子由出瓶机构送至出瓶传送带上,再送往下游机器。当主链带带动的瓶盒到达指定的位置时,瓶子从瓶盒中滑出,经过接瓶机构和凸轮的配合,被送到出瓶传送带上,如图 3-76 所示。因为瓶子从瓶盒滑出时,主链带带动的瓶盒仍在不停地向前运动,这就要求接瓶机构在向下运动接住滑出的瓶子的同时进行往复的前后运动,将瓶子推送到出瓶传送带上。这意味着出瓶机构的运动由旋转和往复两个运动组成,且与主链带具有凸轮运动关系,并且这个运动关系会随着瓶子形状的变化而变化。出瓶机构每旋转一周,会送出两排瓶子。

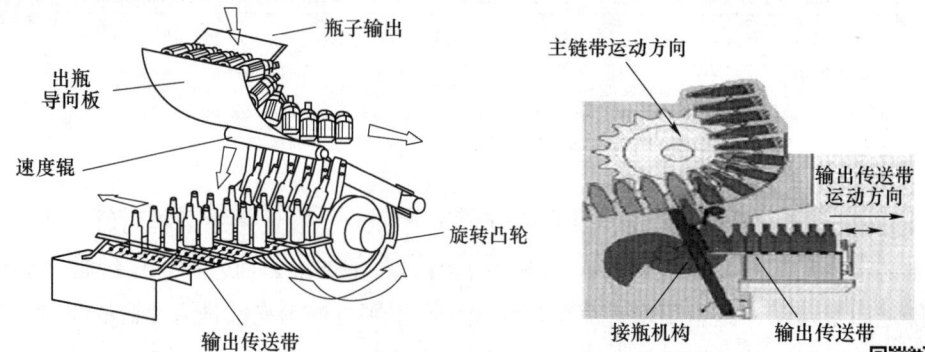

图 3-76 洗瓶机的出瓶机构

洗瓶机

3. 自动化与驱动方案

从前面介绍的洗瓶机工艺可知，瓶子被送入洗瓶机后，瓶子由主传动链带带动，经冲洗、多次的浸泡和喷淋等工艺过程去除污物、油污和标签，再经清水冲洗后送出。就传动系统而言，当瓶子被送入链带上的瓶盒时以及将瓶子从瓶盒送出时，进瓶机构和出瓶机构须与主链带的运动保持同步的凸轮运动关系，并且这个运动关系会随着瓶子形状的变化而变化，否则会使瓶子被挤碎。在主链带带动瓶子进行喷淋、浸泡、冲洗等工艺过程中，则不存在多轴同步的要求。下面给出一个洗瓶机的自动化与驱动系统方案，如图3-77所示，供参考。

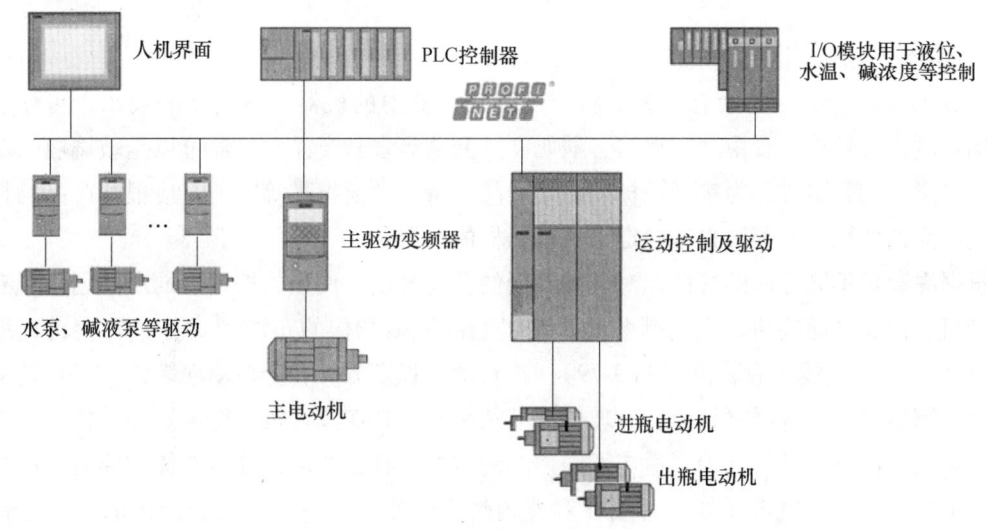

图3-77 双端洗瓶机自动化与驱动方案

本方案采用变频器和异步电动机作为主电动机，驱动主传动链带，使其带动瓶子运动并通过各个清洗工艺段将瓶子清洗干净。其他变频器带动异步电动机驱动水泵、碱液泵等部件，以提供适当的液压来冲洗瓶子。

如前所述，进瓶（或出瓶）机构需要与主传送链带之间保持凸轮运动关系。目前仍有不少洗瓶机采用机械凸轮的方式实现进瓶（或出瓶）机构与主传送链带的凸轮运动关系。若采用机械凸轮的方式，则每更换一次瓶型，都需要进行复杂的机械调整，才能保证调整后的进瓶（或出瓶）机构与主链带间的凸轮运动关系能适应新瓶型的要求。这种方式不仅调试时间长，而且随着机械磨损的增加，在生产过程中极易出现挤碎瓶子的现象，不仅造成浪费且影响生产率。

为克服上述机械凸轮方式的不足，本方案选用伺服电动机驱动进、出瓶机构，并利用编码器采集主链带的信息，使进、出瓶机构在运动控制器的控制下与主链带保持凸轮运动关系。这种方法的优点是，可在运动控制器中存储多种瓶型所对应的凸轮关系曲线，当需要更换瓶型时，只须在机器的操作面板上选择对应的凸轮曲线，非常方便快捷。

PLC作为主控制器，提供整个机器的逻辑控制功能，并按照工艺要求完成所有的清洗工作,为达到理想的洗瓶效果,需要适当地控制水温和碱液的浓度,以及水位、水压等参数。为检测现场的工艺参数,机器需要配备接近开关、压力和温度传感器等部件。I/O模块将外部的多种传感器、加热装置、执行机构等部件连接到主控制器PLC,使其能够得到水温、水压、碱液浓度等信息,并按照相应的算法进行分析处理,并按照工艺要求向执行机构发出控制信号,使它们按照设定的程序完成相应的动作。

人机界面用于接收操作人员的指令及参数设置,并显示机器的参数设置、机器的当前及历史状态、报警及故障等信息。

3.2.10 灌装机

1. 简介(适用场景、常用技术、发展趋势)

灌装机(Filler)是将液态或黏稠状产品灌入容器内的机器,可用于灌装水、可乐、啤酒、葡萄酒、洗发液、食用油、果酱、酸奶、芝麻酱等多种产品。容器可以是玻璃瓶、塑料瓶、金属罐、陶瓷罐等。为实现保护产品、产品计量、方便携带等功能,应根据产品的特性及最终产品的使用环境等因素,确定采用什么样的容器。

根据灌装机不同方面的特性,对其有不同的分类方法。例如,按灌装的产品划分,有饮料灌装机、化妆品灌装机、农药灌装机;按机器内机械结构的布局型式分,有旋转式灌装机(图3-78)和直线式灌装机(图3-79);按自动化程度分,有全自动灌装机、半自动灌装机和手动灌装机;按容器材料分,有玻璃瓶灌装机、塑料瓶灌装机、金属罐灌装机等。灌装阀是灌装机中的重要部件,为了适应不同产品的特性和存放要求,灌装阀体需要有不同的型式。根据产品和灌装要求(如是否要在容器内注入CO_2)的不同,灌装阀体的内部通常包含多个阀门,分别用于达到不同的目的,如有的用于输送啤酒,有的用于输送CO_2,而且灌装阀体的结构也是多种多样的。灌装阀体内的各个阀门不仅要根据各自的时序要求,完成相应的开启和闭合动作,还要保证卫生,避免对其输送的产品或物料造成污染。所以,根据灌装阀体的不同,对灌装机的种类进行划分更为科学。

图3-78 旋转式灌装机(广州达意隆包装机械股份有限公司产品,照片由该公司提供)

下面对灌装机的常用灌装工艺做简单介绍。

根据前面的介绍可知,为了完成不同产品的灌装,除了需要控制产品的流动,还要控制其他多种物料（如 CO_2、空气等）的流动。因此，一个灌装阀体内往往会集成多个阀门，可以是单阀、双阀、多阀等。图 3-80 所示为某种灌装阀的一个实例，可以看出一个灌装阀体内包含有多个阀门，分别用于控制不同物料（如啤酒、CO_2、空气等）的流动。

不同的灌装阀体适用于不同产品的灌装和相应的灌装工艺。常见的灌装工艺及其对应的产品如下：

1）常压灌装：在常压下靠液体自重将产品灌入容器内。这种方法适用于低黏度、不含气的流体产品，如白酒、水、酱油、醋等。

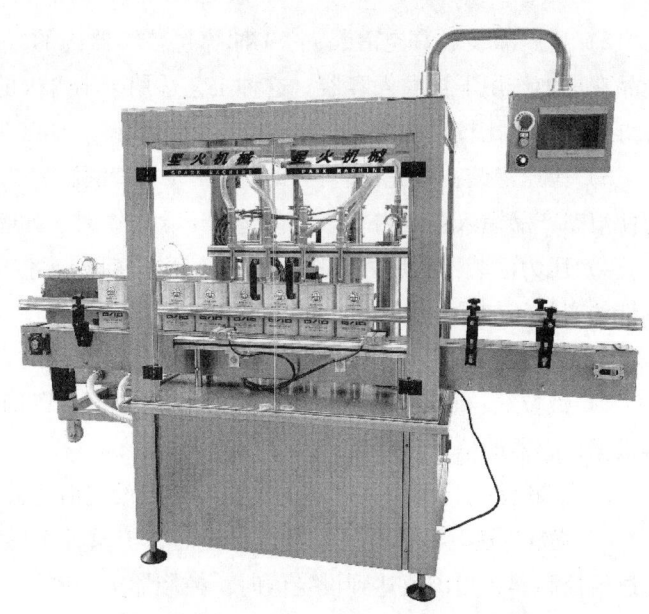

图 3-79 直线式灌装机（郑州星火包装机械有限公司产品，照片由该公司提供）

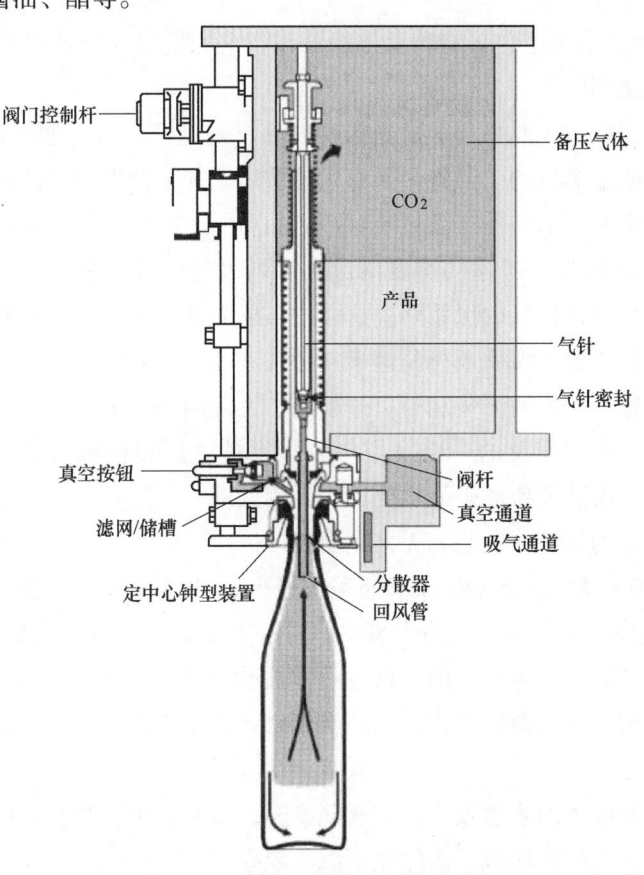

图 3-80 某灌装阀的构成和相关部件

2）负压灌装（真空灌装）：先抽掉包装容器内的气体，在包装容器内形成负压，流体产品在重力作用下被灌入容器。这种工艺适用于不含气的，或接触空气易氧化变质的，或含有毒性的黏度比较大的液体，如含维生素的饮料（如红牛等功能饮料）、农药、化工品等。

3）等压灌装：首先使容器和产品缸（如啤酒缸）内的压力相等且高于大气压，利用重力使液态产品灌入容器内。该工艺适用于含气饮料，如啤酒、汽水、可乐等。

4）压力灌装：利用外部压力（如液压、气压）将产品填充到容器中。该工艺适用于黏稠性的产品，如果酱、牙膏、化妆品等。

产品灌装的另一个重要问题是控制灌装量。常用的方法有：

1）液位法：利用传感器检测产品液位的高度，以确定是否达到了设定的灌装量。控制器根据传感器的信号控制阀门的开启或闭合。

2）容积法：检测灌入产品的体积，达到设定值后关闭阀门。此法又可以分为：

① 流量计法。液体产品流过流量计时，流量计会感知到流过产品的多少，并将这个值传送给控制器，当该值达到设定值时，控制器关闭阀门。此种方法适用于具有导电性能且不含气（液体中若含气，会影响流量计测量的准确性）的流体产品，如果汁等饮料。

② 量杯法。先将产品装入具有特定容积的容器（量杯），再将量杯内的产品灌入容器内。

3）称重法：每个灌装工位装有称重传感器，用它测量灌入容器内产品的质量。当质量达到设定值时，关闭阀门。

将产品灌入容器内，无非是为了达到保护产品、确定产品量、便于产品的存储和销售、便于消费者携带和使用等目的。但将产品灌入容器内，并不会提高产品的品质，反而可能会使其品质受到不良影响。如何使产品包装对产品品质的影响最小，并延长产品的保质期，是设计包装容器和包装机时应考虑的重要问题。为增大易腐败产品（如牛奶）的销售半径，包装后的产品需要具有比较长的保质期，这样的市场需求催生出了无菌灌装机。采用无菌灌装工艺灌装的饮料在常温下保质期可长达半年之久。

无菌灌装要求整个产品的灌装和封口过程是在无菌的环境中完成的。灌装过程在密闭的灌装设备内完成，且所有涉及的介质（空气、水、料液）和包装材料（如瓶子、瓶盖等）必须经过无菌处理，灌装设备的表面也要进行无菌处理。

无菌灌装又可分为无菌热灌装和无菌冷灌装。

1）无菌热灌装。该工艺要对瓶子和瓶盖进行灭菌，对产品采用超高温瞬时杀菌，然后冷却到90℃。灌装完成后产品温度约为88℃。灌装并加盖后的瓶子被旋转90°，使瓶内的高温物料充满瓶口和瓶的内壁进行杀菌，该过程常被称为"倒瓶杀菌"。然后冷却机构将瓶子温度降至常温。采用无菌热灌装工艺，产品受热时间比较长，因此对产品的色泽、风味、营养等有一定的影响。

此外，该工艺对瓶子的要求较高，如瓶壁要厚，瓶壁要带有肋骨防止热收缩，还需要在瓶口结晶，所以用于无菌热灌装工艺的瓶子成本较高。

2）无菌冷灌装。无菌冷灌装工艺对产品采用超高温瞬时杀菌，然后迅速将其冷却到常温,储存在无菌罐内。与无菌热灌装类似,该工艺同样需要对瓶子和盖子灭菌。当在无菌条件下进行饮料产品的冷(常温)灌装时,设备上任何可能会引起饮料发生微生物污染的部位均需保持无菌状态。采用无菌冷灌装工艺,不必在饮料内添加防腐剂,也不必在饮料灌装封口后再进行后期杀菌。因此,该灌装工艺不仅能保持饮料的口感与色泽风味,还可以实现较长的产品存储期限。

无菌冷灌装使用最高耐热温度为60℃的瓶子即可,因此可使用轻质的PET瓶和标准瓶盖,大大降低了瓶子和盖子的成本。无菌冷灌装工艺比较复杂,灌装辅助设备也比较多。从整体上比较,一条无菌冷灌装生产线的初期投资要高于无菌热灌装生产线的初期投资。

为了减少包装环节对产品的污染,要求尽快地将产品灌入清洁的容器,并尽快地完成密封(如加盖)工艺,所以目前大部分的灌装机都将容器清洗(甚至包括容器的生产)、产品灌装和加盖三个功能集成在一台机器内,如市场上常见的清洗/灌装/加盖机、吹瓶/灌装/旋盖机等。这种集三个功能于一身的机器俗称为三合一灌装机。由于这类机器由三个功能模块组成,它们之间要协调工作,就必须保持同步运动关系(如齿轮运动关系)。如何实现同步?一种方法是采用传统的机械方案,即利用机械齿轮,保持三个模块间特定的转速比例关系(这个比例关系与每个瓶子所需的洗瓶时间、灌装时间和加盖时间有关);另一种方法是采用机电一体化方案,用运动控制器、伺服驱动器和伺服电动机实现电子齿轮关系。后一种方法最主要的优点是灵活性强。举例来说,如果换一种瓶型后,瓶子的容积增大,灌满瓶子所需的时间延长了,前面所说的转速比例关系就要发生改变。如果采用机电一体化方案,只须在与运动控制相关的软件程序中更改齿轮传动比就可满足更换瓶型的要求,而无须费时费力地更换机械齿轮。

我国灌装机的生产企业众多,所生产的灌装机种类也很多,可灌装的产品范围广泛,涉及饮料、药品、化妆品等多个行业。在饮料行业,有一些企业生产用于啤酒、可乐等含气饮料的高速旋转式灌装机,还有大量的企业生产用于非含气饮料(如食用油、白酒等)的低速灌装机。在制药行业也有许多的灌装机械生产企业,它们生产多种不同档次的灌装机。本书将以用于啤酒、可乐等含气饮料的高速(20000~80000瓶/h)旋转式灌装机和用于制药行业的西林瓶灌装机为例,介绍灌装机的基本工艺及其自动化和驱动系统解决方案。

2. 工艺介绍

如前所述,所谓灌装就是将一定量的液态产品灌入容器内。机器何时开始灌装,何时停止灌装,都是由灌装阀体直接控制的。灌装阀体不仅控制产品的流动,还控制灌装工艺所必需的其他物料(如CO_2)的流动,因此,灌装阀体是灌装机的重要部件。若灌装阀体的功能和结构相同,其灌装的工艺和技术性能也就相同。灌装阀体的好坏,在很大程度上决定着灌装机的性能和技术水平。因此,许多灌装机生产厂商都是根据灌装阀体的功能和结构对其生产的灌装机进行分类。

现以啤酒灌装机常用的等压灌装工艺为例,介绍一下灌装原理。如图3-81所示,待灌装的啤酒储存在一个封闭的大酒缸中。酒缸内充入气体,使缸内的压力高于常压。缸内的啤酒经输送管道与灌装阀体相通,管道经灌装阀体连接至容器(啤酒瓶或听)。后面会介绍,为实现等压灌装,灌装阀体不仅要控制啤酒的流动,还要控制相关气体的流动。所以一般来讲,一个灌装阀体上会集成多个阀门。等压灌装的工艺过程如下:

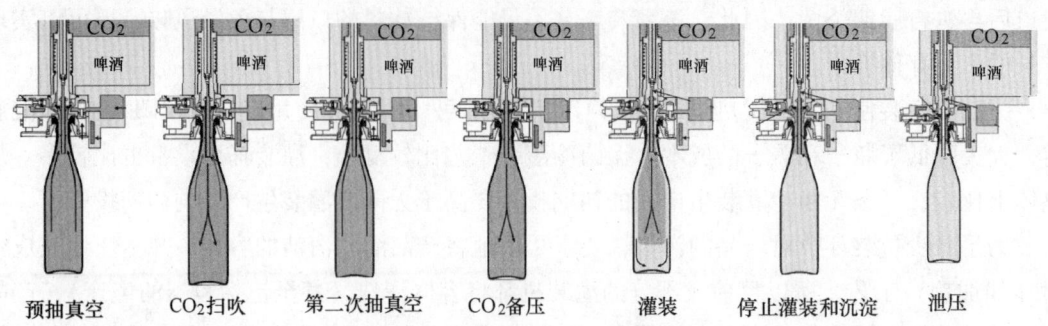

图 3-81　等压灌装阀体和工艺过程示意图

1) 预抽真空。先将瓶口与灌装阀压紧,然后进行预抽真空,使瓶内真空度达 90%。

2) CO_2 扫吹。将 CO_2 气体从酒缸导入瓶中。

3) 第二次抽真空。此次抽真空的结果使瓶内真空度再次达到 90%,且瓶内空气含量仅剩 1%。

4) CO_2 备压。将 CO_2 气体再次从酒缸导入瓶中,此次导入持续时间比第一次的时间长,使瓶内 CO_2 浓度上升到很高的值,且使瓶内压力等于酒缸内的压力。

5) 灌装。当酒缸内的压力与酒瓶内的压力平衡时,啤酒酒阀被打开。在重力的作用下啤酒液经过一个伞形帽状的部件沿酒瓶内壁流入瓶内,瓶内的 CO_2 气体经回气管返回到酒缸中。

6) 停止灌装和沉淀。随着酒液的灌入,瓶内的啤酒液面上升,直至酒液堵塞住回气管口时,灌装结束,并经过一段时间的稳定过程。

7) 泄压。灌装结束并经过稳定期后,排掉瓶内剩余气体,使瓶内压力逐渐接近大气压,避免啤酒起泡,关闭液阀。

由上述灌装工艺可知,为完成不同产品所对应工艺的灌装过程,灌装阀体上的多个阀门要根据工艺要求在不同的时间点开启或关闭。灌装阀体可分为机械阀和电子阀。传统的机械阀利用机械(如机械凸轮、阀杆、机械导条等部件)方法来控制阀体上的不同阀门,使它们在灌装工艺所需的时间点开启或关闭。电子阀则是利用软件程序和电子器件,在灌装工艺所需的各个时间点发出电控信号,控制相应的执行机构(如气缸),使对应的阀门开启或关闭。因为旋转式灌装机上通常会装有几十甚至一百多个灌装阀体,每个阀体又具有多个阀门,所以电子阀的控制系统需要用到非常多的计时(或计数)器件。

前面已介绍过,现代的灌装机一般集成了冲洗、灌装和加盖三个功能。玻璃啤酒瓶一般先经洗瓶机进行清洗,所以许多玻璃瓶啤酒灌装机只包括灌装和加盖两部分。

下面以二合一(灌装和加盖)玻璃瓶啤酒灌装机为例,介绍其结构和工作过程。按照模块化的概念,该机器由灌装和压盖两个模块组成,如图 3-82 所示。清洗后的瓶子经传送带被送到灌装进瓶星轮,然后传递到灌装部分的圆形转盘,随着转盘的旋转,每个瓶子要经过前述的 7 个工艺过程才能完成灌装,灌装后的瓶子经灌装出瓶星轮传递到压盖部分执行压盖工艺,压盖完成后,瓶子被输出至下游机器。

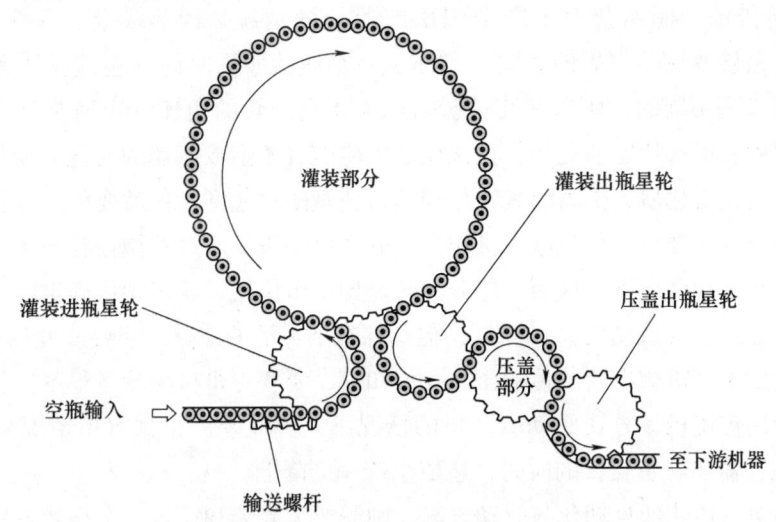

图 3-82　二合一玻璃瓶啤酒灌装机结构示意图

根据前面介绍的玻璃瓶啤酒灌装工艺过程可知,每瓶啤酒的灌装要经过两次抽真空、两次充 CO_2、灌装啤酒、排出 CO_2 等阶段,且完成这个工艺过程所需的时间是一定的。对于旋转式灌装机,转盘的转速是根据一个瓶子的完整灌装工艺过程所需的时间而设计的。转盘旋转一周(即 360°)所需的时间,应刚好为灌装完一瓶啤酒所需要的时间,如图 3-83 所示。这就是说,转盘旋转的角速度是根据灌装工艺和灌装阀的技术水平确定的。由此可知,在灌装工艺及灌装阀技术水平一定的情况下,若要使灌装机在单位时间内灌装更多瓶的啤酒,就要加大转盘的直径,使转盘上可容纳更多的灌装阀体及啤酒瓶。这样的做法实际上只是增加了转盘边缘的线速度,但转盘的角速度是不变的。

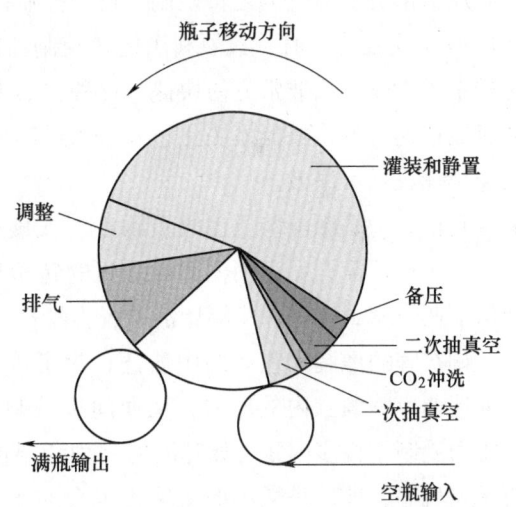

图 3-83　旋转式玻璃瓶啤酒灌装机灌装流程示意图

3. 啤酒灌装压盖机(filler/capper)**自动化与驱动方案**

灌装压盖机俗称为二合一灌装机。二合一玻璃瓶啤酒灌装机由灌装和压盖两个部分组成。传统的自动化与驱动方案是以 PLC 作为控制器,完成灌装和压盖工艺所需的时序和逻辑控制,而灌装过程中灌装阀的各个阀门开启或关闭的时序通常是由机械部件实现的。

从灌装到压盖的工艺过程可知，瓶子需要一个个地送入灌装部分进行灌装，然后再一个个地从灌装部分送到压盖部分进行压盖。要使机器中的这两个部分相互匹配，即在单位时间内，灌装部分灌装的瓶子数量必须等于压盖部分完成压盖的瓶子数量，这样才能保证瓶子在机器内流畅地传输，而不会发生产品积压或等待的情况。因为灌装一瓶啤酒所需的时间（也就是灌装转盘旋转一周的时间）与压上一个瓶盖所需时间（也就是压盖转盘旋转一周的时间）通常是不同的，所以灌装转盘与压盖转盘旋转的角速度也通常是不同的，但两个转盘的角速度要保持特定的比例，且该比例值应随着瓶型或瓶盖的变化而变化。当客户订单中的瓶型或瓶盖变化后，机器灌装转盘和压盖转盘的角速度比值就要随之变化。如果整机的驱动部分用一台大功率的异步电动机作为主驱动电动机，通过机械齿轮带动灌装和压盖两个部分转动，在这种情况下，这两个部分的转速比是由机械齿轮传动比确定的。这种方式当然可以满足变更瓶型（或瓶盖）的要求，但却存在不灵活的缺点。当要改变瓶型（或瓶盖）时，就需要改变两个机械齿轮的传动比。我们知道，要变更机械齿轮是很不方便的，费时费力。因此在使用传统机械方式驱动灌装机的情况下，当灌装厂根据订单情况更换瓶型（或瓶盖）时，往往需要花费较长的时间，造成生产率的降低。

若采用机电一体化的自动化与驱动方案，则需要为灌装和压盖两个模块分别配备各自的伺服驱动器和伺服电动机，并以运动控制器作为机器的主控制器。运动控制器不仅可完成灌装和压盖部分所对应的逻辑控制，还可控制两个模块间的运动关系（如齿轮比）。当需要变换瓶型（或瓶盖）时，只须利用运动控制器的电子齿轮功能，变更两个伺服电动机之间转速的电子齿轮比，非常方便快捷。这种方式大大提高了机器的灵活性。目前，越来越多的灌装机制造商开始将机器模块化，并引入运动控制器和伺服驱动作为灌装机的驱动系统，使其机器更加灵活和高效。

目前，大多数灌装压盖机上压盖（或旋盖）头的转矩是通过机械方式施加的。现在也有不少生产厂家开始利用伺服电动机的转矩控制功能实现压盖（或旋盖）的转矩控制，既能保证瓶子密封良好，又能让消费者容易打开瓶盖。

如在啤酒灌装工艺介绍中所述，为了确保每瓶啤酒的准确灌装量，需要精准地调节啤酒缸内的压力，从而间接控制酒瓶内的液位。然而，啤酒缸内的压力受制于许多因素，如啤酒的品种和温度、二氧化碳的含量或真空压力、瓶子类型等，即使是微小的变化，也会对灌装工艺产生重大影响。面对如此多的复杂因素，操作人员很难在合适的时机，恰当且准确地手动设置酒缸内的最佳压力。为解决这个问题，某啤酒灌装机生产厂家将含有啤酒品种、瓶子类型和生产线特征等参数的大数据上传到云端，并通过 AI 反复训练，建立起机器学习模型。利用该 AI 机器学习模型，便可以根据传感器的测量结果自动计算出啤酒缸内的最佳压力值。基于该 AI 机器学习模型的控制系统能够在不同啤酒品种或瓶型转换时自动地做出相应调整，从而根据新条件（包括生产线启动阶段）快速地调整酒缸内的压力，实现所需的酒瓶内液位。这种基于 AI 的控制方案不仅能高精度地将啤酒灌装量调节到理想值，而且比人工调节效率更高。

图 3-84 所示为一个灌装压盖机的自动化和驱动系统参考方案。

本方案的控制核心是一台运动控制器，它同时具备逻辑控制（PLC功能）和运动控制功能。人机界面用来输入机器的控制指令和参数，也可以显示机器的工作状态、报警和故障的实时信息和历史记录。I/O模块用来接收来自外部（包括上下游机器、传送带等）传感器的状态信息，也可向各种外部器件或执行机构发出控制信号，使它们按照设定的程序完成特定的动作。

两台配备编码器的伺服电动机分别驱动灌装和压盖两个模块。两个模块之间的同步（速度比）是经运动

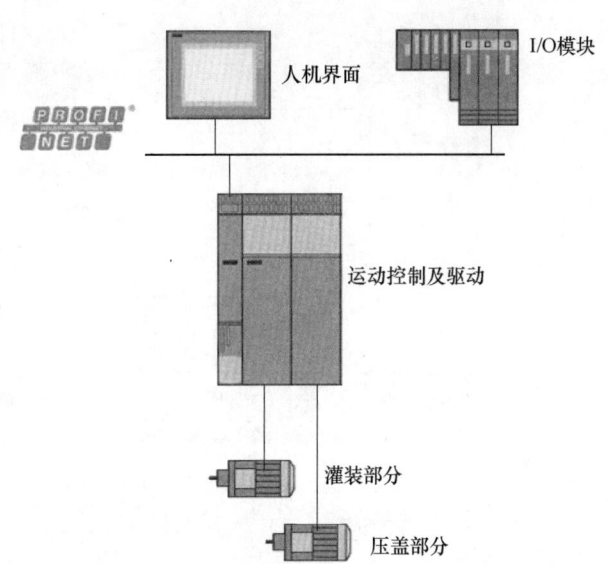

图3-84 玻璃瓶啤酒灌装压盖机自动化和驱动系统示意图

控制器实现的。运动控制器利用编码器检测到各个伺服电动机的位置和速度值，并结合程序中所要求的两模块间的运动关系，向伺服驱动器发出指令，伺服驱动器拖动各自对应的伺服电动机做出相应的运动，使它们之间达到准确的同步运动关系。运动控制器还要执行与机器工艺有关的逻辑运算和顺序控制，如液位控制、真空泵的开启及闭合、机器运转速度调整、报警和故障信息采集及存储等。

本方案在程序设计上也遵循模块化的原则，为灌装和压盖两个机械模块分别编制对应的软件模块。这样可使程序的整体结构更清晰，便于阅读、理解和维护。另一个好处是，这些模块的功能相对独立，可在其他类似的机器上重复使用，减少开发时间。

在这里简单介绍一下用于含气饮料（如可口可乐）的PET瓶灌装机。因为PET瓶通常是一次性使用的，灌装线上一般不需要洗瓶机，只须在灌装前对PET瓶进行漂洗（rinse）即可。因此，这种机型通常是由冲洗、灌装和旋盖三部分构成的，又称为三合一灌装机。该机型的冲洗、灌装和旋盖部分同样需要按照一定的转速比协调地工作。图3-85所示为一个三合一灌装机的自动化与驱动系统。

PET瓶一般采用塑料盖，以旋盖的方式封口。目前，旋盖机上的各个旋盖头的转矩是通过机械方式施加的。为了使瓶子密封良好，又能使消费者容易打开，就需要更好地控制旋盖时的转矩值，使施加在每个瓶盖上的转矩值更加精准。为达到此目的，现在有些厂家开始在每一个旋盖头上配备一个独立的伺服电动机。

4. 西林瓶灌装加塞机

下面再介绍一种常用于药液包装的西林瓶灌装加塞机，其外观如图3-86所示。

（1）西林瓶灌装加塞机工艺　西林瓶灌装加塞机的生产厂家较多，存在多种不同的机型，但它们的基本工艺原理类似，如图3-87所示。

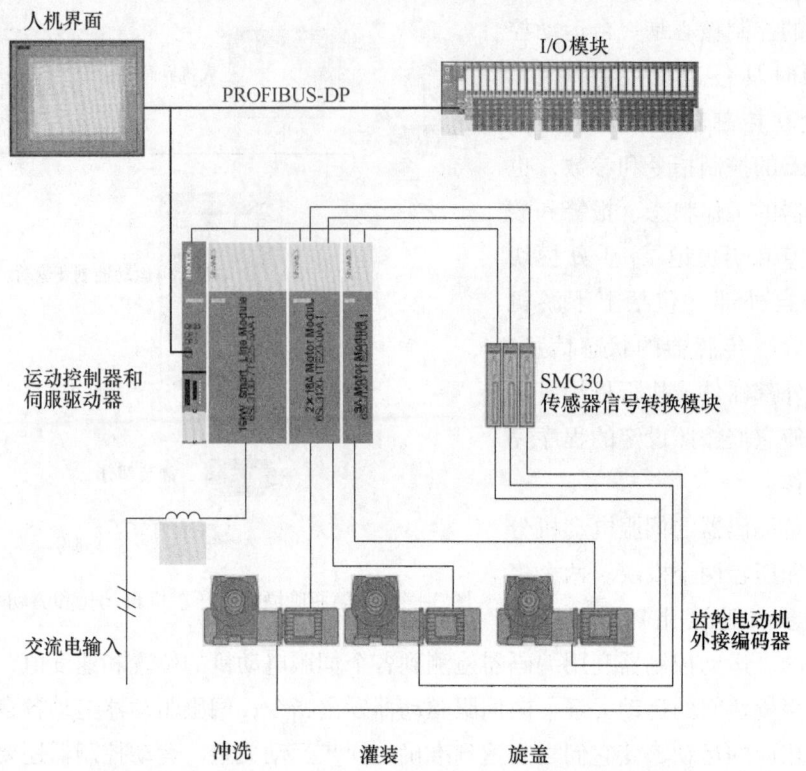

图 3-85　三合一灌装机的自动化和驱动系统示意图

图 3-86　西林瓶灌装加塞机（南京固延制药设备有限公司产品，照片由该公司提供）

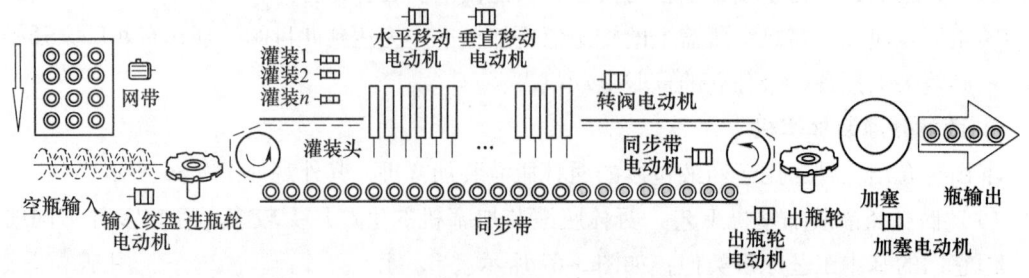

图 3-87　直线连续式西林瓶灌装加塞机的工艺原理示意图

完成清洗后的瓶子经网带送入绞盘，绞盘将瓶子以设定的速度和相等的间距向前输送，瓶子经进瓶轮被送到同步带，同步带连续地向前运动，将瓶子依次送到灌装机的数个（灌装头的数量随机型的不同而不同）灌装头下。每个灌装头都有与其对应的药液缸和灌针，灌装头在跟随瓶子向前运动的过程中完成灌装。灌装开始时，灌装头向下移动使灌针靠近瓶子底部，随着药液的灌入，灌针随着瓶内药液平面的上升而逐渐上移。灌装完成后，灌装头快速地返回到初始位置。灌入每个瓶子中的药液来自为灌装头配备的药液缸，每个药液缸中有一个由伺服电动机驱动的活塞，活塞行程的大小决定灌装量的大小。每个药液缸还配有一个转阀，当转阀为接收状态时，药液缸接收来自外部的药液；当转阀为输出状态时，药液缸内的药液经灌针被灌入瓶子中。机器还配有光电检测装置以进行缺瓶状况检测，使灌装机做到无瓶不灌装、不加盖。这类机器中通常还配有称重装置，用于检测药液的灌装量是否符合要求。为防止药液氧化，有些机器在灌装前后，还要对瓶内充氮气。灌装后的瓶子被送入机器的加塞部分，加塞完成后的瓶子经传送带被送出至下游机器。

（2）西林瓶灌装加塞机自动化与驱动系统方案　根据前面介绍的西林瓶灌装加塞机的工艺原理，需选用相应的自动化与驱动产品来实现机器的各项工艺功能。图3-88所示为一个该机型的自动化与驱动系统方案。

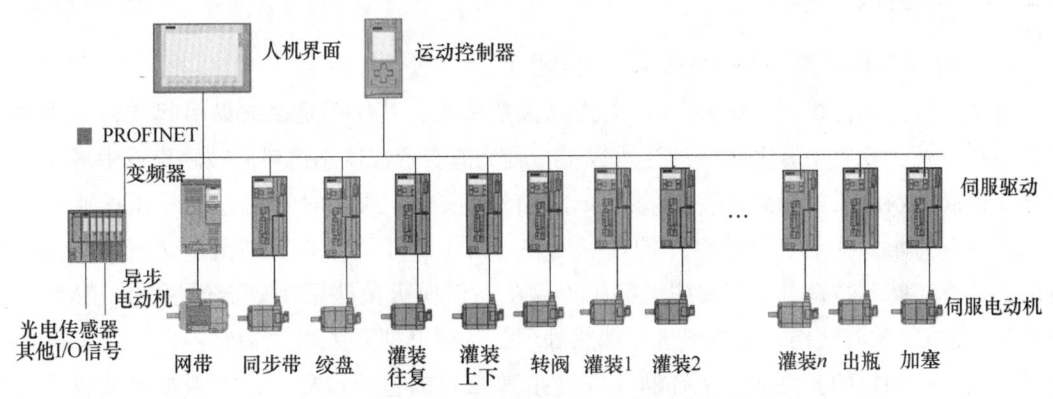

图3-88　直线式西林瓶灌装加塞机自动化与驱动系统方案示意图

图3-88中左边的异步电动机用于驱动网带运动，将清洗后的瓶子送到绞盘，这里只需要控制速度即可。同步带拖着瓶子向前移动，机器中其他部分的动作都要与其配合，所以用一台伺服电动机驱动同步带，并将该伺服电动机作为机器的主轴，机器的其他电动机应与其同步。绞盘在单位时间内送出的瓶子数量须与同步带拖走的瓶子数量相等，因此绞盘的转速应与同步带同步，故采用伺服电动机驱动绞盘来跟随主轴。因为该机为连续式灌装机，灌装头在灌瓶的同时还要随着同步带上的瓶子一起向前移动，所以灌装头的运动是由水平和垂直方向两个运动组成的复合运动。本方案用两台伺服电动机实现该复合运动，一台用于灌装头在水平方向上跟随主轴向前移动，灌装完成后返回，另一台驱动灌装头上下运动，该伺服轴的运动与主轴为同步凸轮运动关系。本机的转阀控制选用一台伺服电动机，利用其位置控制功能，并按照工艺要求同时控制每个药液缸的转阀，使药液进入药液缸或将药液缸内的药液

灌入瓶子。每个灌装缸配备一个伺服电动机，用于驱动缸内活塞运动，利用伺服电动机的定位功能，根据活塞不同的行程设置，实现灌装量的控制。出瓶轮在单位时间内接收到的瓶子数量必须与同步带送出的瓶子数量相等，也就是说，出瓶轮一定要与同步带同步，因此由一台伺服电动机驱动出瓶轮，以实现与同步带（即主轴）的速度同步。本机的最后一部分工艺是为灌装后的瓶子加塞，加塞部分的速度需与灌装的速度相匹配，即单位时间内加塞的瓶子数应等于灌装的瓶子数。本方案为加塞部分配备一台伺服电动机，使加塞部分的速度与出瓶轮的速度保持同步。

运动控制器作为本解决方案的控制核心，同时具备逻辑控制（PLC功能）和运动控制功能。本方案将不同规格瓶子的参数（如瓶子的高度、容量等）和与之对应的灌装头的凸轮运动曲线保存在系统软件中，供切换瓶型时使用，使机器的灵活性得到提升。

人机界面用来输入机器的控制指令和参数，也可以显示机器的工作状态、报警和故障等实时信息和历史记录。I/O模块用来接收来自外部（包括上下游机器、传送带等）传感器或执行机构的状态信息，也可向各种外部器件或执行机构发出控制信号，使它们按照设定的程序完成特定的动作。

3.2.11 杀菌机

1. 简介（适用场景、常用技术、发展趋势）

这里所说的杀菌机（pasteurizer）是指巴氏杀菌机，其作用是杀灭易引起饮料变质的主要微生物，减少饮料中有害细菌的存活数量，避免消费者在饮用饮料后被感染或中毒。杀菌机还能提高饮料品质的稳定性，有效延长饮料的保质期。通常的杀菌方法（如煮沸等）会使饮料（如啤酒、牛奶、果汁等）的口味变差。为了既能杀死有害细菌，又不破坏饮料本身的色、香、味等特性，人们发明了巴氏灭菌法。巴氏灭菌法采用较低温度（一般为60~82℃），在规定的时间内，对饮料进行加热处理，达到既能杀死微生物营养体，又不损害饮料品质及口味的目的。例如，在啤酒（非纯生啤酒）的包装过程中，啤酒被灌入瓶子或易拉罐后，先被送入杀菌机进行巴氏杀菌，然后再完成贴标、装箱、码垛等后续包装过程。

杀菌机是啤酒灌装线上一种体积庞大的设备，不仅占地面积大，能耗（如水、电、汽）也较高。图3-89所示为用于啤酒灌装线上的杀菌机。传送带将灌装加盖后的瓶子送入杀菌机。在杀菌机内，瓶子在传送链的拖动下向前运动，运动过程中要通过多个不同的水温喷淋区。在这些区域内，瓶子经预热、保温（杀菌）、冷却等阶段达到预定的杀菌效果，然后被送出。与本书3.2.9节中介绍的洗瓶机相比，杀菌机内的瓶子不是放在瓶盒中的，因此瓶子进入杀菌机时也就不需要送瓶装置与主链带的严格同步；瓶子输出时也不像洗瓶机那样，需要专门设计的接瓶装置与运动中的瓶盒进行密切的动作配合。因此，杀菌机在工作过程中不需要严格精准的运动控制，通常使用变频器和异步电动机作为驱动装置就可满足要求。如何优化杀菌过程中的温度和加热时间，使杀菌效果和啤酒口味保持最佳？如何使杀菌机的能耗更低？这些是杀菌机研发中要考虑的重要问题。

国内生产的杀菌机有几种不同的工作速度，如24000瓶/h、36000瓶/h、40000瓶/h或

第3章 典型机械设备的工艺及自动化解决方案

图 3-89 巴氏杀菌机（广东轻工机械二厂智能设备有限公司产品，照片由该公司提供）

更高，可用于不同速度的啤酒灌装线。

杀菌机的热杀菌效应常用巴氏杀菌单位（pasteurization unit），即 PU 值来表示。一个 PU 值是指在 60℃，经过 1min 所产生的杀菌效应。杀菌机的关键工艺是 PU 值控制，它是杀菌机生产商的核心技术，通常并不掌握在自动化与驱动产品供货商手中。

2. 工艺介绍

现以常用于啤酒杀菌的双层杀菌机为例，介绍一下杀菌机的工艺过程。

双层杀菌机内包含两层承载啤酒瓶的网链。两层网链采用并联的形式，网链的一侧为瓶子输入，另一侧为瓶子输出，如图 3-90 所示。杀菌机内分成预热、保温（杀菌）、冷却等不同的喷淋水温区，各温区的喷淋水温度是按级递增或递减的，各级温差控制在 30℃ 以内，温度的升降速度为 2~3℃/min。喷淋水喷布均匀，使酒瓶的各部分能均匀地受热或冷却。杀菌机配有可靠的温度自动调节器，能可靠地达到啤酒杀菌所需的 PU 值，且能在一定范围内对 PU 值进行调整。杀菌机可以自动记录各个温区的温度值。

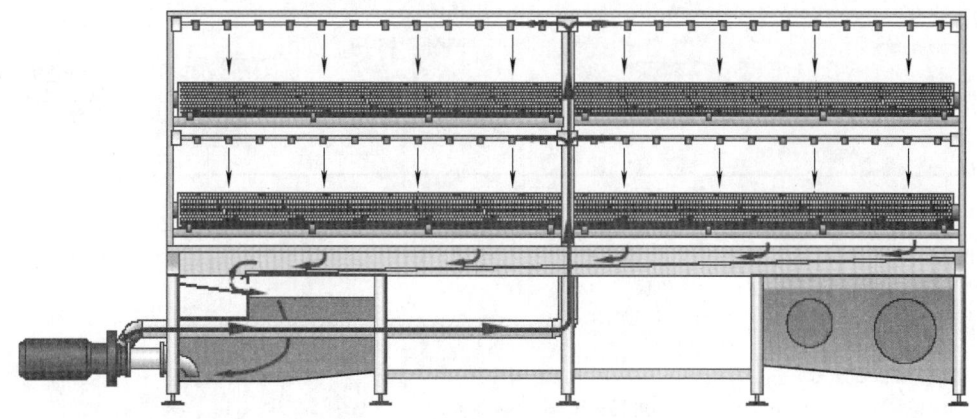

图 3-90 双层杀菌机

85

杀菌机内的水温变化可以这样的方式实现：安装在管道上的铂热电阻的电阻值随温度的变化而变化，该电阻值的变化被转化为对应的电流变化，电流信号被电动薄膜调节阀上的电-气转换器变为气压信号，利用这个气压信号控制调节阀开启度，以改变蒸汽加入量，从而达到控制水温的目的。图3-91为双层杀菌机温度调节示意图。

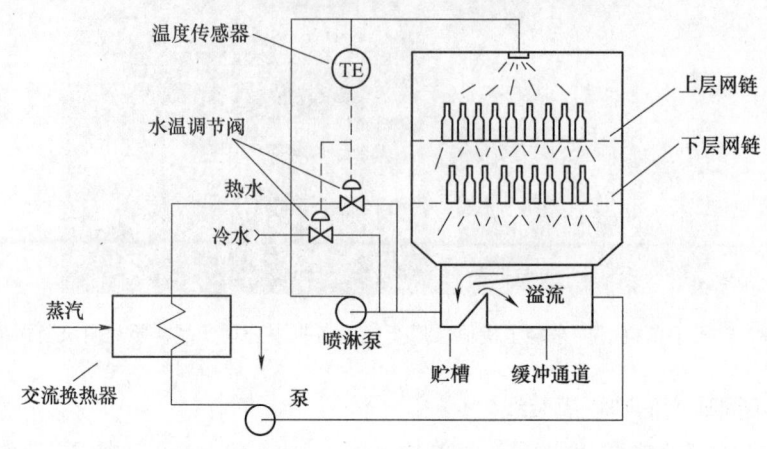

图3-91　双层杀菌机温度调节示意图

酒瓶在机内连续运动，机器的进、出瓶两端分别通过两根传动轴和具有疏水孔的网链组成酒瓶的运送通道。瓶子被连续地从杀菌机的输入端送入，经过完整的加热、保温、冷却等过程后从杀菌机输出端送出。

双层杀菌机有上、下两层机械传输网链，分别配备一套由调速变频器和主电动机组成的传动系统，由电动机直联式减速机通过主传动轴带动网链匀速运转。因双层杀菌机具有上、下两层传输网链，所以该机器的进瓶和出瓶端要分别配备两套传送带及其驱动所需的变频器和异步电动机。在杀菌机内为各个温区配备由变频器驱动的异步电动机，带动水泵运行。

3. 自动化与驱动方案

图3-92所示为一个双层杀菌机的自动化和驱动方案。

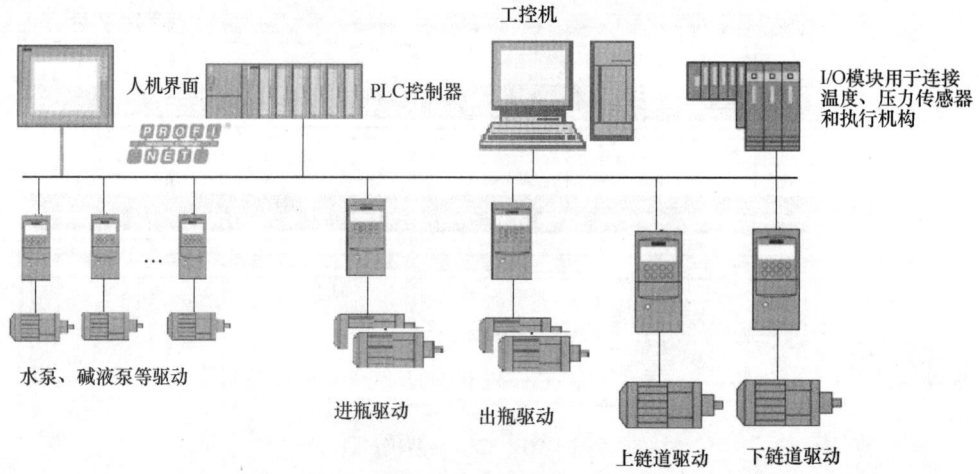

图3-92　双层杀菌机的自动化和驱动方案示意图

如前所述，杀菌机控制技术的核心是PU值控制。该控制系统以工控机作为控制中心，结合实际工况（温度、蒸汽压力、水泵压力、冷水压力、压缩空气压力等）和PU值变化，来调整杀菌机内各温区的温度设定值及机器运行速度。如温区内出现因蒸汽压力降低等原因造成的温度降低，系统会自动做出判断，必要时会采取措施（如启动PU值保证程序、自动停机报警等）以保证啤酒瓶在离开杀菌机时，PU值被控制在允许范围内。工控机还负责来自外部信号的处理和运算、选择控制模型、数据存储、画面显示、故障报警、自诊断等任务；记录各个温区的温度、PU值和报警数据，并将这些数据存入数据库；根据需要做出机器参数的历史记录曲线或报表等资料。

PLC负责温度、压力、速度等信息的采集和处理，信号转换，控制指令输出（如调整各传送带的工作速度和水泵压力）等工作，完成整个杀菌机的逻辑控制。

人机界面接收操作人员的机器设置指令，并可显示机器的运行状态、报警和故障等实时信息和历史记录。

变频器和电动机用于驱动机器中相应的链道、传送带等部件，并根据需要调整它们的运行速度。各个水泵都配备相应的变频器和电动机，以达到按工艺需要调整水压的目的。

I/O模块用于连接控制器和温度、压力等传感器及相关执行机构等部件，使控制器可采集到外部传感器的状态信息，并可将控制信号发送给执行机构进行程序指定的动作。

通过前面对瓶装啤酒杀菌机工艺的介绍，我们知道其杀菌过程是在多个温区中进行的，瓶内的啤酒要经历预热、保温、冷却等过程。这样的杀菌过程不仅机理复杂、动态响应慢，而且其控制回路之间的关联性很强，从而使得对该过程的控制十分困难。传统控制方法通常依靠经验或根据传热学定理推导出的近似模型来设定各温区喷淋嘴的水温度值，但是由于模型中的许多参数是非线性的，且会随着环境的变化而变化，而且随着生产批次的不同，啤酒瓶型（外径、高度、瓶口直径、瓶壁厚等）也可能发生变化，这些参数的变化都可能使产生实际杀菌效果的PU值与其理想值之间存在偏差，因此难以实现既可取得最佳杀菌效果，又能保持良好啤酒口感的理想PU值。

为解决上述难题，现在有些单位已经开始利用AI的深度学习原理，通过大量数据样本来训练AI深度学习模型。训练完成后的AI深度学习模型可根据当前环境和瓶型参数预测各温区的喷淋嘴水温。杀菌机的温控系统便可根据这些预测值，去实际设置喷淋嘴的水温。上述基于AI深度学习模型的喷淋嘴水温控制方法已经取得了较好的PU值控制效果。在当今小批量、多品种的市场需求下，啤酒厂要根据客户订单的要求经常变更啤酒品种和瓶型。在这样的市场环境下，基于AI深度学习算法的杀菌机PU值控制系统就更能体现其优越性。

3.2.12 贴标机

1. 简介（适用场景、常用技术、发展趋势）

贴标机（labeller）将标签贴在瓶子、盒子或箱子等容器上，用于标识、说明、介绍产品及美化产品等。因为贴标机要将标签贴在不同形状及材料的容器上，所以贴标机会用到多种不同的贴标工艺。待贴标的容器可能是直接包装产品的瓶子或盒子，也可能是用于装瓶子或盒子的大箱子，所以不同贴标机的工作速度会有很大差别。例如，一个纸盒中装 10 个瓶子，一个箱子中装 10 个纸盒，在一条生产线上，为瓶子贴标的机器速度应是为箱子贴标机器速度的 100 倍。由此可见，贴标机的种类是很多的，其贴标的工艺原理和工作速度也会有很大的差别。

贴标机按照所贴标签的种类来分，有冷胶的、不干胶的、热熔胶的等；按照标签的供给方式分，有盘式（成卷的标带）的、储有标签的标签盒的等；按照结构分，有旋转盘式的、直线式的等。

直线式贴标机的速度比较慢，通常为每分钟贴数十瓶，这种贴标机常用于日化、制药等行业；旋转盘式贴标机速度较高，每小时可贴数万瓶，常用于饮料行业。

为达到更好的产品标识、美化和宣传效果，一个包装瓶上往往会贴多个标签。为适应这种需求，一台贴标机应能配备多个贴标站，每个贴标站负责贴一个标签。贴标机还应能根据容器上标签数量的要求，变更其上运行的贴标站数量。

国内生产直线式贴标机的企业众多，而生产旋转盘式贴标机的企业数量有限。图 3-93 和图 3-94 所示分别为用于饮料的旋转盘式热熔胶贴标机和用于化妆品的直线式不干胶贴标机。

图 3-93　旋转盘式热熔胶贴标机（广州达意隆包装机械股份有限公司产品，照片由该公司提供）

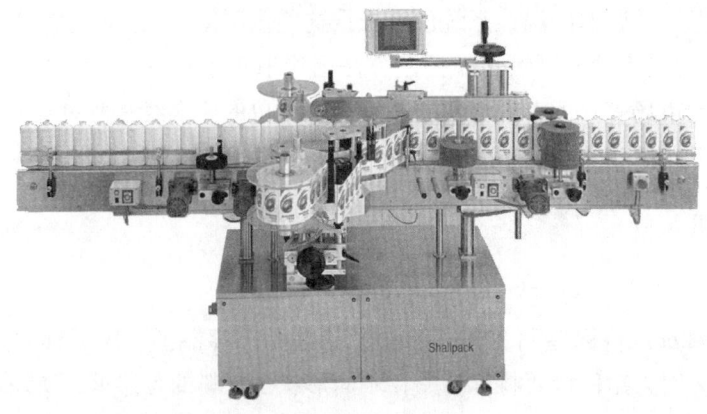

图 3-94　直线式不干胶贴标机（广州赛维包装设备有限公司产品，照片由该公司提供）

2. 工艺介绍

目前有如下几种常用的贴标工艺：

（1）冷胶贴标　如图 3-95 所示，已经裁切好的一叠标签放置在标签盒中，胶辊中充有胶水（常温）。当传标辊与胶辊接触时，胶水粘附在传标辊表面，粘有胶水的传标辊经过标签盒时，胶水的粘合力把一个标签从标签盒中取出并粘附在传标辊的表面。当传标辊转动到真空辊处时，传标辊上的标签被吸附到真空辊上，此时标签的带胶面朝外。当瓶子经过真空辊时，胶面

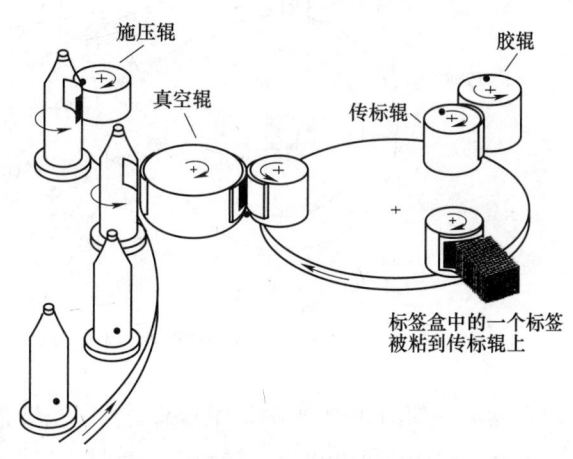

图 3-95　冷胶贴标工艺

朝外的标签被粘到瓶壁上，然后经施压辊压实，完成贴标过程。冷胶贴标工艺成本较低，是比较传统的贴标工艺，常用于玻璃瓶的贴标。

（2）热熔胶贴标　图 3-96 所示为常用的盘式供标的热熔胶贴标工艺（还有其他的工艺形式）。印刷有图文的成卷的塑料薄膜带（或称为标带）由放卷机构（包括薄膜给进轮、张力控制等功能）送出，旋转切刀将标带裁切成一定长度的标签，标签被吸附到真空鼓上。喷胶机（热熔胶站）将热熔胶喷到标签的首尾处，然后标签被转贴到瓶子上。该工艺常用于为包装软饮料的 PET 瓶贴标。

（3）不干胶贴标　如图 3-97 所示，供给贴标机的是成卷的标签带，标签带上已经粘有一个个标签，这些标签之间的距离是一定的。标签带被输送机构送至揭标板处。当瓶子到达时，驱动轮拖动标签带前行，使标签与标签带在揭标板处分离，标签被粘到瓶子上。当被粘上标签的瓶子向前移动至滚贴机构时，瓶子上的标签在那里被抚压并完全粘合到

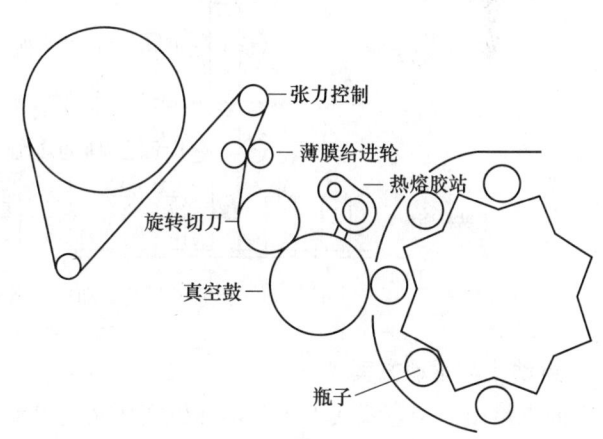

图 3-96　热熔胶贴标工艺

瓶子上。被揭掉标签的标签底带被收标盘复卷起来回收。此工艺常用于化妆品瓶和药瓶的贴标。

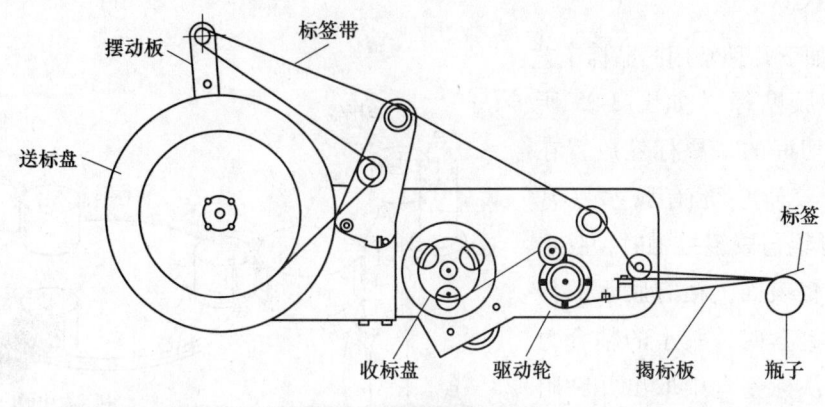

图 3-97 不干胶贴标工艺

（4）套标 如图 3-98 所示，印有文字和图案的筒状（其直径取决于瓶子的直径）塑料薄膜被放卷机构从薄膜卷放出，送至中心导柱上方。用于送标的伺服电动机将塑料薄膜向下拖动一个定长（根据瓶子的高度决定拖动量），使其套在中心导柱上，裁切机构沿着中心导柱将薄膜切断。被切成定长的筒状塑料薄膜靠重力下落，套在瓶子上。套上薄膜的瓶子由传送带带动通过热收缩通道时，该筒状薄膜受热收缩后紧贴到瓶壁上，形成套标。此工艺常用于塑料饮料瓶，并可方便地用于异形瓶。

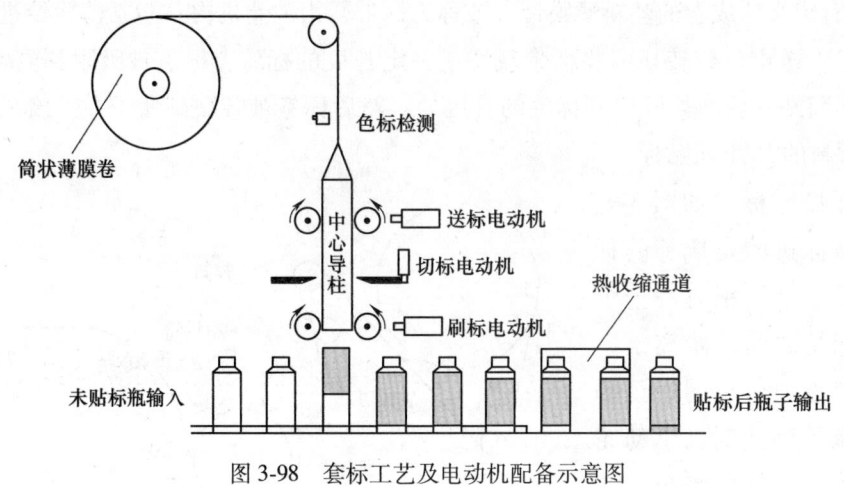

图 3-98 套标工艺及电动机配备示意图

3. 自动化与驱动方案

下面先给出一个直线式不干胶贴标机实例及其自动化与驱动方案。该机型常用于化妆品或药瓶贴标。图 3-99 是该直线式不干胶贴标机的结构示意图。

瓶子给进机构接收来自上游机器的瓶子，并将瓶子以等间距排列送入贴标机。瓶子朝向控制部分用于调整瓶子（如非圆柱形瓶）的朝向，使标签贴于瓶子的指定位置上。主传送带以设定速度带动瓶子向前移动。压（稳）瓶皮带压住瓶子顶部并跟随瓶子向前移动，目的是使瓶子在贴标过程中不会倾斜或倾倒。当传感器发现有瓶子经过时，会向贴标控制系统发出信号，使贴标站开始贴标工作。该贴标机共有瓶前、瓶后和瓶颈三个贴标站，它们将

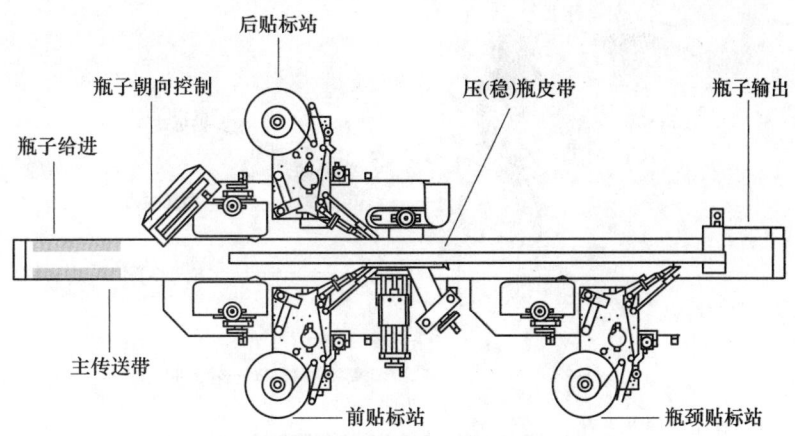

图 3-99 直线式不干胶贴标机的结构示意图

标签贴在瓶子的相应部位上。贴标站的工艺原理已在常见贴标工艺部分做了介绍,这里不再赘述。瓶子输出机构将完成贴标的瓶子送入下游机器。

为完成该直线式不干胶贴标机的上述工艺过程,需要配备相应的自动化与驱动部件,这里介绍的解决方案如图 3-100 所示。该方案采用变频器和异步电动机,以速度控制模式控制瓶子的给进,用伺服电动机的位置控制模式实现瓶子的朝向控制。在运动控制器中建立一个虚拟主轴,其他轴与其同步。用伺服电动机驱动主传送带,使其与虚拟主轴成为电子齿轮关系;用伺服电动机驱动压(稳)瓶皮带,使其与虚主轴成为电子齿轮关系。可用变频器的速度控制模式,驱动异步电动机控制瓶子送出;以伺服驱动器的位置控制模式,驱动伺服电动机控制每个贴标站的工作;利用传感器测量标带上两个标签的间距,以此决定标带的拖出量。运动控制器具有贴标参数存储功能,当变换瓶型时,可方便地调出相应的参数以进行对应瓶型的贴标工作。

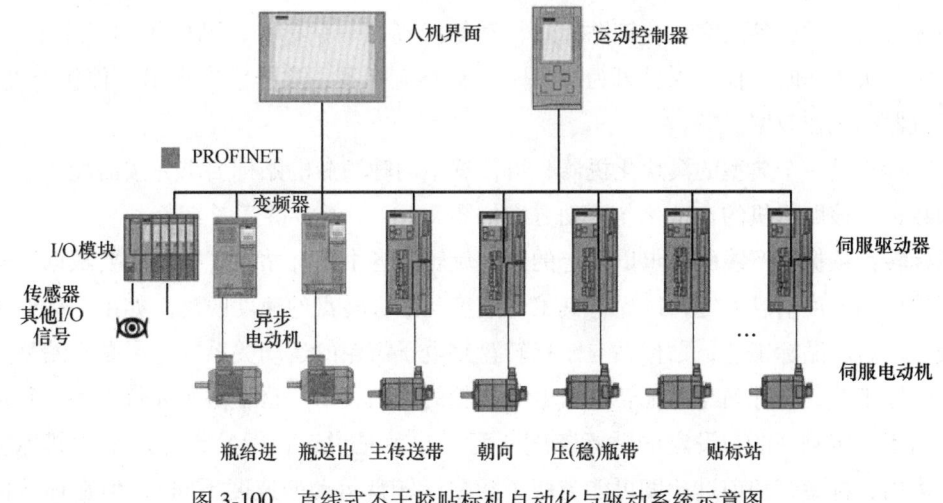

图 3-100 直线式不干胶贴标机自动化与驱动系统示意图

下面再介绍一个用于啤酒瓶贴标的旋转式贴标机的例子,如图 3-101 所示。

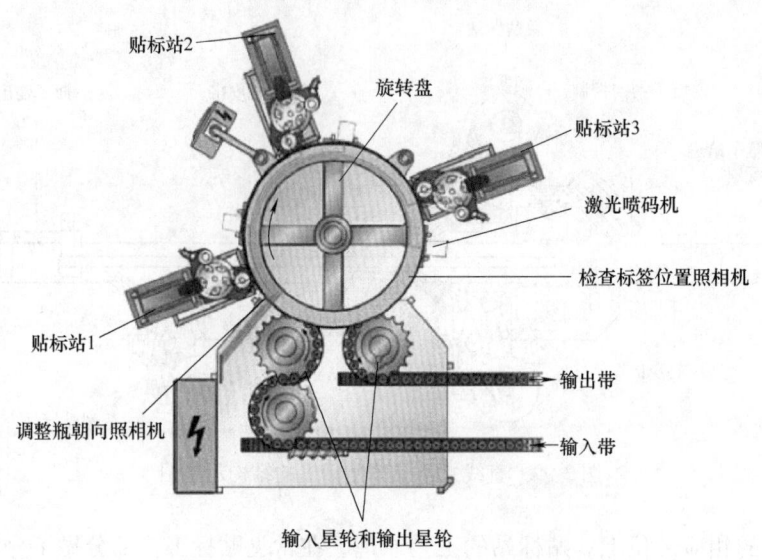

图 3-101 旋转式贴标机工艺原理图

灌装并加盖后的瓶子经输入带和星轮被送入贴标机转盘。在第一个贴标站之前有一个照相机,它与瓶子下设置的伺服电动机配合来调整瓶子的朝向,确保标签贴在瓶子的指定位置。转盘在旋转过程中依次经过 3 个贴标站,分别在瓶子的瓶颈、正面、反面三处贴上标签。在第三个贴标站后配备一个激光喷码机,将产品的最佳消费截止日期喷在反面的标签上。瓶子被送入输出星轮前,经过另一个照相机,用于检查已贴标签的位置是否正确,不合格品将被剔除。贴标合格的产品经输出星轮和输出带送出,进入下游机器。

每个贴标站可以配备单贴标头或双贴标头。如果是单贴标头,在标签用完后,补充标签时该贴标站要停止贴标。在这种情况下,为不影响整线运行效率,在贴标机的前、后应设置缓冲区,以防止上、下游机器因输出阻塞或无瓶子输入而停机。如果贴标站配备双贴标头,一个贴标头对应的标签用完后,该贴标站自动切换到另一贴标头,贴标机的工作不会间断。当一个贴标头工作时,操作人员可为另一贴标头补充标签,这样就实现了不停机补充标签,提高了机器的工作效率。

该贴标机是一个典型的模块化机器,可依据不同啤酒瓶的贴标要求,按需配备贴标站的类型和数量。该贴标机的自动化与驱动方案如图 3-102 所示,供读者参考。

贴标转盘依据生产线的要求以设定的速度旋转。各个贴标站的工作速度要根据贴标转盘编码器输出的速度信息确定,以保持其工作速度与贴标转盘的速度匹配。如果贴标站采用的是冷胶、热熔胶贴标工艺,贴标站与贴标转盘是电子齿轮的运动关系;如果贴标站采用的是不干胶贴标工艺,贴标站与贴标转盘是电子凸轮的运动关系。这是由于标带上不干胶标签之间的距离不一定刚好能与设定的贴标速度匹配(也就是说,在标签带上两个相邻标签之间这段距离内,标签带的前进速度可能与瓶子随贴标转盘运动的速度不同),但在标签向瓶子粘贴的瞬间,标签带的前进速度必须与瓶子的运动速度相同。各个伺服轴间的通信可通过专用的总线进行,从而实现多轴之间的同步关系。

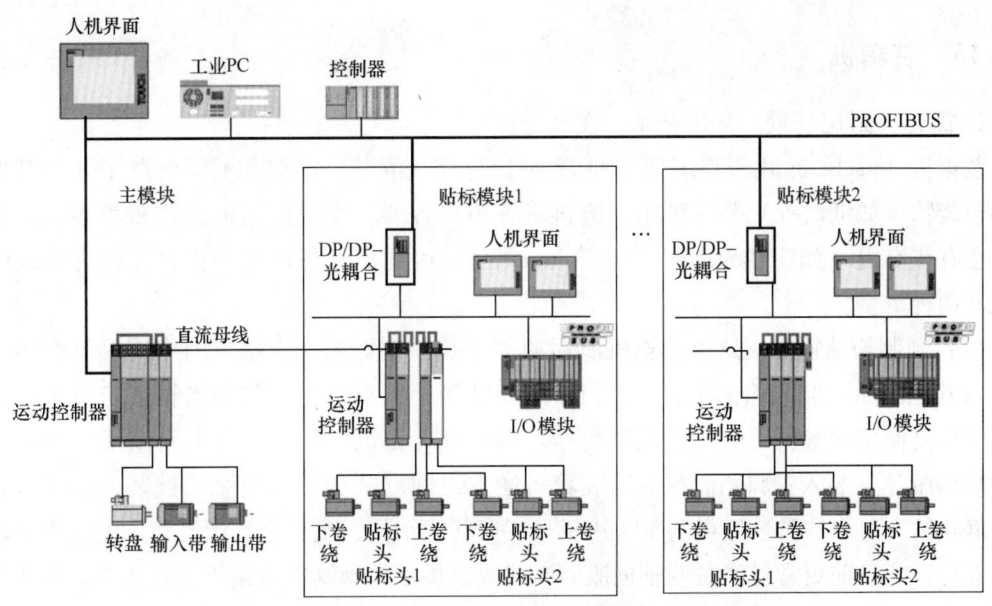

图 3-102 模块化旋转式贴标机自动化与驱动方案示意图

因为每个贴标站相对独立地运行,并可根据瓶子上应贴标签数量而增加或减少,所以为各个贴标站分别配备了自己的运动控制器和伺服驱动系统。贴标转盘也配备了自己的控制和驱动系统。整机的各个子系统(贴标转盘、各个贴标站等)之间由总线连接并进行通信。整个贴标机设有一个主 PLC 控制器,它可根据整线的工作状况设置贴标机及进、出瓶传送带的速度,还可将该贴标机的状态信息提供给整线监控系统。

对于某些不规则的异形瓶(如椭圆形瓶),为使标签贴在瓶子的合适位置上,可在机器的每个瓶托处设置一个伺服电动机,在贴标前调整好瓶子的朝向。这样的贴标机就需要配备更多的伺服电动机。

图 3-103 所示为一个模块化旋转式贴标机的外观,供参考。

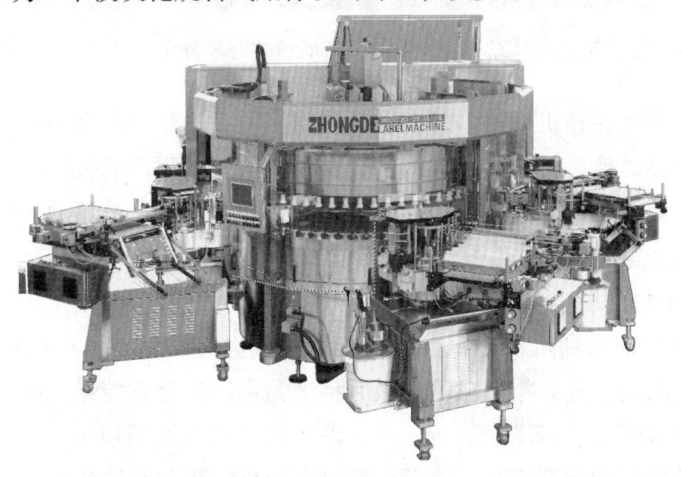

图 3-103 模块化旋转式贴标机(秦皇岛中德实业有限公司产品,照片由该公司提供)

3.2.13 装箱机

1. 简介（适用场景、常用技术、发展趋势）

装箱机（packer）用于将多个（如 12 个）已完成灌装、加盖和贴标的瓶子（或其他形式的包装物，如纸盒等）装入纸箱、塑料箱等箱式容器。实现装箱的工艺多种多样，装箱速度也有快有慢（如 30 箱/min、140 箱/min 等），因此装箱机的种类很多。较为传统的装箱机有两种类型。

（1）预制箱装箱机 这种装箱机所用的箱子是预制好的，装箱机的作用只是将多个瓶子（或其他产品）装入箱子中，并将箱子（如纸箱）封口。另一种预制箱装箱机所用的箱子是要重复使用的塑料周转箱，无须封口。后一种装箱机常用于将可重复使用的容器（如啤酒玻璃瓶等）装入塑料箱。预制箱装箱机通常是间歇式的，即当瓶子被装入箱子时，箱子是静止的。过去这类装箱机通常采用机械式四联杆结构，由一个变频器和主电动机驱动整个机器运行。目前更常见的是两轴伺服驱动式或机械手式预制箱装箱机，其优点是灵活性更好，机械噪声和磨损较小。图 3-104 所示为一个预制箱装箱机的外观。

图 3-104 预制箱装箱机（广东轻工机械二厂智能设备有限公司产品，照片由该公司提供）

机械手式的预制箱装箱机形式多样，通常利用多伺服轴驱动的多关节机械臂带动抓手灵活运动，先抓取产品，然后将产品装入箱子。这种多伺服轴驱动的机械手式装箱机具有很强的运动控制功能，因此可以方便地实现连续式装箱，即在箱子向前移动的同时将产品装入箱子中。图 3-105 所示为一个机械手式预制箱装箱机。

（2）非预制箱装箱机 这类装箱机的工作过程是：先将印刷和模切后的纸板和待包装的产品（如啤酒瓶）输入到机器中，然后将产品和纸板向前移动，在指定的位置将产品推送到纸板上，再将纸板折叠并粘合成箱，最后将纸箱输出。此类装箱机适用于多种类型容器的二次包装，如将玻璃瓶、PET 瓶、听、三片罐等产品进行纸箱包装。图 3-106 所示为一台非预制箱装箱机的外形和典型产品。这类机型对自动化和驱动系统的要求更高一些，常常需要四轴以上的伺服驱动系统。

第3章 典型机械设备的工艺及自动化解决方案

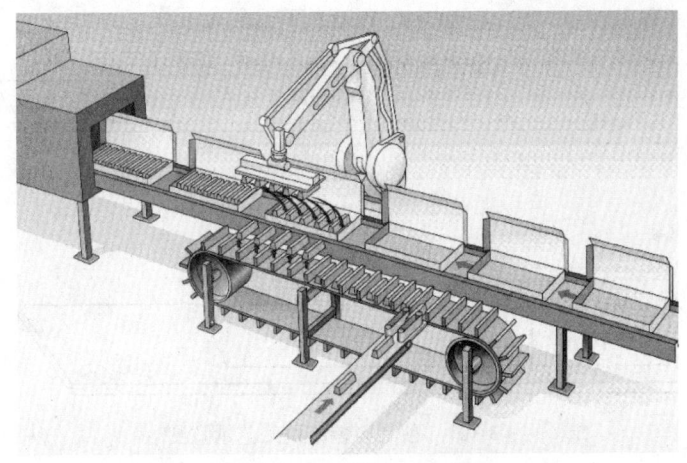

图 3-105 机械手式预制箱装箱机示意图

图 3-106 非预制箱装箱机（广州达意隆包装机械股份有限公司产品，照片由该公司提供）

2. 预制箱装箱机

（1）预制箱装箱机工艺　此类装箱机的功能是抓取数个瓶子后将其装入箱子，其装箱工艺如图 3-107 所示。

瓶子经输瓶带及其他辅助装置被移送到机器旁边，机器的瓶抓头平移到输瓶带的上方，然后向下移动瓶抓头并抓起数个（如 3×4 个）瓶子，瓶抓头在机械臂的带动下上升并平移至输箱带上方。空箱由输箱带及其辅助装置实现分组并移动到待装箱处，瓶抓头向下移动，将所持的数个瓶子装入箱子中。如前所述，预制箱装箱机通常是间歇式的，即当瓶子被抓取时，瓶子是静止的，当瓶子被装入箱子时，箱子也是静止的。因此，这类装箱机的运动控制系统相对简单。为降低机械冲击，瓶抓头的运动轨迹应是圆滑的曲线。

（2）预制箱装箱机自动化与驱动方案　选用运动控制器，负责整机的逻辑控制以及瓶抓头的运动控制。伺服驱动器用来驱动两个伺服电动机，X 轴驱动瓶抓手水平（前后）移

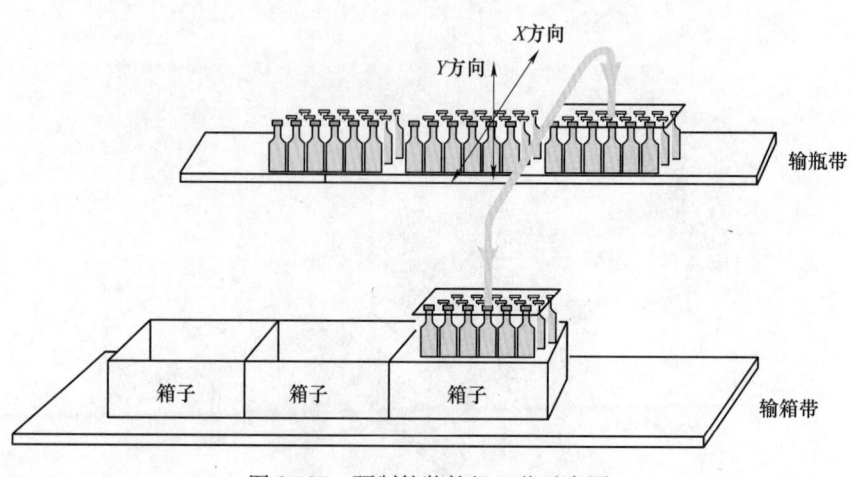

图 3-107 预制箱装箱机工艺示意图

动，Y 轴驱动瓶抓手垂直（上下）移动。瓶抓头配有压缩空气，抓住瓶子时要吸气，将瓶子装入箱子时放气。

水平和垂直移动的两轴相互独立运行。为防止瓶抓头运行到转角处时产生机械冲击，通常需要在转角处对两轴的运行曲线进行控制（如仿圆弧插补），使瓶抓手走出一条弧线（图 3-108），以减少机械冲击，提高装箱机工作的稳定性和使用寿命。

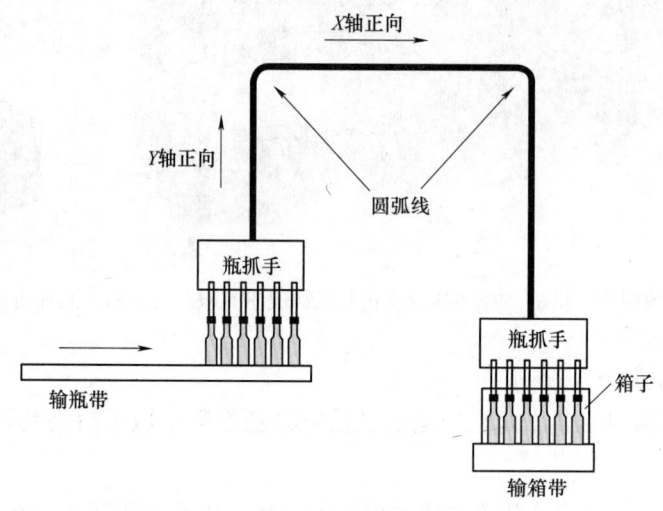

图 3-108 X、Y 轴的协调运动使瓶抓头走出弧线

图 3-109 所示为一个预制箱装箱机的自动化与驱动系统解决方案。伺服电动机经过减速箱来驱动瓶抓手的运动。伺服电动机上的编码器将电动机的实际位置和速度值反馈给控制系统，控制系统根据这个实际值再去修正电动机运转的位置和速度，使瓶抓手沿着设定的曲线准确运动。I/O 模块用来连接控制器和机器各处的传感器及执行机构，控制器对由传感器采集来的信息进行分析处理，并向执行机构发出相应的控制信号，使机器按设定的程序运转。人机界面用来接收操作人员的指令及参数设置，并可显示机器的参数设置、机器的当前及历

史状态、报警及故障信息。

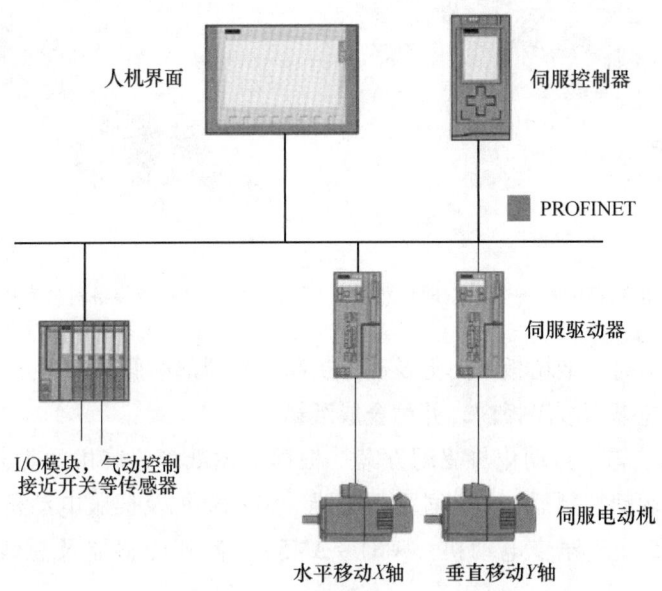

图 3-109　预制箱装箱机的自动化与驱动系统解决方案示意图

整个控制系统中的人机界面、运动控制器和驱动系统、I/O 模块之间通过总线进行通信。

这里介绍的是具有双伺服轴的自动化和驱动解决方案，其优点是灵活性高、定位迅速和准确、机械冲击和噪声小。目前，市场上还有用变频器和异步电动机实现两轴（水平和垂直）运动方案的预制箱装箱机，优点是价格上更具竞争力。还有一些预制箱装箱机采用机械四联杆式结构，其自动化与驱动解决方案更简单，整个机器的运动由一台变频器驱动一个主电动机实现。

3. 非预制箱装箱机

（1）非预制箱装箱机工艺　现以纸箱包装机为例，介绍这种非预制箱装箱机的工艺原理。为方便地将纸板折叠成箱，该机型使用经过印刷和模切的纸箱板作为制箱原料。图 3-110 所示为该机型的工艺原理。

该类纸箱包装机的主要工艺过程如下：

1）纸板供应。由吸盘将纸箱板从存储栈取出，经传送带送到机器的纸板等待处。

2）输送瓶。瓶传送带将来自上游机器的瓶子送入装箱机，并利用导轨将瓶子排成多列，送至机器入口。

3）分瓶。利用两个伺服电动机和主传动轴（驱动瓶子组向前运动的轴）之间巧妙的运动配合，将瓶子分组（如每组包括 3 行 4 列），每组内瓶子的多少可按照箱子容积来调整。

4）推瓶。推瓶杆将分组后的瓶子推到纸板上。

5）纸箱折叠成型、喷胶、封箱粘合。纸箱板及其上面的瓶子组在前进过程中经过精心

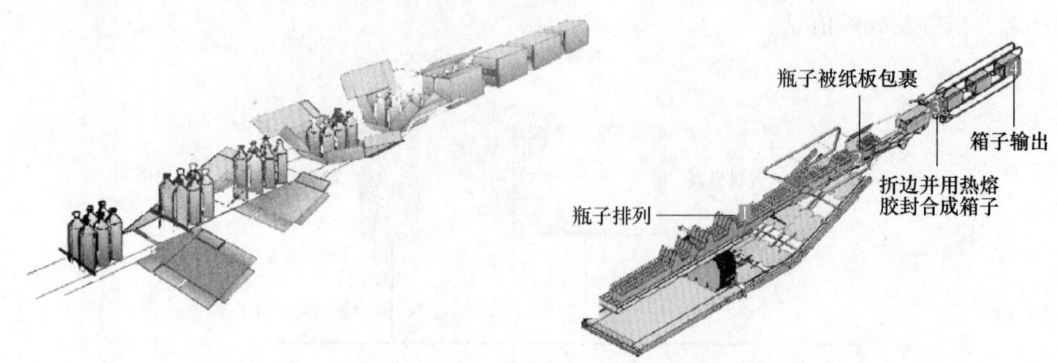

图3-110 非预制箱装箱机工艺原理示意图(广州市万世德智能装备科技有限公司提供)

设计的机械折叠机构时,纸箱板被向上及侧方折起。机器的喷胶机构将热熔胶喷到纸板的指定位置,瓶子组被包裹于纸箱板内,并粘合成纸箱。

(2) 非预制箱装箱机自动化与驱动方案 根据上述纸箱包装机的工艺原理,为该机型配备了人机界面、运动控制器、5个伺服驱动器(S1~S5)及伺服电动机(SM1~SM5)、5个变频器(V1~V5)及异步电动机(AM1~AM5)、各种传感器及总线系统。该方案如图3-111所示。

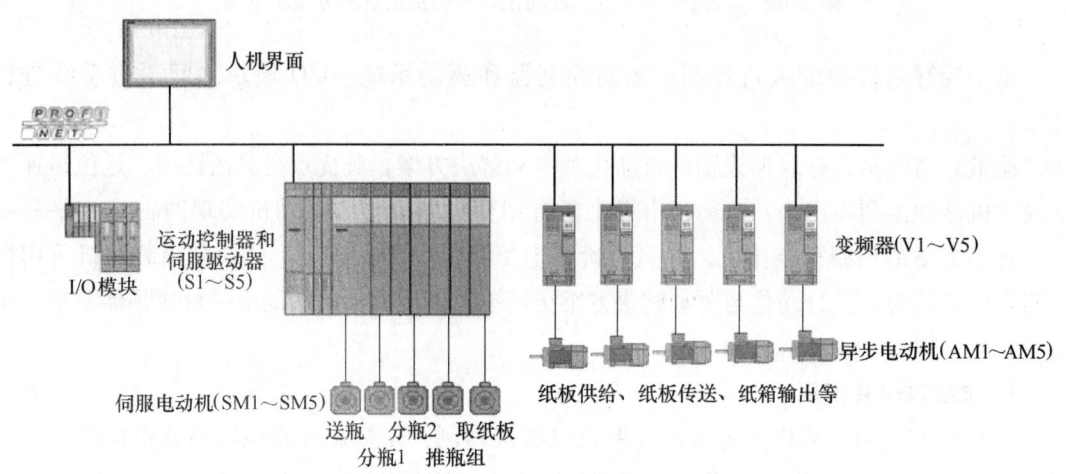

图3-111 纸箱包装机自动化和驱动解决方案示意图

伺服电动机SM1是瓶输送电动机,它将来自上游的瓶子送入装箱机。

伺服电动机SM4驱动瓶组向前运动,它决定整机的工作速度,机器的其他驱动轴与其保持同步关系。因此,SM4是该机的主轴。

伺服电动机SM2和SM3用于瓶子分组,又称为分瓶电动机,是该纸箱包装机关键工艺段的两个电动机。电动机SM2和SM3拖动各自的传送链条,每个链条上有两个等距离安装的拨瓶杆,如图3-112所示。两个电动机的转速与主电动机SM4的转速保持特定的同步关系,且分别按照设定的速度曲线交替变换各自的转速,其目的是将主电动机送过来的连续的多列瓶子分成组。每组瓶子的数量(如3×4=12个)可通过改变两个分瓶电动机的速度变化曲线进行调整。

SM5 电动机用于驱动吸取纸板装置。因为该装置要在每一个包装周期内的特定时间点吸取纸板，且 SM5 电动机需要正、反向交替转动，带动两组吸纸盘完成取纸板和放纸板的任务，所以 SM5 电动机与主传动电动机 SM4 具有特定的凸轮运动关系。

纸箱的折叠成型、喷胶等动作的起动和停止也应在每一个包装周期内相应的时间点完成。可以利用运动控

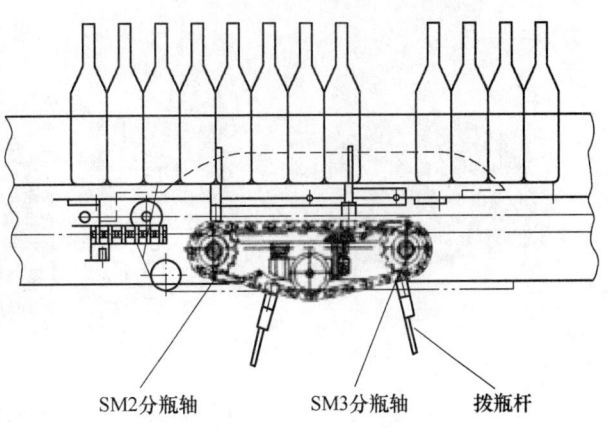

图 3-112 分瓶机构组成示意图

制器的凸轮盘输出功能，在每个包装周期内特定的时间点触发相应的执行机构（如气缸、喷胶起停等）来完成纸板折叠、喷胶等工艺的起动、停止等动作。

其他由变频器驱动的异步电动机（AM1~AM5）用于纸板的供给和箱子输出等工艺。

根据设计理念的不同，纸箱包装机中伺服电动机的用法和数量会随纸箱包装机生产厂家所生产机型的不同而变化。

I/O 模块用来连接机器的控制器和分布于多处的传感器及执行机构，运动控制器对来自传感器的信息进行分析处理后，向执行机构发出相应的控制信号，使机器按设定的程序进行工作，完成纸箱包装工艺所需的相应动作。

伺服电动机上的编码器将电动机的实际位置和速度信息反馈给控制系统，控制系统根据这个实际值再去修正电动机的位置和速度，使其按照理想的设定曲线运动。

操作人员利用人机界面对机器进行操作和参数设置，人机界面还可显示机器的各种参数、机器的当前及历史状态、报警及故障信息。

整个控制系统中的人机界面、运动控制器和驱动系统、I/O 模块之间通过总线进行通信。

3.2.14 收缩膜包装机

1. 简介（适用场景、常用技术、发展趋势）

收缩膜包装机（shrink wrapper）将多个初次包装后的产品（如 12 个 PET 瓶）用塑料薄膜包裹起来，再经过热收缩后形成收缩膜包装。由此可见，收缩膜包装机与纸箱包装机类似，都是将多个初次包装后的产品进行二次包装，只是所用的包装材料和包装形式不同。与纸箱包装相比，收缩膜的包装方式成本更低，但也有其局限性。例如，玻璃瓶装的含气类产品（如玻璃瓶装啤酒）在运输途中或饮用时，玻璃瓶有炸裂的风险，而收缩膜包装的牢固程度不如纸箱或塑料箱，当玻璃瓶炸裂时更容易对人员造成伤害。所以，玻璃瓶装啤酒等产品一般不采用收缩膜包装的方式。收缩膜包装常用于 PET 瓶或听装的非含气产品，如矿泉水等软饮料。图 3-113 所示为收缩膜包装机的外形及典型产品。

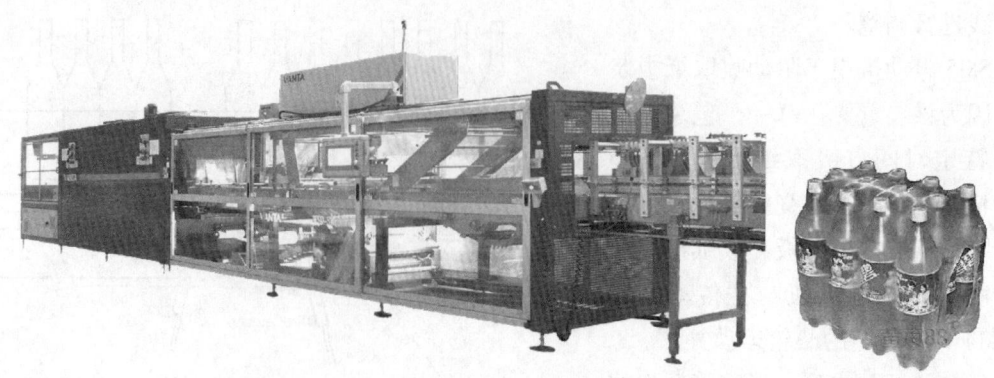

图 3-113 收缩膜包装机（广州市万世德智能装备科技有限公司产品，照片由该公司提供）

根据用户要求的不同，薄膜可能是透明的，也可能是彩色的（含有产品有关的图案、促销等信息），产品组的底部（薄膜内）可以增加纸制底托、纸垫等，以更好地保护产品。

一个收缩膜包装中产品的数量一般是可变化的，如 3×3、3×4 等。依机型、包装方式（是否含底托、纸垫）及包装速度的不同，常见收缩膜包装机的工作速度在 30～120 包/min 的范围内。

因为收缩膜包装机与前面介绍的非预制箱装箱机（本书 3.2.13 节）的主要工艺过程相近，很多生产厂家既生产收缩膜包装机又生产纸箱包装机。

在收缩膜包装机的工作过程中，许多不同部件的工艺动作之间有同步运动关系，且一个收缩膜包装内的产品数量是可变的，即对机器的灵活性要求很高，所以该种机型中会使用较多的伺服电动机，常见的有 4、6、8、12 台等。机内使用的伺服电动机越多，机械部件就越少，机器的灵活性和工作效率就越高。用较多的伺服轴取代机械齿轮、链条、机械凸轮等部件已成为该类机型的发展趋势。

2. 工艺介绍

图 3-114 所示为含纸质底托的收缩膜包装机的工艺原理。可以看到，对于此类收缩膜包装机，输入到机器的物料包括产品（瓶子或听）和两种包装材料（纸板和塑料薄膜），输出的是用收缩膜包装起来的具有底托的一组组（如 4×3 个瓶子）产品。

现将该机型的工艺过程简要介绍如下：

1）产品部分。从上游机器送来的瓶子被传送带（一般由伺服电动机带动）向前传送，瓶子经输送区域设置的导轨被整齐地排成列。在分组区域，由两个伺服电动机（通常称为分瓶电动机）分别带动两组分瓶拨叉进行有规律的（与每组中瓶子的数量有关）变速运动，使瓶子分隔成组（如以 3×4 瓶为一组）。产品检测功能用来检查每列瓶子中是否存在缺瓶现象，控制器能根据该信息采取相应措施来保证瓶子组中没有瓶子空缺。

分隔成组的瓶子被一个伺服电动机驱动的推瓶机构推入包装区域，该伺服电动机作为机器的主轴，机器内的其他电动机与其保持同步运动关系。伺服系统的准确定位特点使瓶组的停留位置能够与塑料薄膜和纸板的位置相匹配，确保薄膜裹包工艺的实施。

2）纸板部分。纸板拾取器从纸板仓中吸取纸板，放到纸板传送带上。该传送带由一个

第3章 典型机械设备的工艺及自动化解决方案

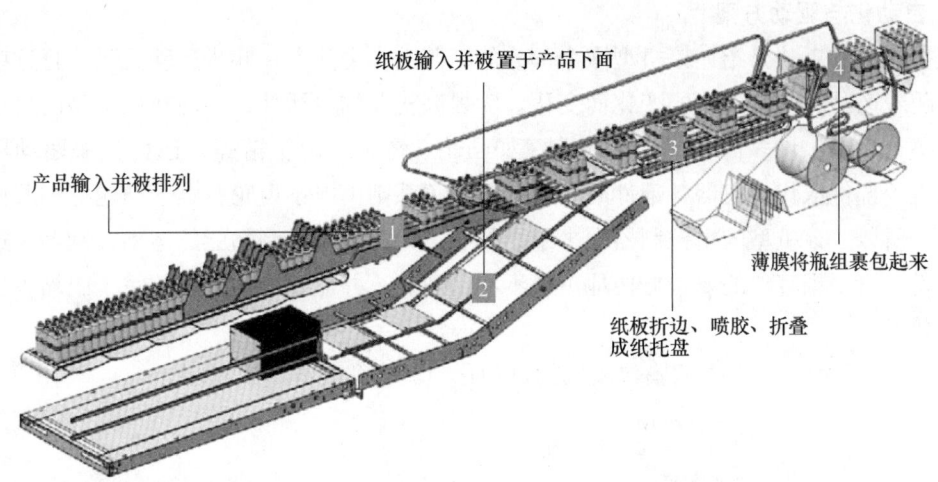

图 3-114 收缩膜包装机工艺原理（广州市万世德智能装备科技有限公司提供）

伺服电动机带动，能确保将纸板送到准确位置，使其刚好处于瓶组的下方。若将纸板制成底托形式，机器需要配备喷胶和折纸板机构。

3）薄膜部分。两个薄膜卷筒位于机器的下方，一个为工作卷筒，另一个为备份卷筒。薄膜卷筒轴可由伺服电动机带动以确保薄膜的张力稳定。薄膜被切刀辊切成特定的长度（与瓶组的大小有关）后，被传动辊（由伺服电动机驱动）送入导膜机构。

4）裹包部分。瓶组被推瓶机构送入机器的裹包部分，由伺服电动机驱动的链条带动导膜杆在这里进行裹膜的动作，将瓶组用薄膜包裹起来，薄膜在瓶组底部叠合，然后被输送到热收缩部分。

5）热收缩及输出部分。热收缩通道中装有加热管，当传送链带动裹包后的瓶组从这里通过时，薄膜受热收缩，将瓶组紧密地包裹起来。热收缩膜包装好的瓶组经风扇冷却定型后，经传送带送出。

上述工艺过程可用图 3-115 表述。

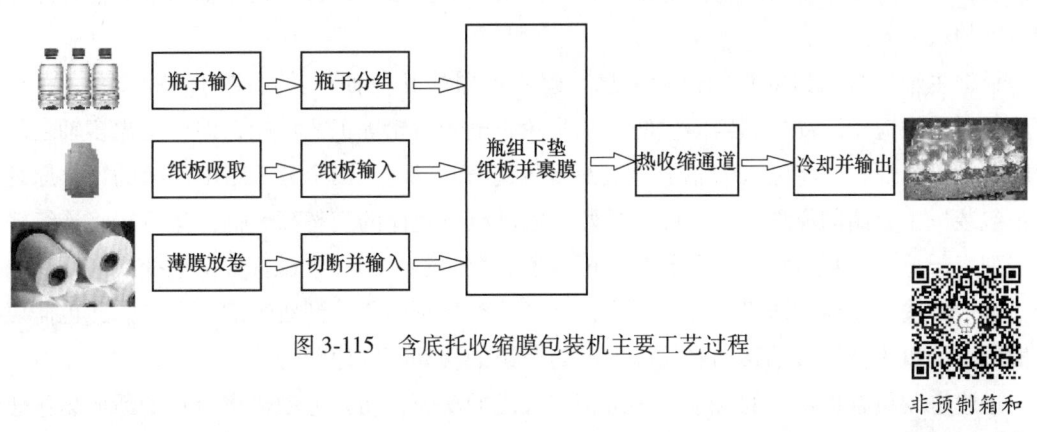

图 3-115 含底托收缩膜包装机主要工艺过程

非预制箱和
收缩膜包装机

101

3. 自动化与驱动方案

根据前面的工艺介绍，该机型多个部分的工艺动作之间存在同步运动关系，且这些运动关系会随着产品和包装形式的变化而变化。为提高机器的灵活性，目前在该机型的自动化与驱动解决方案中，许多传统的机械部件（如凸轮、链条、齿轮箱等）已由伺服驱动器和伺服电动机等部件取代，机器各部件间所需的运动关系则由电子齿轮、电子凸轮等伺服控制功能实现。所以，该机型的主控制器大多采用具有逻辑和运动控制功能的运动控制器。这样做的好处是，可根据客户的要求方便地更换不同的瓶型，并能够方便地调整每个收缩膜包装中瓶子的数量。

图 3-116 所示为一个收缩膜包装机的自动化与驱动解决方案示意图。

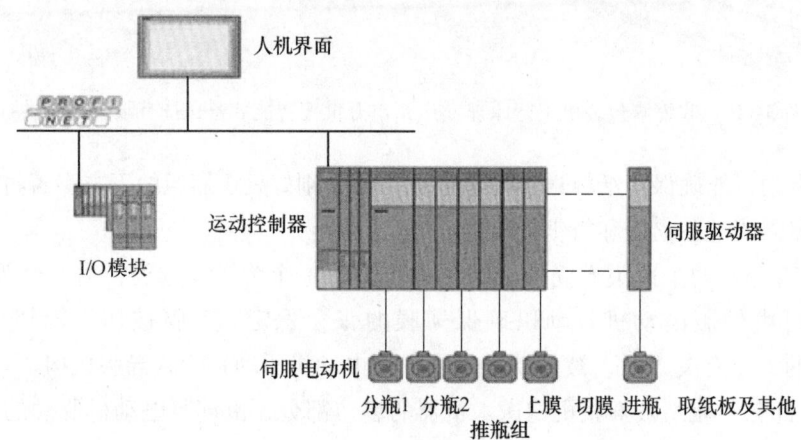

图 3-116　收缩膜包装机自动化与驱动解决方案示意图

由前面对该机型的机械结构及工艺介绍可知，该机型有几个关键工艺段，包括送瓶、分瓶组、推瓶组、送纸板、送膜、切膜和导膜等。在一个包装周期内，这些工艺动作之间需要相互配合，保持一定的运动关系，才能完成将连续输入的瓶子分组、在每组瓶子下加垫纸板并裹包薄膜的工作。因为每推动瓶组向前移动一次，在其他工艺动作的配合下，即可完成一次包装，所以可将用于推瓶组的电动机作为该机器的主轴电动机，其他轴与其保持特定的同步运动关系。

根据主轴（推瓶组轴）的位置信息，建立机器的其他轴与其对应的位置关系。在机器的控制系统中应用运动控制器提供的电子凸轮、电子齿轮等工艺功能，即可实现多轴之间的运动关系，从而达到将输入的瓶子分组并裹包起来的目的。两个分瓶组电动机的工作原理与纸箱包装机中介绍的原理一致，即通过两个电动机有规律的交替高、低速运行，将连续输入的多列瓶子分组，且每组中瓶子的数量可以通过控制器中的参数设置方便地变换。

纸板的输送需要与瓶组的移动同步，保证使纸板刚好移动到瓶组的下方，因此也需要一个伺服电动机来使纸板的移动步长和速度与瓶组的移动精准地配合。

送膜电动机根据瓶组的大小，送出相应长度的薄膜，切膜电动机将薄膜切断成裹包瓶组所需的长度。薄膜在导膜杆的作用下，包裹在瓶组上。传送链带动裹包后的瓶组通过热收缩通道，使薄膜受热收缩，将瓶组紧密地包裹起来。

多轴同步是该机型控制和驱动系统的重要特征。伺服电动机之间的主从同步数据通过高速总线传输，使多个从动轴与主轴的位置实现相互联动且保持工艺所需的同步关系。这些同步动作需要运动控制器指挥伺服驱动系统实现。如前所述，瓶子的大小、瓶组中包含的瓶子数量会随客户的订单而变化，这就会引起瓶组体积的变化。为适应这一变化，两个分瓶电动机的运动曲线要变，推瓶组电动机的推动行程要变，推纸板的行程要变，送膜的长度和切膜的位置也要变。运动控制器中应存储与不同尺寸瓶组对应的多种同步运动曲线。当瓶组体积需要变化时，只须使用相应的同步曲线即可。这样可极大地增强机器的灵活性，并能减少机器切换不同产品时所需要的机器调整时间。

为适应彩色膜包装的要求，须确保彩色薄膜上的图案和文字位于瓶组包装的指定位置。在此情况下，需要在送膜和切膜机构中增加色标识别和滑差补偿功能。

I/O模块将机器各处的传感器及控制元器件与控制器相连接，如将视觉检测信息送给控制器，控制器根据该信号决定是否应产生并给出废品剔除信号。人机界面用来接收操作人员的指令及参数设置，并可显示机器的参数设置、机器的当前及历史状态、报警及故障信息。

整个控制系统中的人机界面、运动控制器和驱动系统、I/O模块间通过总线进行通信。

3.2.15 泡罩包装机

1. 简介（适用场景、常用技术、发展趋势）

泡罩包装机（blister former）将成卷的塑料薄片加热软化后，借助模具，用压缩空气在塑料薄片上吹出（或吸出）泡罩，将产品填充于泡罩内，再用一层薄膜将含有产品的泡罩封闭，最后对完成上述加工后的连续泡罩带进行压痕、压批号、分切等操作，形成一个个指定尺寸的泡罩板，每个泡罩板含有指定数量（如10个）的产品。图3-117所示为泡罩包装机及其典型产品。

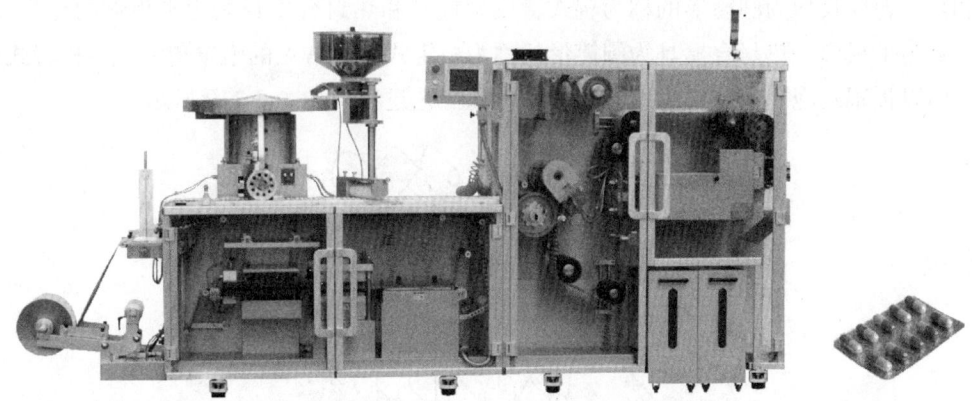

图3-117 泡罩包装机及其典型产品（上海爵诺科技有限公司的产品，照片由该公司提供）

泡罩包装机用途广泛，适合包装体积较小的固体产品，常用于包装药品（如药片、药丸）、日用品（如糖果、文具）等，其特点是密封性好，且泡罩内的产品直观可见。泡罩包装机的工作速度一般以每分钟的冲切次数来衡量，不同机器的工作速度不等。一般来说，泡罩包装机的工作速度为 40~80 次/min。

在制药厂，通常会用装盒机（inserter 或 cartoner）将几片泡罩板和说明书等装入一个纸盒，所以许多泡罩包装机生产厂家也生产装盒机，或将装盒机与泡罩包装机合为一体，组成联动线。

传统的泡罩包装机由一个主电动机作为驱动，利用多种机械部件的相互配合，使机器的各个部分协同运动来完成全部的生产工艺。这种机械式的机型灵活性差、噪声大，而且机械磨损还会造成包装精度下降。为克服上述不足，越来越多的泡罩包装机生产企业将机电一体化技术引入该机型，采用运动控制技术（伺服控制器及软件、伺服驱动和伺服电动机）实现多部件间的协同运动，使泡罩包装机的灵活性和整体性能大大提高。

2. 工艺介绍

泡罩包装机的结构型式虽然多种多样，但其基本工艺原理都是一样的。图 3-118 所示为泡罩包装机的基本工艺原理。

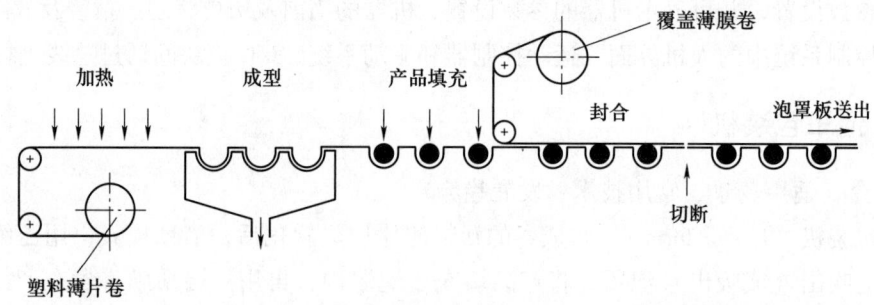

图 3-118 泡罩包装机基本工艺原理示意图

需要说明的是，泡罩包装机按其成型模具和热封合模具的型式，可分为三种类型：成型模具和热封模具均为圆筒形的称为辊式，成型模具和热封合模具均为平板形的称为板式，成型模具为平板形、热封合模具为圆筒形的称为板辊式。较常见的泡罩包装机为板辊式或板式。下面以板辊式泡罩包装机为例介绍其结构和工艺过程，如图 3-119 所示。

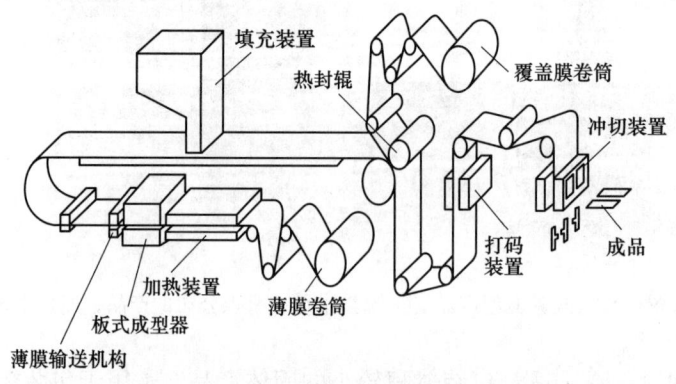

图 3-119 板辊式泡罩包装机的结构和工艺过程图

板辊式泡罩包装机的生产工艺过程如下：

1) 薄片输送。卷成筒的塑料薄片由放卷装置送出。
2) 薄片加热。加热装置将薄片软化。
3) 泡罩成型。软化后的薄片被送到成型模板处，利用压缩空气对其施以正压，位于模板下凹处的薄片部位被吹入模板的下凹内，形成了泡罩。
4) 产品填充。产品填充装置（或操作工）将产品填入泡罩内。
5) 泡罩覆盖。成卷的覆膜材料由放卷装置送出，当其经过热封辊时，将泡罩覆盖并封合，形成泡罩板带。
6) 打批号、压痕等。打码装置将生产批号等信息打印在泡罩板带上，压痕装置在泡罩板带上压出折断线，以方便消费者使用。
7) 冲切成板。按照成品的尺寸要求，冲切装置将泡罩板带冲切成一片片指定尺寸的泡罩板。
8) 废料回收。收卷装置将冲切后余下的边角料进行复卷，以便回收。

3. 自动化与驱动方案

板辊式泡罩包装机自动控制的关键在成型和冲裁工艺部分。填充与封合部分并不需要严格的运动同步关系。图 3-120 所示为一个四轴伺服驱动泡罩包装机自动化与驱动解决方案。这四个轴分别驱动成型牵引、成型、冲裁牵引和冲裁四个动作。泡罩包装机一般都是间歇式工作的，即在泡罩成型和冲裁时塑料薄片是静止的，所以上面所说的四个伺服驱动的主要功能是完成精确定位，同时要实现两个牵引动作

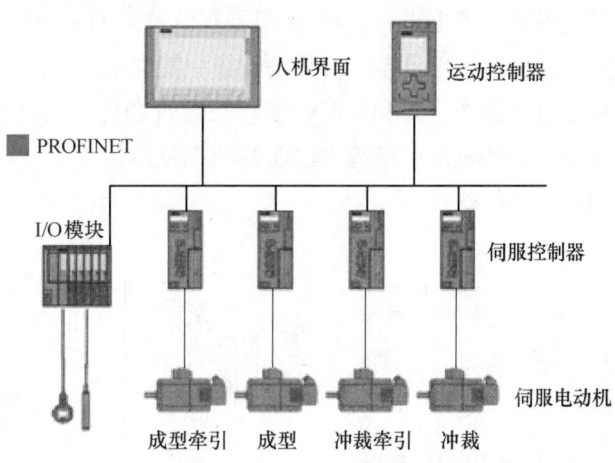

图 3-120　泡罩包装机自动化与驱动解决方案示意图

的同步和牵引时的张力控制。每个伺服电动机都配有编码器，可检测出电动机的当前位置（转角）和速度，并将这些信息反馈给运动控制器，以闭环方式实现机器所需的精确定位、同步和张力控制。

运动控制器作为整个机器的控制核心，控制机器各部分的协调和同步运转。它还要检测每个传感器和执行器的状态，进行逻辑分析和判断，使整个机器按照预定的程序完成工作任务。运动控制器具有电子齿轮、电子凸轮、定位、速度同步、凸轮盘等运动控制功能。在该方案中，运动控制器使上述四个伺服轴实现精确的定位和同步。

大多数泡罩包装机会在产品填充装置之后配备一套视觉检测系统，以便及时发现是否有未填充产品的泡罩。如果发现一个或多个泡罩内未填充产品，便发给控制器一个信息，使其将剔除信号发给执行机构，将不合格的泡罩板剔除掉，以提高产品合格率。

传统的机器视觉检测系统利用照相机采集图像，并将图像转化为数字信号；再通过算法对图像的内容进行处理和分析，识别出其中目标物体的形状和颜色等特征，并做出产品是否合格的判断；让合格品通过，将不合格品剔除。传统机器视觉通常需要工程师针对每个特定的产品形状和颜色等，设计和选择适当的特征并调整程序的算法。这就要求编程工程师还要具有与产品相关的专业知识和经验。对于外观一致性差且加工精度不高的产品而言，这项工作会非常耗时甚至难以完成。

根据以上介绍可知，传统的机器视觉检测更适合处理那些一致性好且制造精良的部件。但在复杂的场景和可变因素较多的条件下，用传统机器视觉方法来检测产品质量的效果可能并不理想。因此，传统机器视觉的检测方法对于泡罩板的误检率很高，会将许多合格的泡罩板误认为是废品。制药厂过去常对泡罩板先做一遍传统机器视觉检测，然后由人工对机器视觉检测系统剔除掉的产品进行再次检测，保留合格品，剔除真正的废品。因为有大量被传统机器视觉检测系统判定为不合格的泡罩板需要由人工再次检测，所以人工检测劳动强度大、效率低且成本高昂。

为优化泡罩板质量检测的方法，可采用 AI 机器视觉来替代传统机器视觉。图 3-121 给出了泡罩板生产出来后，经 AI 机器视觉检测的示意图。AI 机器视觉检测通常使用深度学习算法，它可以从更复杂和抽象的特征中提取信息，从而实现更高的准确性和适应性，还能不断地学习新图像，并利用反馈信息来改进和优化智能体的性能。AI 机器视觉检测方案，更适合解决那些难以用编程方法实现的视觉应用，更适合处理容易混淆的背景和产品外观差异等问题。

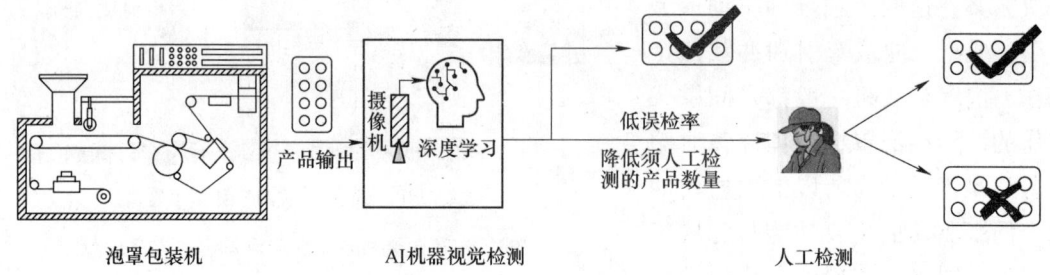

图 3-121 用 AI 机器视觉检测替代传统机器视觉检测

人工检测更擅长分辨那些相似但不同的东西，传统机器视觉检测则以其工作速度、判断标准的一致性和可重复性见长。而基于深度学习的 AI 机器视觉检测系统，则是将人工检测和传统机器视觉检测各自的优点结合在一起。

制药行业通常所说的漏检，是指做产品检测时，将不合格的泡罩板判断为合格品；而误检，是指将合格的泡罩板误认为不合格。基于深度学习的 AI 机器视觉检测通常可以实现零漏检率，即杜绝了让不合格品进入下一工序；可以将误检率控制在 3% 以下，使得需要人工检测的泡罩板总数大大降低，极大地提高了工作效率，降低了检测人员的劳动强度和企业成本。由此看出，虽然基于 AI 机器视觉检测的方法可以优化泡罩板的质量检测工作，但它并不能完全取代人工检测，仍然只是辅助人类更好工作的工具而已。

I/O 模块用来将机器各处的传感器及控制元器件与控制器连接，如连接温度传感器和加热器件来实现精确的塑料薄片加热温度控制，也可将视觉检测装置给出的剔除信号连接到控制器，实现不合格品的剔除。人机界面用来接收操作人员的指令及参数设置，并可显示机器的各种参数设置、机器的当前及历史状态、报警及故障信息。

整个控制系统中的人机界面、运动控制器和驱动系统、I/O 模块间通过总线进行通信。

3.2.16 塑杯成型、灌装、封切机

1. 简介（适用场景、常用技术、发展趋势）

顾名思义，塑杯成型、灌装、封切机（cup form, fill and seal machine）在机器内完成塑杯的成型、产品充填、塑杯封口和切断工艺，生产出供消费者食用的、以塑杯包装的产品。产品出厂前一般要再经过二次包装（如装箱等），再送至仓库或市场。与玻璃瓶、听等形式的包装相比较，该包装形式成本低，从容器制造到灌装过程无污染，包装材料质量轻，包装后的产品美观。塑杯成型、灌装、封切机已被广泛应用于酸奶、冰淇淋、果酱等产品的包装。图 3-122 所示为塑杯成型、灌装、封切机的外观及其典型产品。

图 3-122　塑杯成型、灌装、封切机（广东粤东机械实业有限公司产品，照片由该公司提供）

为了更好地展示产品特点、吸引消费者眼球，不少产品生产企业要求在塑料杯体的外围增加环形标签。机器制造商为满足这一市场需求，在原有塑杯成型、灌装、封切机的基础上，添加了环形标签模块。这样就出现了将四个功能合为一体的塑杯成型、灌装、封切、环标机。

从工艺过程看，该机型与前面介绍的泡罩包装机有类似之处。两者都是将塑料片材加热，做出容器形状（泡罩或塑杯）后，再填充产品、封口和裁切。与泡罩包装机不同的是，该机型在塑杯中填充的是酸奶等黏稠的液态产品，且塑杯的容积比泡罩的容积要大得多；机器还需要配备产品计量控制装置，所以这类机器的尺寸也比泡罩包装机大得多；实现这类机器所需工艺的控制方式更加复杂。设计机器时要考虑的因素包括控制灌装量、塑料膜片拖动过程中的张力和纠偏、阀体的升降等。如机器须具有贴环形标签的功能，还要增加对环标带

的纠偏、切割、送标签等控制部件。这就是说，塑杯成型、灌装、封切、环标机的控制难度更大，机器的结构也更复杂，体积更庞大。

塑杯成型、灌装、封切、环标机的工作速度很快，一般的机型速度为5000杯/h左右，高速机可达50000杯/h。

从电控的角度看，塑杯成型、灌装、封切、环标机上会更多地用到运动控制，这意味着机器要配备更多的伺服驱动器和伺服电动机。

与该机型类似的还有另外一种机型，这种机型内不包括塑杯成型部分，而是将从市场上买来的塑杯送入机器。塑杯进入机器后被填充产品，再经封口，然后送出。虽然生产的产品类似，但这种机型要比包含塑杯成型功能的机器简单得多。

2. 工艺介绍

下面以用于酸奶包装的机器为例，介绍塑杯成型、灌装、封切机的工艺过程，如图3-123所示。

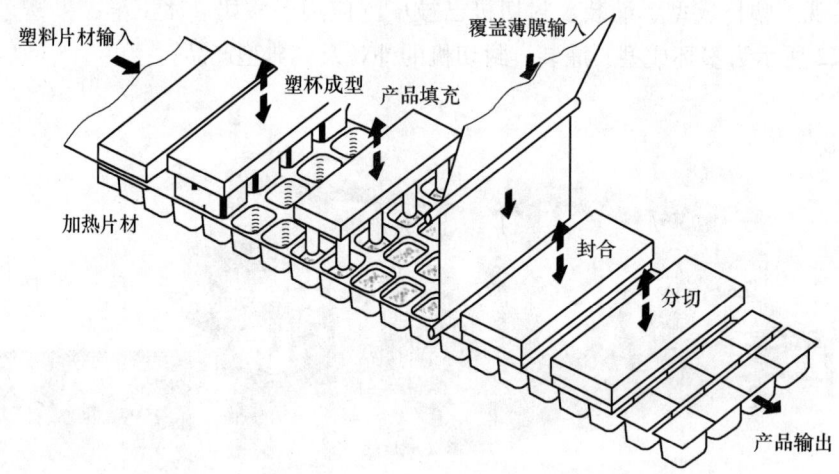

图3-123 塑杯成型、灌装、封切机工艺过程示意图

该机器的基本工艺过程如下：

1）片材输入。牵引机构将放料架上料卷中的塑料片材拉出，送至预热板和成型模具处。

2）加热。加热装置将片材加热至塑化温度。

3）成型。在机械力和压缩空气的作用下，塑料片材被压入模具下凹处并形成塑杯。

4）灌装。以准确的定量将酸奶灌入塑杯中。根据灌入产品的不同，机器应选用不同的灌装系统。

5）封膜。封口薄膜从薄膜料卷中放出，覆盖在塑杯表面，再经过加热、施压后便将塑杯口密封起来。

6）打印。打印装置将生产日期、序号等内容印在塑杯上。

7）冲裁和压痕。根据最终产品的要求，在适当位置进行裁切或压出折痕，使灌装封口后的数个（如单杯、双杯、四联杯、六联杯等）塑杯成组地被分切出来，且在同一组内的塑杯之间压出折痕，这样既方便零售又有利于消费者使用。

8) 废料收卷。将冲裁后剩余的废料卷起来，以便于回收。

图 3-124 所示为塑杯成型、灌装、封切机的基本结构。

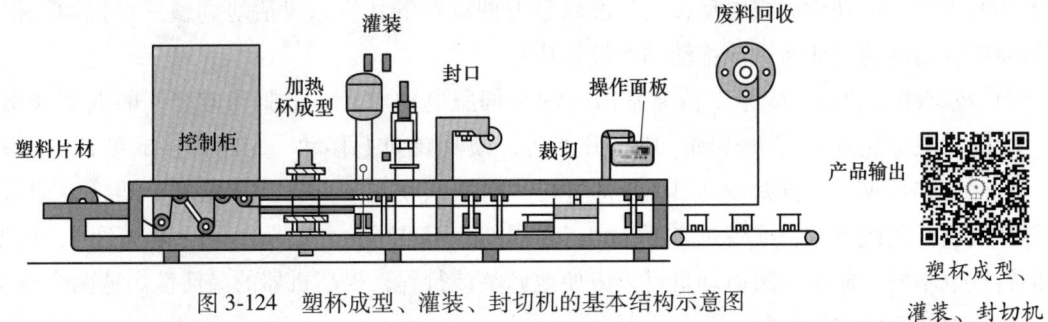

图 3-124 塑杯成型、灌装、封切机的基本结构示意图

3. 自动化与驱动方案

根据上述工艺介绍，该机型的许多工艺需要精确定位，还有些动作之间存在同步运动关系。为进一步提高机器的灵活性，目前该机型普遍采用模块化的设计，且在大多数机器的自动化与驱动解决方案中，许多传统的机械部件（如凸轮、链条、齿轮箱等）已由伺服驱动器和伺服电动机等电气部件所取代。机器中各部件间所需的运动关系则由电子齿轮、电子凸轮等伺服控制功能实现。下面给出一个该机型的自动化与驱动方案，如图 3-125 所示。

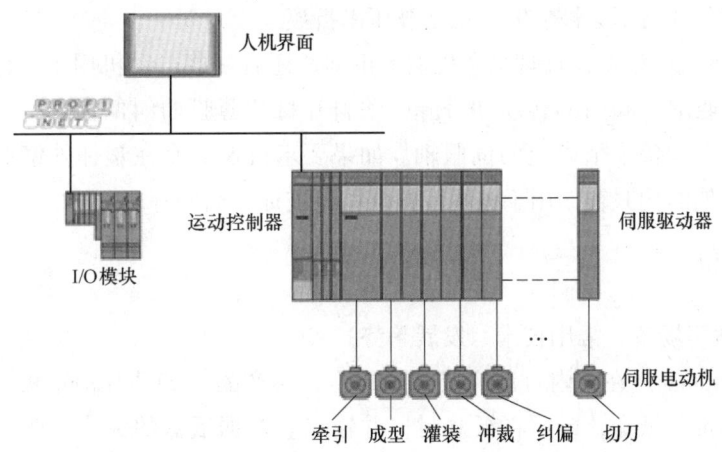

图 3-125 塑杯成型、灌装、封口机自动化与驱动方案示意图

从图 3-125 可以看到，运动控制器作为整机的控制核心，负责整机全部的逻辑控制和运动控制工作。控制系统中存储有不同的包材和产品信息，可根据订单需要实现快速切换包材和产品。I/O 模块将机器各处的传感器、控制元器件和执行机构与运动控制器连接起来。人机界面用来接收操作人员的指令及参数（如包装材料、产品的外形尺寸等）设置，并可显示机器的参数设置、机器的当前及历史状态、报警及故障信息。模块化的伺服驱动器为多个

伺服电动机提供动力，且在运动控制器的控制下，带动伺服电动机实现需要的运动控制功能，如定位、电子凸轮、电子齿轮等。下面介绍完成该机主要工艺功能的几个伺服电动机的作用。

1）牵引电动机。用于拖动塑料片材，拖动行程的大小与产品的类别有关。依据塑杯产品大小的不同，可利用伺服电动机定位准确且方便调控的特性，灵活地调整片材拖动行程，使机器具有高度的灵活性。该拖动动作反复执行。

2）成型用电动机。成型工位通常需要两个伺服电动机，一个驱动成型杆的上下移动，另一个驱动成型模具的上下移动。成型开始时，模具要向上移动一定距离，成型杆向下移动（同时开启压缩空气向片材施压），将塑料片材压入模具下凹处形成塑杯。塑杯冷却后，模具和成型杆依次复位，准备进入下一个工作周期。不难想象，如果塑杯的深浅不同，成型杆的行程也不同，使用伺服电动机可以方便地调整该行程，提高机器的灵活性。这两个电动机同样需要精确的定位控制。

3）灌装用电动机。该电动机配合酸奶输入及输出阀门开启和闭合的动作，进行上下移动。移动行程的大小与定位精度会影响到灌装精度。

4）封口用电动机。驱动加热板向下运动，使其贴近塑料杯表面，并施以一定的压力，使封口用的塑料薄膜与塑杯口表面紧密粘合在一起。

5）冲裁和压痕用电动机。灌装和封口后连在一起的塑杯被送至冲裁模具中，伺服电动机驱动模具向上运动，运动的速度决定裁切力的大小。根据材料的不同，应设置不同的向上运动速度。冲裁刀与压痕刀的长短不同。在冲裁刀处，塑料片材被切断，塑杯与片材分离；在压痕刀处，塑料片材不会被切断，只是被压出折痕。

6）其他电动机。根据设计理念和机型的不同，还有一些电动机用于其他工艺段，例如传送带、废料卷收取、阀门的转动和升降、塑料片材和薄膜的纠偏等。一台塑杯成型、灌装、封切机一般会配备十个以上的伺服轴。如果要求机器具有在塑杯外壁加环形标签的功能，则还要有其他的伺服轴，用于标签带的纵切、进标、纠偏等。

3.2.17 装盒机

1. 简介（适用场景、常用技术、发展趋势）

装盒机（cartoner）在机内自动完成纸盒成型，将产品（如药片泡罩板、药瓶、牙膏管等）及说明书等推入纸盒，最后将纸盒封口并输出。根据纸盒的大小、产品的不同，装盒机的工作速度和机械结构有所区别。装盒机可分为间歇式（推入产品时，纸盒是静止的）和连续式（推入产品时，纸盒是向前运动的）两种基本型式。间歇式装盒机的工作速度为40~120盒/min，连续式装盒机的工作速度约为200盒/min，高速的可达400~600盒/min。

国内装盒机的生产厂家众多，过去生产的装盒机以间歇式为主，近些年连续式装盒机的份额快速上升。装盒机主要用于药品、食品、日用化工等产品。

装盒机需要完成的工艺动作比较多，如纸盒板抓取、纸盒成型、说明书折叠、产品及说明书推入，以及纸盒边舌的折叠与盒封口等。不难想象，装盒机具有比较复杂的机械部件且要做出比较复杂的机械动作。目前，大部分装盒机是依靠复杂和精准的机械设计实现上述功能的。机械式机器的灵活性差，每种机型适用的产品与盒型范围小，这就使得装盒机的型号非常多，以满足不同产品的需要。图3-126所示为装盒机的外形及其产品。

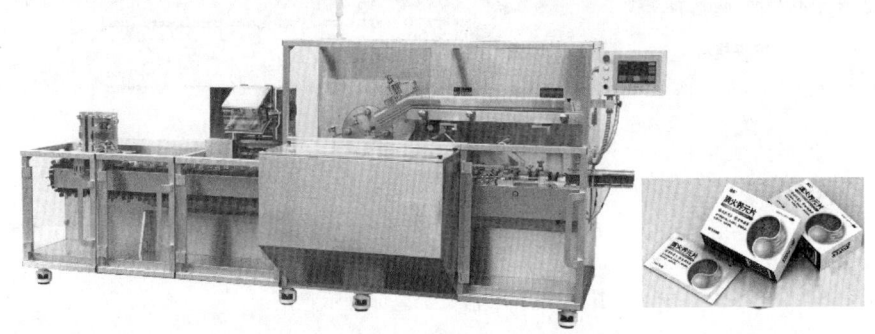

图3-126 装盒机外形及其产品（上海爵诺科技有限公司产品，照片由该公司提供）

机械式的装盒机灵活性差，且机械部件的磨损会造成机器的精度下降，对产品质量产生负面影响。为提高机器的灵活性，改善产品质量，许多生产厂家开始引入机电一体化技术，采用伺服驱动系统来取代齿轮、凸轮等机械部件，使装盒机的灵活性、工作速度和产品质量得到提高。

2. 工艺介绍

在药品、化妆品等产品的包装线中，装盒机的上游是初次包装机，如泡罩包装机、软管（如牙膏）包装机等。装盒机通常用于将初次包装后的产品（有些产品会附带说明书）装入纸盒并封合起来，所以装盒机通常会接收2~3种物料，包括未成型的包装纸盒板、产品及产品说明书（是否需要说明书取决于产品）等。

装盒机的工作过程大致可以分成五个主要阶段：取纸盒板并送入纸盒传送带、将纸盒板撑开形成方形的纸筒、将产品（及说明书）推入纸筒、折叠并粘合纸筒的边舌，将形成的纸盒并送出，如图3-127所示。

下面以连续式装盒机为例介绍其工艺原理和过程。

1）取纸盒板。该动作一般是由一个吸盘机构完成的，它从纸盒板仓吸取一个纸盒板，放到纸盒传送带上。在纸盒板被放到传送带上的瞬间，吸盘机构需要带动纸盒板跟随纸盒传送带移动，使其速度与纸盒传送带的速度一致。对于某些需要说明书的产品，如药品泡罩板，还需要配备说明书吸取和折叠装置。

2）纸盒成型。该工艺段将纸盒板撑开，可采用不同的撑开方法，如可由吸嘴将纸盒板吸开，或用机械的方法先将纸盒板固定，再用推板等机械部件将纸盒板打开形成方形纸筒。成型后的方形纸筒被传送到产品填充区域。

3）产品填充。在产品填充区域，产品传送带上的产品和说明书（如果有的话）被推杆推入方形纸筒内。对于连续式装盒机，推杆在将产品推入方形纸筒的同时，要跟随纸盒传送带向前运动。

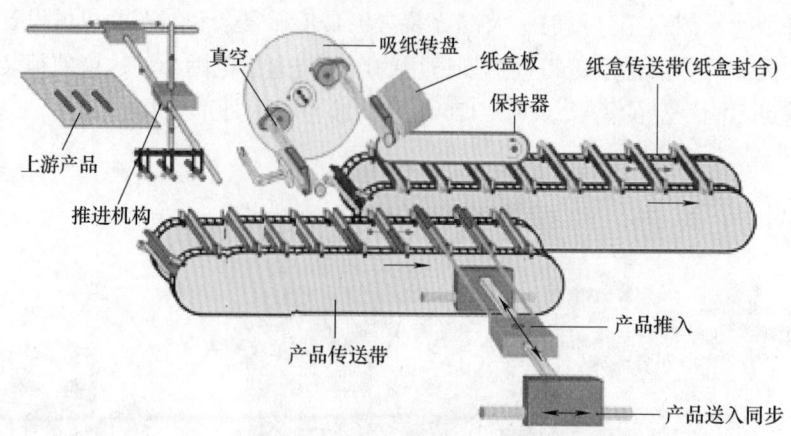

图 3-127 装盒机工艺原理示意图

4）打码。该工艺段在方形纸筒上打印出生产日期和批号等信息。

5）封闭纸盒。在将未封闭的方形纸筒向前传送的过程中，方形纸筒要经过一些精心设计的导轨和机械装置。当方形纸筒通过这些装置时，其两侧的纸舌被折起，喷胶装置向纸舌等部位喷胶，这些部位随后被压实，纸筒便被粘合成封闭的纸盒。

3. 自动化与驱动方案

（1）机械式装盒机　所谓机械式，是指不同工艺动作之间的同步运动关系是依靠机械部件（如链条、凸轮、齿轮等）实现的。这类机器的电气部分相对简单，由一个主电动机产生机器所需的驱动力，控制器（如 PLC）在诸多传感器的配合下完成逻辑和时序控制，指挥整个机器按照程序设定的步骤执行相应的动作，实现机器的工艺功能。人机界面（如触摸屏）用于接收操作人员的指令及参数设置，并显示机器的参数设置、机器的当前及历史状态、报警及故障信息。I/O 模块用来连接机器控制器和各处的传感器及执行机构，将来自传感器的相关状态信息传给控制器，并把控制器发出的指令传递到执行机构，使机器做出设定的动作。

就装盒机而言，目前机械式的机器大多是间歇式的。图 3-128 所示为一个机械式装盒机的自动化与驱动方案。

（2）伺服式装盒机　所谓伺服式，是指机器配备有多个伺服电动机，在运动控制器的指挥下，各个伺服电动机按照设计要求调整各自的速度、位置和转矩并驱动不同的机械部件，使这些部件按照工艺要求进行相应的同步运动，完成机器的整体工艺功能。伺服式装盒机与机械式装盒机相比，虽然实现同步的方法不同，但二者最终都能得到一样的同步效果，而且根据前面的多次介绍可知，伺服式的机器更加灵活。根据产品订单需要，生产不同形式的产品时，对伺服式装盒机而言，只须调用控制器中预先存储的相应软件部分（如齿数比、凸轮曲线等），而无须进行费时费力的机械部件调整或更换。

现以伺服连续式装盒机中的两个关键工艺为例，说明该机型的自动化与驱动系统控制原理。图 3-129 所示为该机型解决方案的示意图。

从该机型的工艺原理（参考图 3-127）介绍中可知，机器的吸盘机构从纸盒板仓吸取一

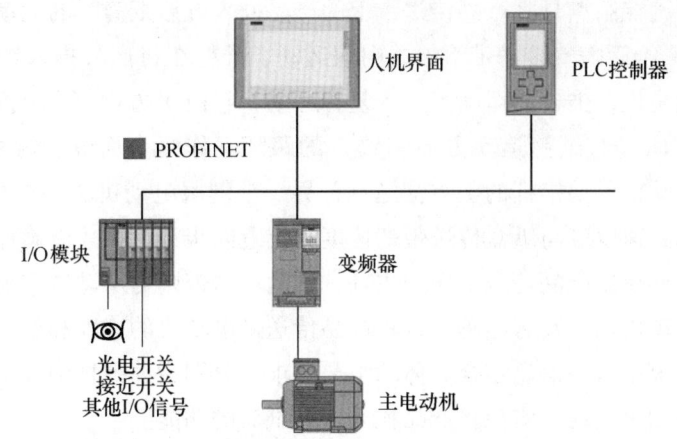

图 3-128 机械式装盒机的自动化与驱动方案示意图

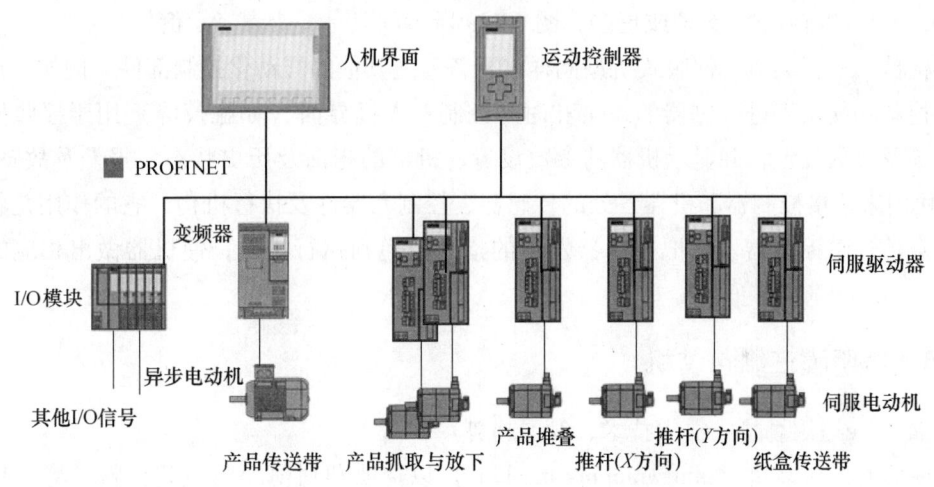

图 3-129 伺服连续式装盒机自动化与驱动系统解决方案示意图

个纸盒板，放到纸盒传送带上，这里假设纸盒传送带以某个速度（如 120 纸盒/min）运行。吸纸转盘上对称地装有两个吸取头，即吸纸转盘每转一圈会吸取两个纸盒板。上述工艺要求吸纸转盘的转速与纸盒传送带的速度保持一定的速度关系，即传送带每前进两个纸盒位置，吸纸转盘要旋转一周。另一个要求是，当纸盒板被放到纸盒传送带上的瞬间，吸取头要有一个与纸盒传送带运动速度和方向一致的线速度。为同时满足上述两点要求，吸纸转盘应按照一定的周期转动，但在一个周期内，其转速不是匀速的，而应按照指定的运动曲线运转。这个运动曲线与纸盒传送带的速度和吸纸转盘的半径（或取纸头臂的长度）有关。

在实际应用中，在纸盒传送带的驱动电动机轴上装有编码器，将传送带电动机的速度和位置信息告知运动控制器。运动控制器根据这一信息和吸纸转盘的参数（如半径、取纸头臂长度），指挥吸纸转盘的驱动电动机按照设定的曲线运动，按工艺要求完成取纸板并将其放在纸盒传送带上。

该机的另一关键控制点是将产品传送带上的产品推入方形纸筒时的运动控制要求。参考图 3-127，因为方形纸筒随着传送带不停地向前运动，推杆在将产品推入纸筒时还要跟随纸筒向前运动。这就是说，推杆的运动为一个复合运动，它由 Y 方向（与纸筒运动方向垂直）的推入动作与 X 方向（与纸筒运动方向一致）的跟随动作复合而成。为实现这样的动作，可以由一个伺服电动机驱动推杆的 Y 方向运动，另一个伺服电动机驱动推杆的 X 方向运动。推入时产品传送带的速度应与纸盒传送带的速度和位置同步，这样才能确保将产品准确无误地推入方形纸筒。如果以产品传送带作为主轴，纸盒传送带则为从动轴跟随主轴的运动。产品传送带的驱动电动机轴上装有编码器，将产品传送带电动机的速度和位置信息告知运动控制器，运动控制器根据这一信息结合具体的工艺要求，分别指挥推杆的 X 方向、Y 方向及纸盒传送带对应的电动机运动，实现将产品推入方形纸筒的功能。

根据设计理念和机型的不同，机器中还会有一些电动机用于其他工艺段，如控制产品的输入、纸盒板的堆叠、边舌压实等。所以在装盒机的实际应用中，伺服电动机的使用数量不尽相同，常见的有 4 轴、5 轴或更多，图 3-129 所示的只是一个参考示例。

与机械式机型类似，伺服式机型同样需配备一些其他的自动化控制部件。例如，控制器的逻辑控制功能用于进行机器的逻辑和时序控制；人机界面（如触摸屏）用于接收操作人员的指令及参数设置，并显示机器的参数设置、机器的当前及历史状态、报警及故障信息；I/O 模块用来连接控制器和机器各处的传感器、控制元器件及执行机构，它的作用是将相关状态信息传送给控制器，并把控制器发出的指令传递到执行机构，使机器做出相应的工艺动作。

3.2.18　透明膜三维包装机

1. 简介（适用场景、常用技术、发展趋势）

透明膜三维包装机（film wrapping machine）以透明塑料薄膜为包装材料，将产品（通常为纸盒或其他六面体）完全包裹起来，达到防潮、防尘、提高产品装潢质量等目的。透明塑料薄膜的折叠部分多用热封合的方式粘结起来，以达到良好的密封效果。为便于消费者拆封，可选装易拉线。该机器广泛应用于药品、食品、化妆品、文具等产品的包装。图 3-130 所示为一台透明膜三维包装机的外形和典型产品。

透明膜三维包装机的生产厂商众多，机器的档次也有高低之分。在包装质量稳定可靠的前提下，机器的包装速度和灵活性是评判机器性能的重要指标。该类机型通常的包装速度是 30~60 包/min，高速机可达 100 包/min 以上。灵活性是指同一机型可适用的待包装产品范围（如不同体积或形状的盒子或盒子组合）的大小。当需要变换被包装产品时，灵活性高的机器能够迅速地进行机器相关部件的调整以适应产品的变化。机器的适用范围越广，调整速度越快，表明机器的灵活性越强。

低速机通常是机械式的，即由一个主电动机提供动力，以机械部件（如齿轮、凸轮、链条、螺杆、蜗轮蜗杆等）驱动执行机构。这种机器一般只能包装有限的产品类型，且变换产品时需要进行费时费力的机械调整，故灵活性差。

第3章 典型机械设备的工艺及自动化解决方案

图 3-130 透明膜三维包装机的外形和典型产品（上海拓懿机械有限公司产品，照片由该公司提供）

为提高机器的工作效率和灵活性，在许多高端机型的设计中采用机电一体化理念，用伺服驱动技术（运动控制器、伺服驱动器、伺服电动机和软件）替代机械部件，使得机器的灵活性和生产率大大提升。

2. 工艺介绍

透明膜三维包装机虽然种类繁多，性能也有高低之分，但它们的基本工艺原理是一致的，如图 3-131 所示。

放料机构将成卷的透明包装膜放出，切刀将包装膜裁切成需要的长度。来自上游机器的产品（如纸盒）被送入，数个纸盒被堆叠成一垛（数量可变）。纸盒垛被推垛机构推入包装薄膜成型通道，在该通道上对薄膜进行左右折边、上下折边，对底边和侧边进行加热与封合，并完成易拉线粘合（可选）等工艺，最后将完成薄膜包装后的产品送出。

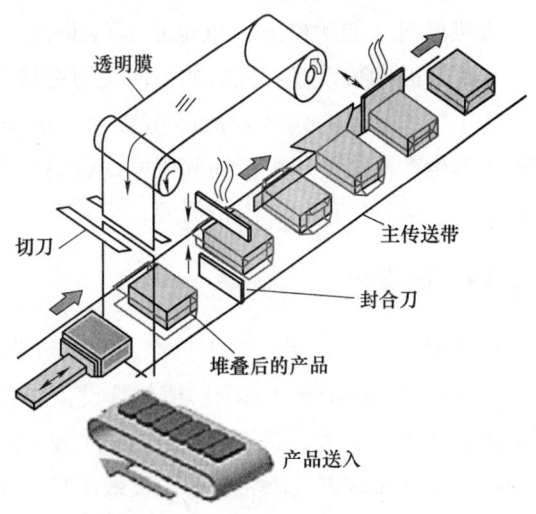

图 3-131 透明膜三维包装机典型工艺原理示意图

可以看出，应根据纸盒的大小选定薄膜的宽度，机器应能控制每次放出和裁切薄膜的长度、推垛机构的行程等。机器还要控制好加热时的温度，以达到理想的热封合效果。

3. 自动化与驱动方案

根据上述工艺原理，薄膜的裁切长度以及推垛机构行程的长度应随纸盒的大小而变。为使机器具有更好的灵活性，即能适应不同尺寸的纸盒及每垛包含纸盒的数量变化，一般用一个伺服电动机控制推垛机构的行程，另一个伺服电动机控制薄膜的放料与裁切长度。其他动作，如左右折边、上下折边、底边和侧边的

透明膜三维包装机

115

加热与封合、易拉线粘合（可选）等工艺动作，大多利用气缸及机械方式完成。

典型透明膜三维包装机自动化控制和驱动系统配置如图3-132所示。

前面已经介绍了实现该机器两个关键工艺（拉膜与切膜、推垛机构的行程）所需的两个伺服驱动与伺服电动机。要实现整个机器的控制当然少不了逻辑控制部件（PLC功能）、温度控制部件、传感器、执行机构等。

I/O模块用来连接控制器和机器各处的传感器、控制元器件及执行机构，它的作用是将相关传感器采集的状态信息传送给控制器，并把控制器发出的指令传递到执行机构，使机器做出相应的工艺动作。

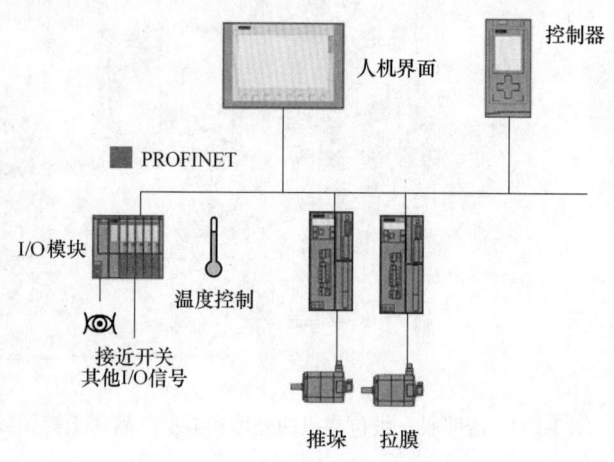

图3-132　典型透明膜三维包装机自动化控制和驱动系统配置示意图

人机界面（如触摸屏）也是必不可少的，它用于接收操作人员的指令及参数设置，并可显示机器的参数设置、机器的当前及历史状态、报警及故障等有用信息。

为了追求更高的包装和产品切换（如更换不同尺寸的包装盒或纸盒垛的大小）速度，有的机器生产商会使用更多的伺服电动机来取代气缸和其他机械部件，这是因为伺服电动机控制精准、运行速度快、维护简便。

3.2.19　码垛机

1. 简介（适用场景、常用技术、发展趋势）

码垛机（palletizer）属于后道包装设备，它将已装有产品的箱子、袋子等容器，按照设定的排列方式（层数、每层的排列方式）码放在栈板上。码垛后的产品更便于运输和仓储。码垛的工作过去常由人工完成，不仅效率低、工人的劳动强度大，而且容易造成人员的身体伤害。随着社会的进步和劳动力成本的上升，码垛机越来越多地被应用在包装生产线的末端，使生产线的自动化程度得到提升。

码垛机种类繁多，有不同的工艺原理和归类方法。一种简单的归类方法是，将码垛机分为传统式和机器人式（或机械手式）。常见的传统式码垛机又有高位码垛机和低位码垛机之分。高位码垛机的产品输送和排列机构位于产品垛的上方，在栈板上堆叠一层产品后，产品垛随栈板向下移动一次。低位码垛机工作时，栈板位于固定的高度。每一层产品排列好后，被提升到栈板（或产品垛）的上方，然后将这一层产品向下移动，放到产品垛上，这样就完成了一层产品的堆叠。然后重复上述过程，直至将产品堆叠到指定的层数。高位码垛机的速度（30~100 箱/min）一般高于低位码垛机的速度（20~30 箱/min）。

传统码垛机更适合外形及尺寸统一的箱子或袋子。机器人式码垛机则更加智能化，可以在同一栈板上堆叠不同类型的产品,灵活性更好,能更好地适应当前小批量、多品种的市场需求。

图3-133和图3-134所示分别为传统码垛机和机器人式码垛机的外形。

图3-133 传统码垛机外形(广州市万世德智能装备科技有限公司产品,照片由该公司提供)

图3-134 机器人式码垛机外形(广州市万世德智能装备科技有限公司产品,照片由该公司提供)

码垛机处理的产品大多是箱子或袋子,这类容器的外形尺寸本身就有一定的误差,加之栈板上每一层要摆放多个箱子或袋子,所以码垛机对箱子或袋子的定位精度要求不是很高。因此,多数传统码垛机采用异步电动机驱动,配合传感器、限位开关等部件来实现码垛时箱子或袋子的定位。机器人式码垛机的机械臂由几段组成,各段机械臂经机械关节连接,因此可以带动产品抓手在三维空间内走出各种各样的运动曲线。由此可知,机器人式码垛机通常会涉及多轴联动,一般都会采用多轴伺服驱动系统。

2. 传统码垛机

(1) 传统码垛机工艺 现以传统低位码垛机(图3-135)为例,简述其主要工艺过程。

图3-135 传统低位码垛机(广州达意隆包装机械股份有限公司产品,照片由该公司提供)

低位码垛机的构成和工艺过程如图 3-136 所示，工艺步骤如下：

1）栈板传送带将栈板传送到码垛机工作所需的栈板位置。

2）产品传送带将产品（如箱子）送到码垛机工作所需的箱子位置。

3）产品排列机构以设定的格式将产品摆放在托盘上，即在托盘上准备好一层产品。

4）堆码机构利用提升架将托盘向上移动，然后再向前移动，使托盘位于栈板上方。

5）堆码机构将提升架向下移动，使载有一层箱子的托盘放在栈板（或一层产品）上，然后将托盘撤出，使一层箱子留在栈板（或一层产品）上。这样就在栈板上完成了一层产品的码放。

6）堆码机构利用提升架将托盘向上移动，然后再向后、向下移动，使托盘回到产品排列处。

7）重复步骤 2）~6），直到栈板上码放完成设定层数的产品。

8）垛盘（即堆码了箱子的栈板）输送机将垛盘送出码垛区域，待叉车将其运至仓库或出厂。

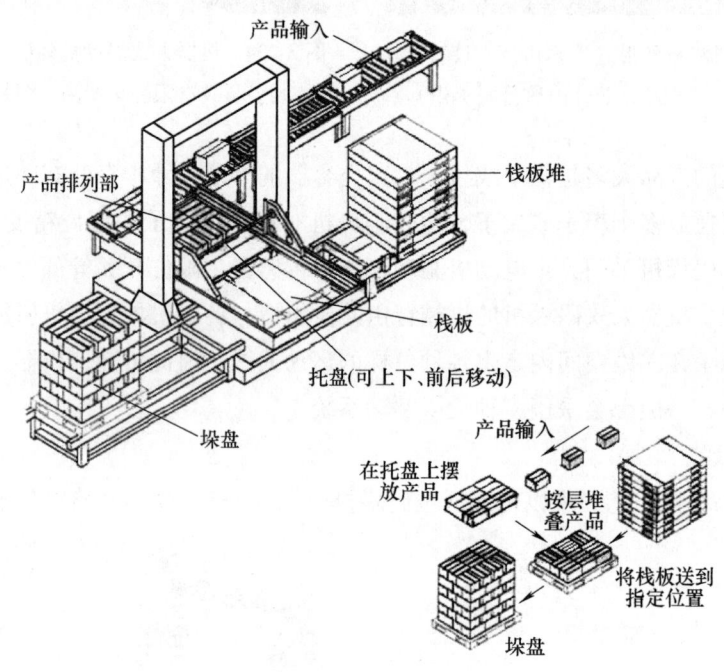

图 3-136　低位码垛机的构成和工艺过程示意图

（2）传统码垛机自动化与驱动方案　图 3-137 所示为一个传统低位码垛机的自动化与驱动方案。根据之前的工艺介绍，堆码机构中的托盘要做垂直和水平方向的移动。本方案中，堆码机构中托盘的垂直升降（纵轴）由变频器拖动一个异步电动机（或步进驱动器与步进电动机）实现，托盘水平方向的前后运动（横轴）由另一组变频器与异步电动机（或步进驱动器与步进电动机）实现。采用变频器或步进电动机驱动器是为了更好地调节托盘的速度和定位精度，以达到令人满意的码垛效果。配备两个夹紧气缸以推动夹板，使按设定格式摆放在托盘上的箱子紧密排列，可以减少箱子之间的间隙，使码出的箱垛更加稳固。当满载箱子的托盘移动到栈板位置后，将托盘撤出，使一层箱子留在栈板上。阻挡气缸的作用是使挡板抵住箱子，在托盘撤出时，防止箱子随托盘一同撤出。

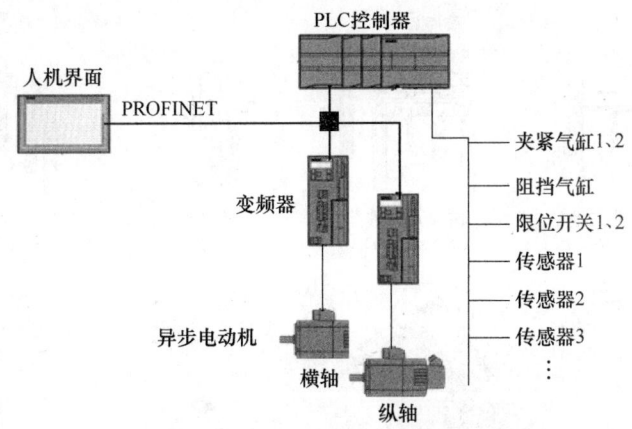

图 3-137 传统低位码垛机自动化与驱动方案示意图

码垛机通常还具有一些配套的辅助装置，以完成诸如栈板的送入、产品格式摆放、垛盘送出等操作，同时也需要有相应的驱动器和电动机等执行机构和各种传感器等部件。这些细节在图 3-137 中没有一一详细标出。

PLC 作为主控制器，根据设定的逻辑和程序，实现码垛机的整体控制，使之完成相应的工艺过程。I/O 模块将 PLC 控制器与各种传感器和执行器等部件相连接，负责采集限位开关等传感器的状态信息，并将它们传送给控制器。控制器根据机器的各种状态信息和工艺要求，向各种执行机构发出控制指令，如控制气缸的推出和收回，为电动机发出起停、速度设定和定位等信号，使机器按照工艺要求做出所需要的各种机械动作。

人机界面（如触摸屏）用于接收操作人员的指令及参数设置，并显示机器的参数设置、机器的当前及历史状态、报警及故障信息。

3. 机械手式码垛机

（1）机械手式码垛机工艺　虽然机械手式码垛机的工作形式多种多样，在码垛的速度和其他辅助功能（如产品识别、自学习能力）等方面的性能也有所差异，但它们基本的工作目标是一致的，就是将已装有产品的容器（如纸箱、编织袋、桶等）或未经包装的产品（如地砖）按指定的排列方式码放在栈板上。

机械手式码垛机通常由多个机械臂（直线运动单元）和产品抓手组合而成。每个机械臂可以独立地进行运动和定位，通过多个机械臂各自运动的叠加组合，可带动产品抓手实现点对点的直线运动，或沿着设定的空间曲线运动。在装箱、码垛等应用中，可利用机器多个机械臂的协同运动组合出多种二维（X, Y）和三维（X, Y, Z）运动形式。根据应用的具体需要，还可以增加一或两个旋转轴（常用于产品抓手的旋转），使机器实现四维或五维的运动。图 3-138 所示为常见的机械手式码垛机运动模型。市场上常见的装箱或码垛机，一般都可抽象为这些运动模型中的某一种。机械手式码垛机的工作过程是：产品抓手移动到指定位置，将传送带上的一个或多个产品抓起，在空中走过一条设定的曲线，然后按要求将产品装入箱子或码放在栈板上。产品抓手在行走过程中，还可以按照预先设定的要求避开障碍物或危险区域。

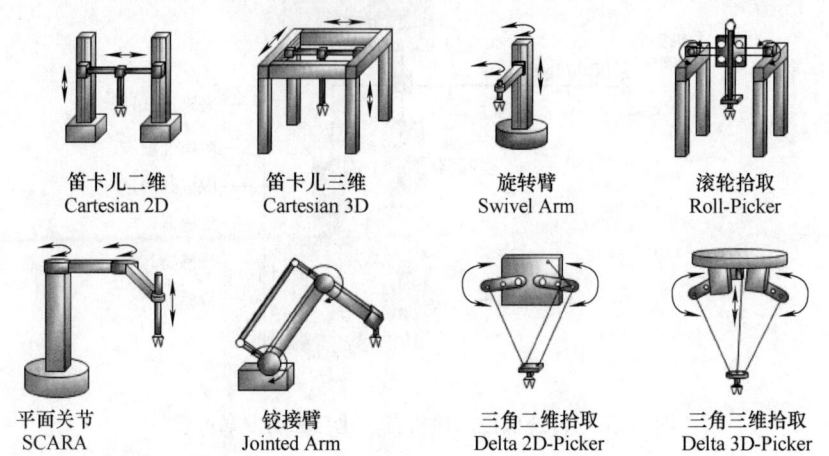

图3-138 常见的机械手式码垛机运动模型（源自西门子公司网站 www.siemens.com/handling）

（2）机械手式码垛机自动化与驱动方案　机械手式码垛机一般由具有两个或两个以上自由度的运动体组合而成，根据机械结构的不同，可抽象为多种标准形式的运动模型，如图3-138所示。

针对上述几种运动模型，许多自动化与驱动系统供应商会提供对应的应用程序软件功能库。机械手式码垛机生产商的工程技术人员只须根据自家机器的结构型式选择相应的运动模型，利用应用程序软件功能库进行相应的参数设置，或根据自家机器的特点进行一些适应性的修改或补充，就可方便地完成其机械手式码垛机软件控制程序的编制工作，无须从零开始编程和调试程序。

如西门子公司的机械手软件功能库，涵盖了图3-138中所示的各种运动模型。下面以图3-139所示的旋转臂式码垛机为例，介绍软件功能库中相关部分的功能。图中的TCP（tool center point）是指产品抓手的中心点。TCP的位置既可以用通用的笛卡儿坐标表示，也可以用旋转臂模型特有的位置参数 $A0$、$A1$ 和 $A2$ 表示。

该码垛机具有三个轴，臂长伸缩 $A0$、水平旋转 $A1$ 和垂直升降 $A2$，分别对应三个伺服电动机。利用运动控

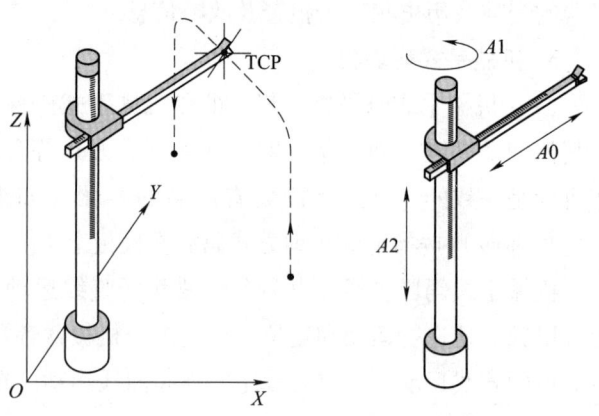

图3-139 旋转臂式码垛机对应的两种坐标系（源自西门子公司网站 www.siemens.com/handling）

制器的多轴同步功能,可以方便地实现三轴间的运动关系。整机的控制程序和软件功能库中的相应程序在运动控制器中运行。

该机械手软件功能库具有路径规划的功能。为了方便,路径规划可以在通用的笛卡儿坐标系中进行,且不用考虑具体机器机械结构所对应的运动模型。利用软件功能库中的路径编辑器,可用笛卡儿坐标系中的点描画出产品抓手的运动轨迹。在规划运动轨迹时,应根据现场应用的实际情况,考虑产品抓手在运动过程中的一些关键因素,如起始点、结束点、障碍物的位置、产品的几何形状、产品抓手的工作区域范围、运动速度等,并将这些信息提供给路径编辑器。该软件功能库还可自动计算圆弧区域内的路径部分,如图 3-140 所示。

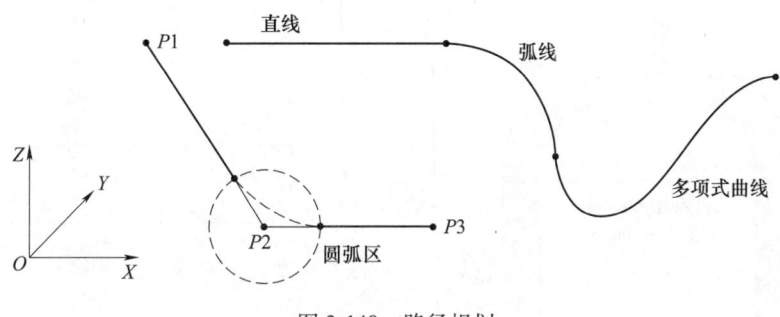

图 3-140　路径规划

软件功能库中的坐标变换功能,可将描述运动轨迹的一系列笛卡儿坐标点 (X, Y, Z) 转换成表示三个与机械臂对应位置的坐标 ($A0$, $A1$, $A2$),以方便工程技术人员编制控制程序,如图 3-141 所示。

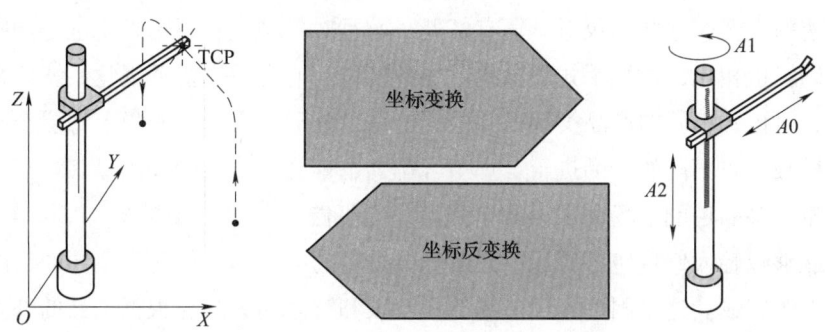

图 3-141　软件功能库中的坐标变换功能

该软件功能库还可以提供区域监测功能。利用该功能,可根据生产现场的实际情况定义工作区、障碍区等。

在实际应用中,产品抓手在沿着路径移动的过程中,可能需要在路径的某些指定段内改变其姿态或朝向。为满足此要求,该软件功能库为产品抓手提供了路径同步功能,使产品抓手在沿着规划路径移动的同时,可按照工艺要求改变朝向或姿态。考虑到产品抓手可能从移动的传送带上抓取产品,或将产品放到移动的传送带上,该软件功能库还为产品抓手提供了传送带跟踪功能,即产品抓手从移动的传送带上抓取产品(或将产品放到移动的传送带上)

的瞬间,既要向上运动将产品抓起(或向下运动将产品放下),又要跟随传送带向前移动。

此外,该软件功能库还可提供速度优化功能。速度优化应考虑到路径的几何形状、机器的机械结构、产品抓手和产品的特性等因素,在相应的路径段定义产品抓手速度(及加速度)的限制值。例如,可在路径的直线和曲线段分别设定最高速度限制值,使产品抓手在直线运动部分可以高速运动,而在曲线运动部分应以低速运行,还要使产品抓手的运动速度变化保持平滑,防止速度的突变。速度优化功能可有效地降低机械冲击,延长机器的使用寿命,提高机器的整体工作速度和可靠性。此功能可借助于日常生活中驾车出行的经验来理解,如图3-142所示。

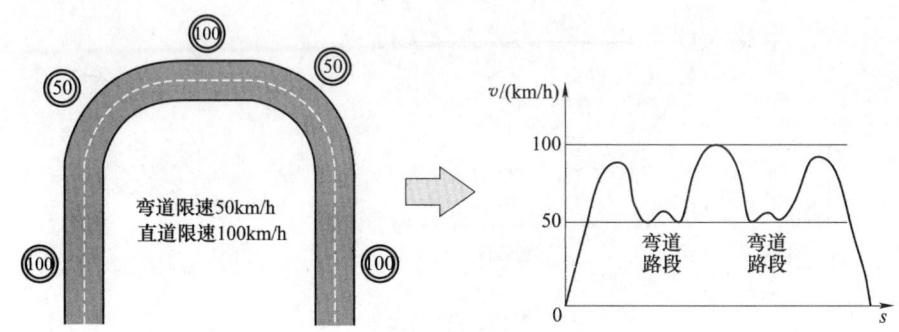

图3-142 汽车在道路上行驶时的速度优化

当汽车行驶于直线路段时,最高限速值较高,如100km/h;在弯道行驶时,最高限速值较低,如50km/h。驾驶人不仅要遵守最高限速的规定,还要使车速变化的过程尽可能平滑,不应产生车速的突变,这样不仅对车辆有好处,而且对驾驶人和乘客来说也更加安全。

与传统码垛机相比,机械手式码垛机更加智能化,通常配有机器视觉系统和智能产品垛层排列软件,可识别不同的产品类型,并根据产品的外形,设计出栈板上每层产品的排列方法,从而在栈板上将不同的产品进行合理组合排列,堆叠出稳固的产品垛。

在小批量、多品种的市场需求下,一个订单中可能会包含种类繁多、形状各异的产品。自动化虽然能够减轻人们打包、码垛、搬运等体力劳动的负担,但对于不同产品的分拣,通常还需要由人工完成。这是因为人类能够凭借双眼和智慧的大脑,根据产品的外观等特征快速识别不同物体并确定抓取点,而传统的机械手则没有这样的能力。如果机械手没有配备能够自主思考的"大脑",就不能在复杂多变的环境下自主调整分拣和抓取策略;即使是配备了特定识别和分拣程序的机械手,也只能识别出"已知"(即固定的摆放、确定的形状)的产品并确定抓取点。

利用AI深度学习的方法,借助大量物体样本的几何特征对智能体进行训练,就能使智能体具有类似于人脑的,能够识别不同物体特征的能力。配备了经过AI深度学习训练的智能体和摄像机的机械手,就可以像人那样识别形状各异甚至"未知"的物体。这样的智能机械手不仅工作速度快,而且通过多次的再训练,还可用于不同领域、不同种类的产品,而且无须由工程师进行复杂、耗时的编程工作。

图 3-143 所示为一个机械手式码垛机的自动化与驱动系统方案。

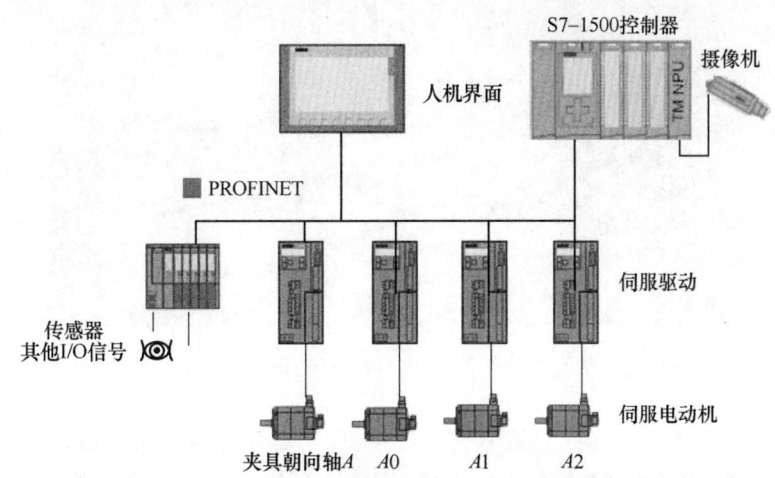

图 3-143 机械手式码垛机的自动化与驱动系统示意图

从图中可以看到，运动控制器作为整机的控制核心，负责整机全部的逻辑控制和运动控制工作。有关机械手的全部功能库程序和用户特有的软件部分在控制器中运行，实现机器所需的各种工艺动作。I/O 模块将运动控制器与机器各处的传感器、控制元器件和执行机构连接起来，运动控制器根据现场的实际情况向执行机构发出控制命令完成相应的工艺动作。人机界面用来接收操作人员的指令及进行参数（如产品的外形尺寸、须避开的障碍物等）设置，并可显示机器的参数设置、机器的当前及历史状态、报警及故障信息。本方案配备四个伺服电动机，其中三个分别控制三个机械臂对应的 $A0$、$A1$ 和 $A2$ 三个伺服轴，另一个用于控制产品抓手的朝向。运动控制器经伺服驱动器带动伺服电动机实现多轴间的运动控制功能，如定位、位置插补等。

3.2.20 传送带

1. 简介

大多数产品的生产过程要经过多个加工环节，因此会用到加工目的不同的多台设备。传送带（conveyor）按照产品的加工顺序，将待加工的产品从一台设备传送到下一台设备，使若干个具有不同工艺加工功能的单机形成一条完整的生产线，如图 3-144 所示。

除在不同的加工设备之间传送产品外，传送带还有另一个重要功能，即在生产线中不同的加工设备之间起到暂时存放待加工产品的作用，它相当于在设备之间建立了产品缓冲区。在没有产品缓冲区的情况下，假设生产线上的某一台设备出现故障，从该故障机器上游机器送过来的产品就得不到处理，所以上游的机器就不得不停机等待，该故障机下游的机器得不到待加工产品的供给，也不能继续生产，这样就造成了整条生产线的停机。为使生产线尽可能不间断地按计划运转，减少设备的停止和再起动次数，需要在生产线中设立缓冲区。如果机器前后的传送带可提供一定量的存储空间，当某台机器出现故障时，从其上游机器送来的产品可暂时存入故障机前的缓冲区，下游机器则可暂时处理来自故障机后缓冲区的产品。这

图 3-144 生产线传送系统（南京华创包装机械设备有限公司产品，照片由该公司提供）

样，当某台机器出现故障时（或对故障机进行修复时），生产线还可继续运转。缓冲区的空间越大，允许机器暂停的时间越长。在上述情况下，所说的故障通常是指那些由生产线的操作人员就可自行排除的故障（如贴标机的标签不足），一般在几分钟内就可排除完毕。在某些产品的生产线上，停机可能会造成很大的经济损失。在这种情况下，一般会在较重要的机器（如吹瓶机）前后设置专门的存储装置。图 3-145 所示为用于缓冲区的传送带部分。图 3-146 所示为旋转层叠式专用存储装置。

图 3-145 用于缓冲区的传送带部分（南京华创包装机械设备有限公司产品，照片由该公司提供）

图 3-146 旋转层叠式专用存储装置

由此可知，传送带系统是保证生产线高效、流畅运行的重要装置。传送带系统中一般还包括具有专用功能的多种部件，用来实现传送产品时需要的某些特定功能，如转向、分道、合道、提升、下降等。

传统传送带的驱动系统是集中式的，即驱动传送带的每个电动机对应的变频器都集中安装在统一的电柜内。因为传送带一般都分布在整个生产区域内，占地面积很大，电动机则分散安装在传送带的不同位置上，所以集中式的驱动系统需要用很多、很长的电缆将变频器和电动机连接起来，不仅成本高，也不便于查找故障和维修。为克服上述缺点，目前的发展趋势是采用分布式方案，即将变频器与电动机集成为一体化的驱动产品。这些一体化的驱动产品直接沿着传送带安装，并利用总线将传送带的控制器与这些分布在生产区域内的一体化驱动产品连接起来。采用这样的方式可大大降低电缆、安装和布线等成本，且便于维修和今后可能的系统升级改造。

输送系统中会使用大量的电动机，其能耗是生产线运行的一项主要成本。所以现代输送系统的另一个发展趋势是采用高效节能电动机，降低能耗成本。

2. 常用功能部件简介

对于一个实用的输送系统，其功能不只是简单的产品传输，它通常还会包括多种与传送相关的不同功能，如变化产品间距、转向、分道（一变多、多变一）等。根据工艺要求（如速度和精度）的不同，这些功能的实现方法也不同。在能够满足工艺要求的前提下，当然是成本越低越好。下面介绍输送系统中常用的几种功能部件及其自动化与驱动解决方案。

（1）无压力输送系统　无压力输送系统常用于饮料包装线。如在玻璃瓶啤酒灌装线上，洗瓶机输出端的瓶子以多列的形式输出，而下游的灌装机需要一个个地将啤酒灌装到瓶子中，所以瓶子在被送入灌装机之前，应被排成一列，且瓶子的间距应与灌装机的工作速度相适应。啤酒灌装线的杀菌机和贴标机之间也有类似的要求。图 3-147 所示为一个饮料灌装线上的无压力输送系统。

图 3-147　无压力输送系统（南京华创包装机械设备有限公司产品，照片由该公司提供）

灌装机灌装一个瓶子所需的时间是一定的，所以灌装机输入端的空瓶子应按照这个时间间隔（如果灌装机有 N 个灌装头，则瓶子输入的时间间隔为灌装一个瓶子所需的时间/N），一个个地被送入灌装机。对于传送带而言，这个时间间隔的长短不仅与传送带的速度有关，还取决于传送带上瓶子队列中瓶子之间的距离。归纳起来就是，无压力输送系统在瓶子的输送过程中，将相互拥挤在一起的多列瓶子变换成单列，且要使单列瓶中瓶子之间的间距和瓶子的输送速度满足下游机器加工速度的要求。这个间距和传送带的传输速度以及下游机器（如灌装机）的工作速度有关。

无压力输送的另一个含意是，在输送过程中，要使被输送的产品之间不相互挤压，以防止损坏产品（如瓶子被挤碎或标签被磨损）或造成生产线的故障（如瓶子通道被卡死）。

无压力输送系统的性能、可靠性及实际运行效果，不仅与系统设计有关，还与输送的产品、传送带的材料、系统使用者的经验等因素密切相关。因此，无压力输送系统技术通常掌握在有经验的系统集成商或机械制造商手中，成为他们的专有技术。虽然不同厂商在设计、制造和实施无压力输送系统时采用的方法不尽相同，但一些基本的原理是一致的。图3-148为无压力输送系统的工作原理示意图。

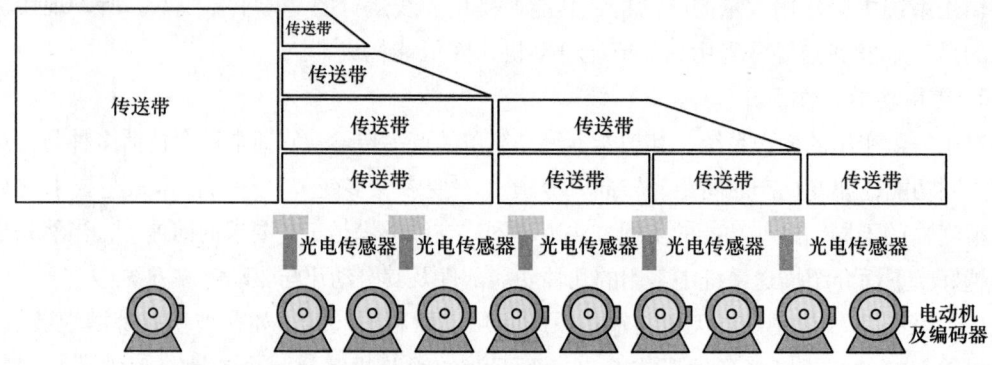

图 3-148　无压力输送系统的工作原理示意图

设计无压力输送系统时，一般会考虑如下一些因素：将传送带表面设计成向一侧倾斜的，使瓶子在行进过程中靠自身所受重力逐步滑向一侧，有利于实现多道变成一道；利用光电传感器、编码器等部件查看某段传送带上产品（如瓶子）的数量、位置和运行速度；各段传送带的长度和摩擦系数、瓶子的重量、下游设备的工作速度等。控制器采用特定的算法计算各段传送带的目标速度，再依据计算结果和从传感器得到的产品位置和速度等信息，调整各段传送带驱动电动机的速度和加速度，使单列瓶子间的间隔达到要求。可以看出，无压力输送系统中一般都会用到光电传感器、编码器、变频器、电动机、控制器、控制算法和其他软件程序。

图3-149所示为无压力输送系统的自动化与驱动系统方案示意图。

本方案以控制器为核心，为各段传送带配备变频驱动电动机和光电传感器。光电传感器用于采集传送带上产品的数量及位置等信息；编码器用于采集各传送带及上、下游机器的工作速度。控制器对这些实时信息进行分析和计算，并结合瓶子的重量、传送带材料及摩擦系数等因素，调整各段传送带驱动电动机的速度和加速度，使多列瓶子变成单列且保持合适的间距，以满足下游机器的加工（如灌装）速度要求。

（2）分道机　仍以啤酒灌装线为例，贴标机的输出端是单列的瓶子，经传送带送至装

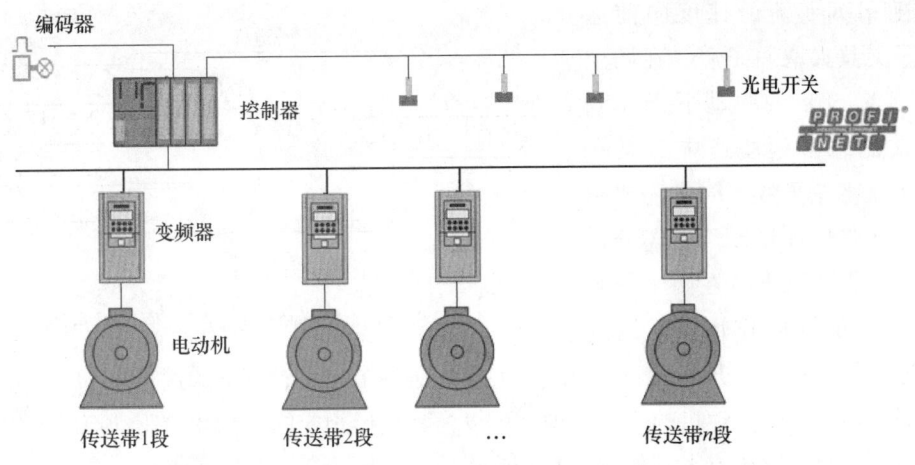

图 3-149 无压力输送系统的自动化与驱动系统方案示意图

箱机。纸箱内的瓶子一般以多行多列形式排列,如 3×4、4×5 等,所以瓶子在进入装箱机之前通常被排成多列。这就需要一个装置,在瓶子的输送过程中将单列瓶子变换为多列。这样的装置称为分道机。

目前市场上分道机的种类比较多,分道的原理也不尽相同。有些分道机在将瓶子进行分道时,分道机输入端的单列瓶流需要停下来等待,这种机器的分道速度比较慢,适合 20000 瓶/h 左右的灌装线。在高速灌装线上,须使用连续式的高速分道机。连续式分道机在将瓶子进行分道时,单列瓶流仍在不断地继续向前流动。图 3-150 所示为一个连续式分道机。

图 3-150 连续式分道机(广州市万世德智能装备科技有限公司产品,照片由该公司提供)

下面介绍一种连续式分道机的工艺原理,如图 3-151 所示。连续式分道机一般会用到伺服驱动技术。分道机的瓶子夹具(一般为气动控制)在两个伺服轴(X,Y)的作用下,先从分道机输入端的单列瓶流中夹取指定数量的瓶子,在夹取瓶子的同时,伺服轴 Y 带动瓶子夹具跟随单列瓶流的速度向前运动。瓶子夹具夹取瓶子后，在两个伺服轴（X，Y）的驱动下迅速到达指定输出端多列瓶道中的某一道，夹具在将瓶子放下时，还要跟随该道传送带向前运动。上述分道动作完成后，瓶子夹具在两个伺服轴（X，Y）的共同作用下，迅速

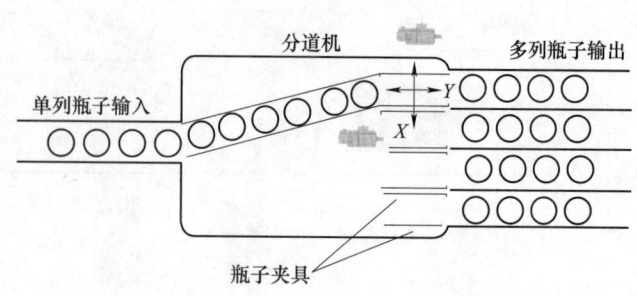

图 3-151 连续式分道机工艺原理示意图

回到分道机的输入端，开始下一个跟随、夹取、送到指定道、放下的过程。

根据上述连续式分道机的工艺原理，可以为其选择相应的自动化与驱动产品，组成一个完整的控制与驱动解决方案，如图 3-152 所示。

该解决方案以运动控制器作为控制核心，负责整机全部的逻辑控制和运动控制，采用两个伺服电动机驱动瓶子夹具 X 和 Y 方向的运动，使其能够快速地移动到指定的位置，在气动夹具的配合下，将瓶子夹取和放下，并能够在夹取和放下瓶子的瞬间，跟随传送带的运动，确保高速且平稳地将单列瓶子分成多列。

运动控制器通过现场总线与人机界面和 I/O 模块相连，根据机器各处传感器采集的现场状态信息，按照设定程序向执行机构发出控制命令完成相应的工艺动作。人机界面用来接收操作人员的指令及进行参数（如产品的外形尺寸、每次夹取的瓶子数量、分道数量等）设置，并可显示机器的参数设置、机器的当前及历史状态、报警及故障信息等。

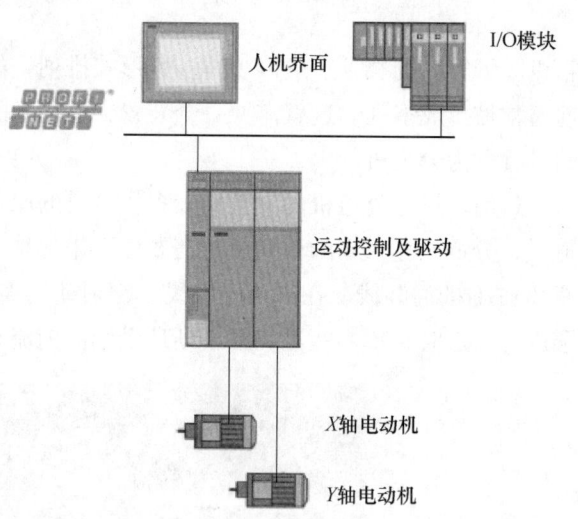

图 3-152 连续式分道机自动化与驱动解决方案示意图

无压力输送系统和分道机

（3）智能给进传送带　某些产品（如巧克力、蛋糕、酥糖等）在输送途中不能挤靠在一起，否则会将产品碰碎或造成外表损伤。这类产品在生产出来后，一般并没有整齐地排列好，而是处于杂乱无序的状态。这就要求将产品送入包装机（通常为枕式包装机，参见图 3-58）之前，传送带能够对产品进行自动整理排列，使它们以特定的速度、特定的间隔被送入包装机。具有此功能的传送带称为智能给进传送带，如图 3-153 所示。

若将智能给进传送带与前面介绍的无压力输送系统做比较，两者有相似之处，即在输送过程中将产品排成单列且要使它们之间的距离相等，并以与包装机相匹配的速度将它们送入包装机。不同的是，无压力输送系统的整体长度（通常为数十米）比智能给进传送带（一

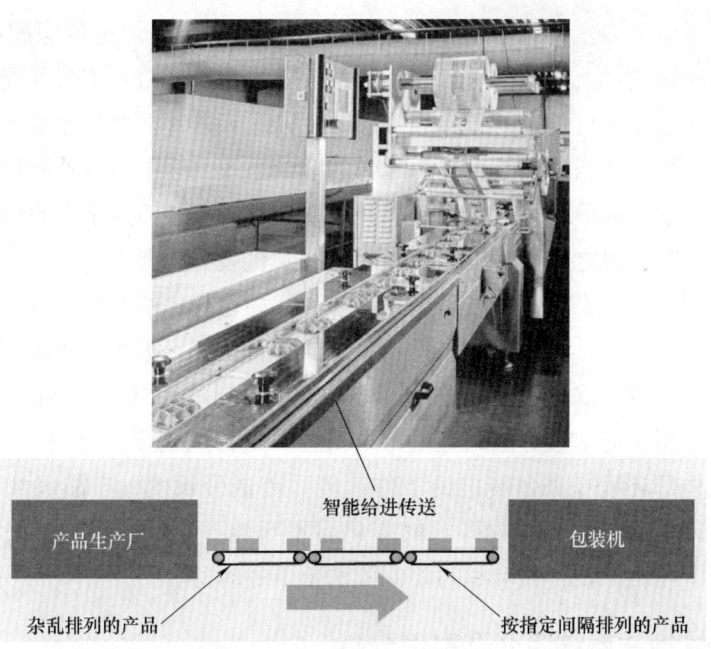

图 3-153 智能给进传送带

一般为 5~10m）要长得多；无压力输送系统具有多列（如 10 列）变单列的功能，而智能给进传送带接收的产品已被调整成单列，它的作用只是调整产品的间距和输送速度；无压力输送系统整体长度长，完成产品调整的时间较长，因此对各段传送带的动态要求不是很高，通常可用变频器和异步电动机作为驱动装置，而智能给进传送带的长度短，完成产品调整的时间也短，对各段传送带的动态要求很高，所以常用伺服驱动器和伺服电动机作为驱动装置。

图 3-154 所示为智能给进传送带控制系统。

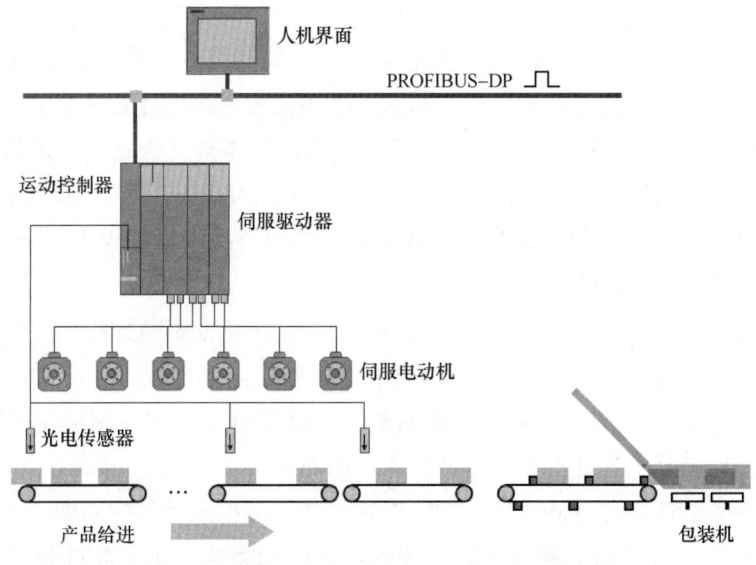

图 3-154 智能给进传送带控制系统示意图

智能给进传送带由多段相互独立的短传送带组成。每段短传送带旁配备一个光电传感器，用来检测该段传送带上产品的位置和间隔，且各段传送带由一个为其配备的伺服电动机单独驱动。在控制器中运行的是具有专用算法的软件，该软件根据传送带上产品的速度、包装机的速度、每段独立传送带的长度、传送带的摩擦系数、光电传感器的位置以及传送带上产品的重量、位置和间隔等信息，自动计算并动态调整各个短传送带伺服电动机的速度和加速度，使产品进入包装机之前的速度和相互间隔达到包装机的要求。

人机界面接收操作人员输入的智能传送带参数，如包装机的速度、每段独立传送带的长度、光电传感器的位置等，还可以用来显示系统的运行状态、报警和故障信息等内容。

在本书 3.2.7 节有关枕式包装机的内容中，已经提到过用基于 AI 强化学习的方式来训练智能体，从而获得智能给进算法，这里不再赘述。这种用基于 AI 强化学习方式得到的智能体还可以根据外部环境（如包装机的工作速度、传送带长度、产品尺寸和重量、光电传感器位置、传送带表面的摩擦系数等）的变化而不断地再学习，使其算法具有高度的适用性。这种方式比工程师人工开发和编写控制算法更节省时间。

3.2.21 多载体输送系统简介及案例分析

随着社会发展和人民生活水平的提高，人们的消费习惯已经发生了很大的变化。例如，现在许多人消费饮料及液态食品不仅是为了解渴或享受美味，还会通过产品外观及配料的选择彰显其健康和生活品位。现代社会的生活节奏越来越快，消费者常常会在上班途中、旅行及其他活动过程中食用饮料或食品，这种需求便催生了不同饮料或食品在包装形式上的创新，如要求产品具备可重复封口的包装形式。

另一方面，人们的消费习惯更趋向于个性化。这一趋势又促使产品生产商开发和生产更具个性化的产品及包装形式，使产品更新的速度更快、产品的生命周期更短。这种趋势造成了产品采购商的订单具有品种多、批量小的特点。

包装机械制造商只有使其生产的机器适应新的发展趋势，才能使其机器更具市场竞争力。这就要求同一台机器能适应于多种不同的产品和包装形式，且能够在生产过程中快速地实现不同产品和包装形式的切换。如本书第 2 章中介绍的那样，为达到上述目的，机械生产商要使其机器模块化以增加灵活性；要使其包装生产线能够根据订单要求快速地切换产品和包装形式，且要在订单批量小（极端的情况是某批次的产品数量仅为 1）、产品品种变换频繁的情况下，仍能保持较高的生产率。

为适应机械制造商的上述需求，自动化与驱动产品供货商不断推出相应的创新产品和解决方案。如西门子与费斯托公司合作推出的基于直线电动机运动原理的多载体输送系统（multi-carrier system，MCS），就是一款创新的产品组合，它的应用可使生产机械的灵活性更高，能更好地满足产品批量小、品种多的市场需求。

下面以多载体输送系统（MCS）为例，对这类产品的构成及其应用做一个简单介绍。

MCS 的核心部分包括如下部件：运动控制器和驱动系统、工艺软件包、多个直线电动机组成的轨道以及在轨道上各自独立运动的多个载体（或称滑块），如图 3-155 所示。

图 3-156 和图 3-157 所示分别为 MCS 中的标准滑块和轨道。

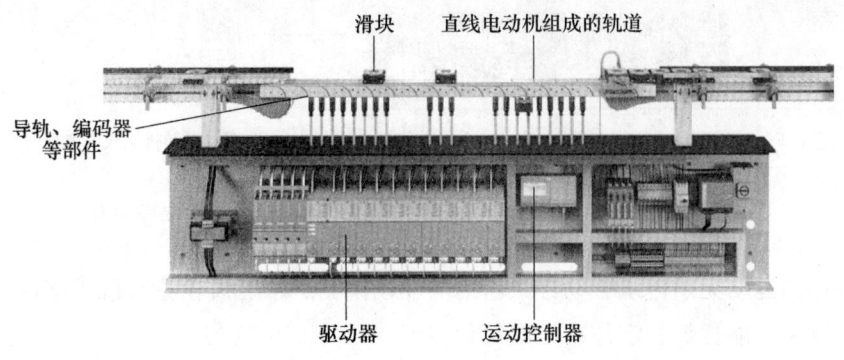

图 3-155　MCS 的核心部分构成

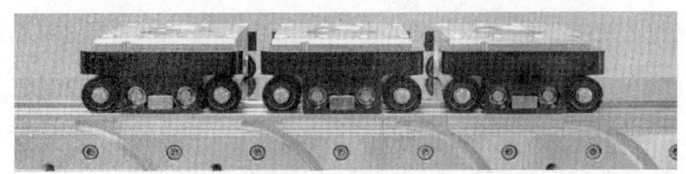

图 3-156　MCS 中的标准滑块

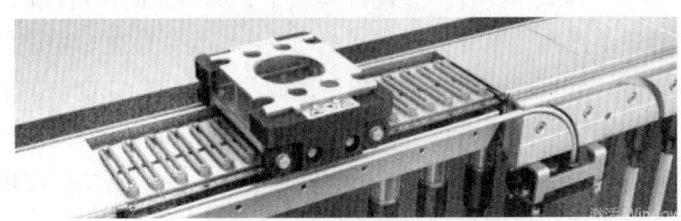

图 3-157　MCS 中的轨道

MCS 的轨道由多个直线电动机相互串联搭接而成。根据具体应用的需要（如滑块的定位位置和定位精度），可选用不同规格的直线电动机进行搭接，这样的方式使得轨道的长短可根据需要灵活地调整。直线电动机内的线圈通电时产生磁场，对内置永磁体的载体（滑块）产生驱动力，使其运动，如图 3-158 和图 3-159 所示。

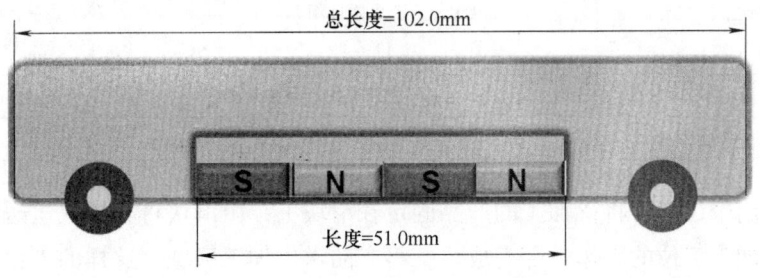

图 3-158　滑块及其内置的永磁体

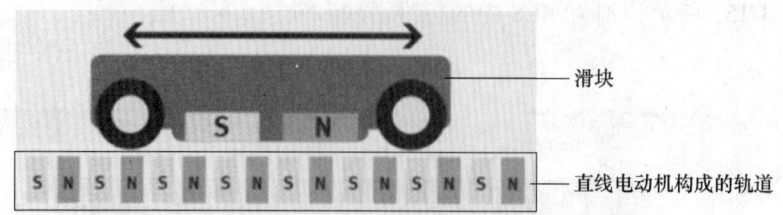

图 3-159　直线电动机产生的磁场对内置永磁体的滑块产生推动力

因为载体的运动无须传统驱动方式所需的驱动链条、带、齿轮箱等机械部件,所以具有速度及加速度快、能耗低、定位精度高等优点。

利用多载体输送系统的控制软件可为每个滑块独立编程,灵活控制各个滑块的速度、加速度、向前或向后移动、定位等运动参数。利用程序可对一个或多个滑块进行移动、定位和同步等操作,且控制系统能保证滑块在运动时,它们之间不会发生碰撞。在多载体输送系统中,可将多个滑块设为一组,实现它们之间的同步运动。组内的各个滑块可以有不同的运动速度或运动曲线,也可以在运动过程中保持同样的间距、速度、加速度或运动曲线。根据工艺要求,当设定的任务完成后,可以使原组内的滑块分别进行各自的独立运动,也可以按照需要对它们进行重新分组。

MCS 可在开环和闭环模式下工作。在闭环模式下,编码器测量滑块的实际位置和速度,并将这些信息反馈给驱动器和控制器,控制和驱动系统将滑块位置与速度的设定值与实际值进行比较,再根据差值对滑块的位置和速度进行微调,使滑块的速度和位置更加精准;在开环模式下,控制和驱动系统不接收来自编码器的信息反馈。因此,在闭环模式下,系统的动态性能和定位精度更高,见表 3-1。与传统的传送带相比,该系统具有模块化结构,滑块的运动非常高速和灵活,且定位精度极高。

表 3-1　MCS 在闭环与开环工作模式下的性能对比

性能	闭环控制	开环控制
最高速度	4m/s(与负载有关)	1m/s(与负载有关)
最大加速度	$50m/s^2$	$10m/s^2$
持续推进力	22N(一个永磁体组)	22N(一个永磁体组)
峰值推进力	78N(一个永磁体组)	22N(一个永磁体组)
每个电动机上的滑块数量	1	每 25.5mm 长度可有一个
滑块间的最小距离	l_{min}=电动机长度+永磁体组数量×51mm	25.5mm
跟随误差监视	含在伺服放大器中	须配备主位移编码器选件

在实际应用中,通常将待加工的产品固定在滑块上,由滑块将其依次运送到各个加工工位处,当所有加工工位的工作全部完成后,将产品送出加工区域。这样的工作方式使加工机器及生产线的结构简单、紧凑、一致性好,能够以更加简捷的方式实现个性化产品的生产,且缩小了整个机器的尺寸和占地面积。自多载体输送系统推出以来,该系统已逐渐被机械设

备生产商和产品生产商所接受,并且应用广泛,如装配、电池生产、包装机械等。

1. MCS 的构成

(1) MCS 的整体组成　MCS 由控制系统及软件、驱动系统、直线电动机、编码器、滑块、轨道与支架等部件构成,如图 3-160 和图 3-161 所示。

图 3-160　构成 MCS 的各种部件

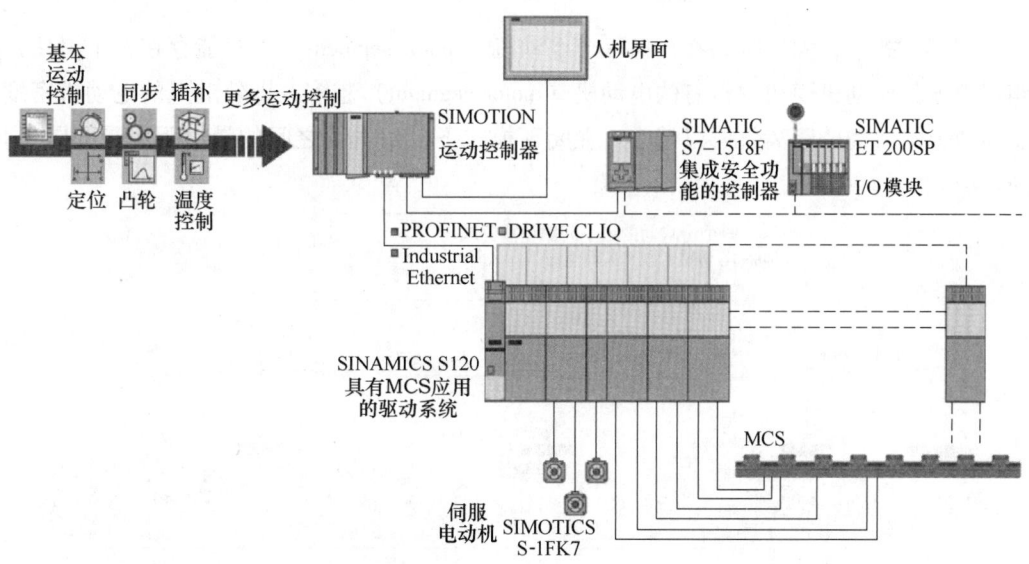

图 3-161　MCS 系统架构图（来源:西门子公司网站 www.siemens.com/mcs）

从图 3-161 中可以看出,与前面介绍的常规自动化与驱动系统相比,构成 MCS 的自动化与驱动系统中的硬件部分没有大的不同，区别在于电动机的构造与型式。普通电动机的定子在这里变成平直的，多个电动机的定子相互连接组成了 MCS 的轨道；普通电动机的转子在这里变成了滑块。常规自动化与驱动系统中的运动控制功能，如电子齿轮、电子凸轮等，都适用于 MCS。

在 MCS 的软件方面，增加了一些与 MCS 特征有关的内容，如防止滑块间的相互碰撞、滑块进入与离开 MCS 轨道时需要的软件登录与退出等。

(2) 直线电动机与滑块　MCS 的直线电动机有不同的规格，一个电动机模块（motor）内可含有一个或多个电动机（motor segment），如图 3-162 所示。

图 3-162　MCS 中的各种电动机模块

在闭环模式下，同一时间在任何一个电动机（motor segment）上只能存在一个滑块，所以组成轨道的电动机模块中含有的电动机（motor segment）越多，即轨道上的电动机密度越高，轨道上滑块间的距离就可以越小。在闭环模式下，两滑块之间的最小距离受到图 3-163 中所示公式的约束。

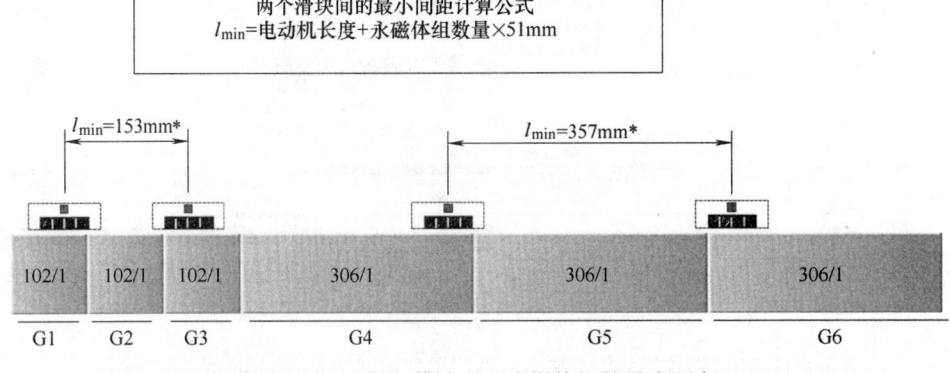

图 3-163　在闭环模式下两个滑块间的最小距离

MCS 中的标准滑块内只有 1 个永磁体组（当用户有特殊需求时，可以定制）。当采用标准滑块,且在闭环工作模式时,两个标准滑块间的最小距离只与构成 MCS 轨道的电动机长度有关。例如,当轨道采用的电动机长度为 102mm,两个滑块间的最小距离为 102mm+ 1× 51mm=153mm;当轨道采用的电动机长度为 306mm,两个滑块间的最小距离为 306mm+ 1× 51mm=357mm。

因为在实际应用中,载着产品的滑块要在机器的多个工位处进行产品加工,所以构成 MCS 轨道的电动机长度越小(即电动机密度越高),允许两个加工工位之间的距离就越小。这样不仅会使机器的占地面积更小,还能使载有产品的滑块从一个工位滑动到下一工位的时间更短,使得机器的工作效率更高。

如图 3-158 所示,滑块内置有永磁体,底部装有用于滑动的轮子。还可以为滑块配备射频识别(RFID)装置(可选),其作用是在系统运行过程中使控制器能够区分出不同的滑块。滑块两端的中心位置处各装有一个定位用磁体(position magnet),用于配合编码器来检测滑块的位置和速度等信息。滑块有其自身的质量,当滑块内置的永磁体及其所在轨道内的电动机(motor segment)参数一定时,滑块受到的驱动力与电动机线圈中电流的大小和方向有关。根据牛顿第二定律,滑块的加速度与滑块受到的驱动力成正比,与其整体的质量成反比。在实际应用中,计算滑块的加速度时,不仅要考虑滑块自身的质量,还要考虑滑块上的载具(将工件固定在滑块上的装置)及所载工件的质量、滑块与轨道间的摩擦力等因素。图 3-164 所示为一个标准滑块的外部结构和主要参数。

关于标准滑块(载体)的几个重要概念

- 质量为738g
- 永磁体组(magnet package)数量为1
- 峰值推进力为78N(标准载体,含一个永磁体组)
- 持续推进力为22N(标准载体,含一个永磁体组)
- 最高速度为4m/s
- 永磁体组长度为51mm
- 外形尺寸为102mm×125mm

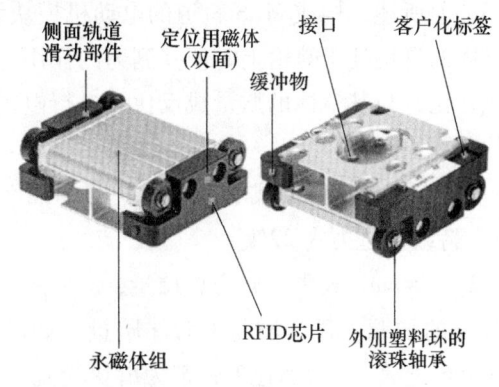

图 3-164 标准滑块的外部结构和主要参数

(3) MCS 的软件构成 MCS 的软件结构可分为三个层次,如图 3-165 所示。

迁移控制(Drive integrated transition control,OARailCtrl)位于 SINAMICS 驱动系统内,这一层软件包含滑块在轨道上不同直线电动机之间迁移时的控制、开环和闭环工作模式的切换控制、防振荡补偿控制等系统功能。

MCS 驱动软件库(MCS Driver Library,LRailCtrl)在运动控制器内运行,功能包括:将 MCS 中的滑块映射成运动控制系统中的虚轴,使得运动控制系统中的多轴同步功能(电子齿轮、电子凸轮等)适用于 MCS;方便用户进行 MCS 开环、闭环控制模式间的转换,以及滑块基于实际位置的误差测量等。

MCS 用户程序也在运动控制器内运行。借助于 MCS 提供的软件库,用户工程师可更加

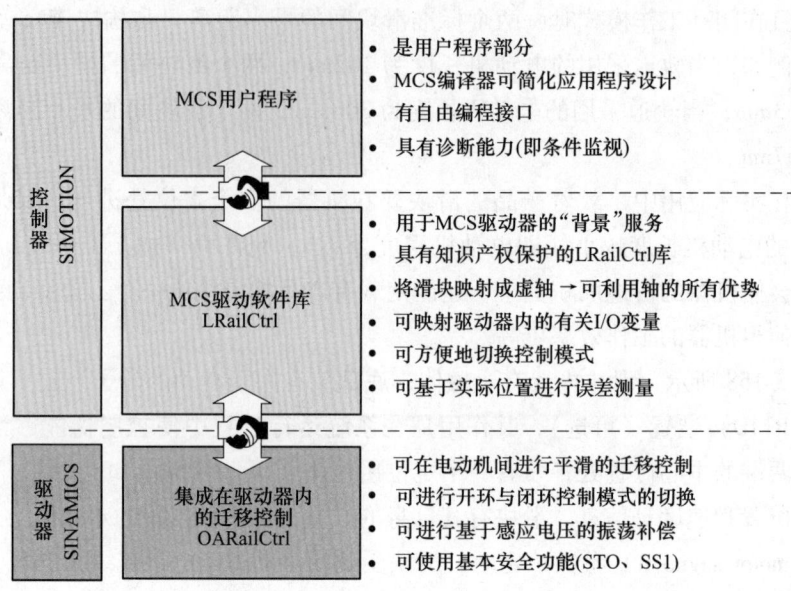

图 3-165 MCS 的软件结构

方便地利用 MCS 提供的功能编制应用程序，解决机器的实际问题。

2. MCS 应用分析举例

如前所述，构成 MCS 轨道的电动机模块线圈中有电流流动时就会产生电磁场，当装有永磁体的滑块处于轨道上时便受到力的作用。根据牛顿第二定律，滑块的加速度与其受到的力成正比，与其整体的质量成反比。进行电动机选型分析和实际应用需求计算时，可依据如下的基本原则：

1）在闭环控制模式下，轨道上的标准滑块（包括载具和产品）受到的峰值推进力为 78N，持续推进力为 22N。

2）$F=ma$。式中，m 为总质量，$m=$ 滑块自身的质量+载具质量+工件质量，如图 3-166 所示；a 为加速度；F 为滑块受到的力。

3）$v=v_0+at$，$S=v_0 t+\dfrac{at^2}{2}$。这是滑块移动的速度和距离与其初速度、加速度和时间的关系。式中，v 为滑块的速度；v_0 为滑块的初速度；S 为滑块移动的距离；a 为滑块的加速度；t 为滑块受力的时间。

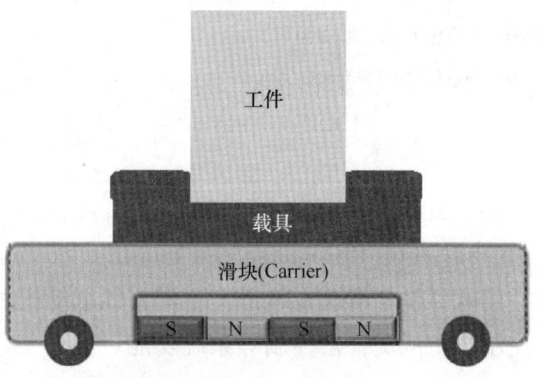

图 3-166 利用载具将工件固定在滑块上

4）当 MCS 工作在闭环模式时，两个滑块中心点间的最小距离为 153mm（轨道中选用的电动机长度为 102mm 时）或 357mm（轨道中选用的电动机长度为 306mm 时）。

5）当 MCS 工作在开环模式时，两个滑块中心点间的最小距离为 22.5mm，（22.5n，n

为正整数,当 n 取 1 时,其值最小,为 22.5mm)。

6)滑块的最高运动速度为 4m/s(该速度与编码器、驱动器元器件的性能有关)。

下面通过一个实例介绍一下如何在实际应用中选择合适的电动机与滑块。

有一条产品加工线,如图 3-167 所示,包括 4 个加工工位,要求每分钟生产出 60 个产品(1 个/s)。工位间距分别为 0.5m、0.3m、0.3m,4 个工位的加工时间分别为 0.6s、0.8s、0.6s、0.5s。每个工位的位置是固定不动的,即在各工位进行产品加工时,滑块处于静止状态。

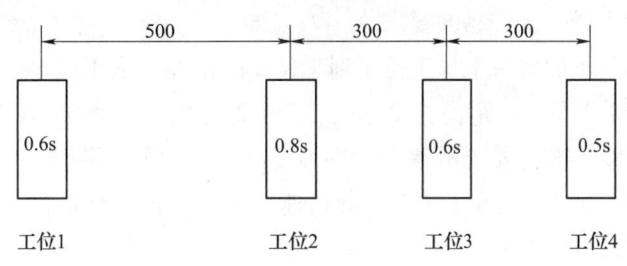

图 3-167 由 4 个工位组成的产品加工线

已知,标准滑块的质量 = 738g,载具的质量 = 800g,工件的质量 = 950g。由此可知,总质量 m = 738g+800g+950g = 2488g。

因为每一秒要生产出一个产品,要使生产连续进行,应满足如下条件:

$$T_m + T_p \leqslant 1s$$

式中,T_m 为滑块从前一工位移动到当前工位所需的时间;T_p 为当前工位的加工时间。

选用标准滑块,加上载具和工件后,总质量 m = 738g+800g+950g = 2488g,假设摩擦系数为 0.8,则最大加速度可达 $(0.8 \times 78N)/2.488kg = 25m/s^2$。

因为工位 1 到工位 2 的距离较长,且工位 2 的加工时间也较长,这就要求滑块的移动速度比较高才能满足生产速度需要。为便于分析,先从简单的开始,首先考虑从工位 2 到工位 3 的情况。

工作中滑块移动的速度越快,就要求其在起动和停止时有更大的加速度,但这样对电动机模块和机械部件均不利。所以在能够实现每秒加工一个产品的前提下,没有必要让滑块以更快的速度移动,因此在试算过程中,可先将滑块的最大速度限制得低一些。可以试将滑块的最大速度设为 1.2m/s(小于滑块的最大限制速度 4m/s)。根据公式 $v = v_0 + at$,因为产品在任一个工位加工时和加工后都是静止的,所以 v_0 为零,可以计算出 $t = v/a = 1.2/25s = 0.048s$,即只须 0.048s,滑块就可达到 1.2m/s 的速度,这时滑块向前移动的距离为

$$S = v_0 t + (1/2)at^2 = 0.5 \times 25 \times 0.048 \times 0.048m = 0.0288m$$

当滑块速度达到 1.2m/s 后,由程序控制电动机线圈中的电流,使滑块受到的驱动力降低,让其刚好克服摩擦阻力,使得滑块以 1.2m/s 的速度继续向前运动,当距离工位 3 还有 0.0288m 时,由程序控制改变驱动力的方向,且使驱动力的大小达到最大值 78N。这会使滑块以 $25m/s^2$ 的加速度减速,且当滑块到达工位 3 时速度降至零,如图 3-168 所示。

从图中可以看出,滑块从工位 2 到工位 3 只须 0.3s。已知工位 3 的加工时间为 0.6s,在此条件下,滑块移动时间+加工时间 = 0.3s+0.6s = 0.9s,所以滑块在工位 3 还可以有 0.1s 的等待时间,完全可以满足每秒生产 1 个产品的要求。

因为工位 3 到工位 4 的距离也是 0.3m,仿照上面的假设条件并经过类似计算可知,滑

块从工位 3 到工位 4 也只须 0.3s。对于工位 4，滑块移动时间+加工时间 = 0.3s+0.5s = 0.8s，滑块在工位 4 还可以有 0.2s 的等待时间，也足以满足每秒生产一个产品的要求。

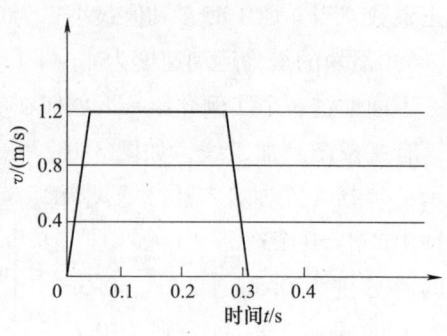

图 3-168　滑块从工位 2 移动到工位 3 的速度-时间图

下面看一下从工位 1 到工位 2 的情况。从工位 1 到工位 2，距离为 0.5m，工位 2 的加工时间为 0.8s，这就要求滑块至少在 0.2s 内从工位 1 移动到工位 2，且在工位 1 处的初速度和在工位 2 处的末速度都为零。

假设对滑块（包括载具和工件）施加峰值推进力，让其从工位 1 开始加速，到达两工位中间点后开始减速。在加速段，滑块移动的距离 $S = 0.25\text{m}$，加速度 $a = 25\text{m/s}^2$，根据公式 $S = (1/2)at^2$，即 $t^2 = 2\times 0.25/25 \text{s}^2 = 0.02\text{s}^2$，可得 $t = 0.1414\text{s}$。假设滑块到达中点后立即以 25m/s^2 的加速度降速（实际应用中，滑块应该匀速滑动一段时间，所以实际所需的时间会更长），经过同样的计算可知，仍需要 0.1414s 滑块才能将速度降为零并到达工位 2。也就是说，即使对其施加峰值推进力，滑块（包括载具和工件）由静止状态从工位 1 开始运动，到达工位 2（且在工位 2 的速度为零）至少需要 2 × 0.1414s = 0.2828s，如图 3-169 所示。但本例的要求是：工位 2 的加工时间为 0.8s，所以滑块从工位 1 到工位 2 最多只有 0.2s 的行走时间。因此，以上的工位安排无法满足要求。

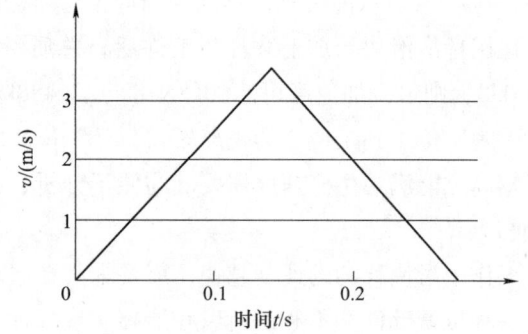

图 3-169　滑块从工位 1 移动到工位 2 的速度-时间图

要满足每秒生产一个产品的要求，就需要对生产线的布局做一些改变。可采用的方法之一是在工位 1 和工位 2 的中间增加一个缓冲工位，产品在缓冲工位不做任何加工，如图 3-170 所示。

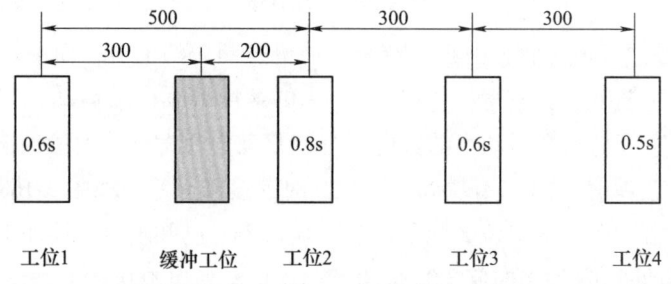

图 3-170　在工位 1 和工位 2 间增加缓冲工位

从工位 1 到缓冲工位的距离为 300mm，从缓冲工位到工位 2 的距离为 200mm。假设在程序中将滑块的最高速度设为 2m/s，仍施加峰值推进力，使加速度达到 $25m/s^2$，经与前面类似的计算可知：滑块（包括载具和工件）在工位 1 从静止状态开始加速，再减速，当到达缓冲工位时速度降为零，这个过程只须 0.23s，如图 3-171 所示，可在缓冲工位等待 0.77s；滑块只须 0.18s 即可从缓冲工位到达工位 2，如图 3-172 所示，可在工位 2 处等待 0.82s。

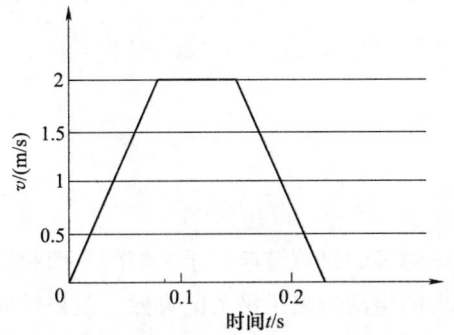 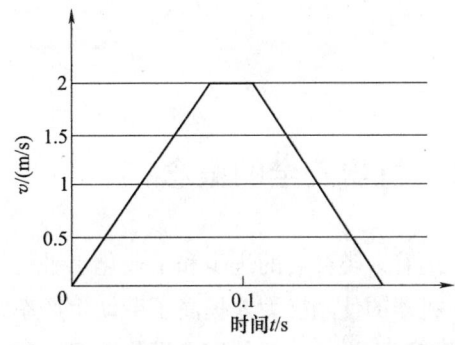

图 3-171　滑块从工位 1 到缓冲工位的速度-时间图　　图 3-172　滑块从缓冲工位到工位 2 的速度-时间图

如此增加缓冲工位后，在这个生产线上，工件在任何一个工位（包括缓冲工位）所需的加工时间与该工件从上一工位移动到此工位的时间之和都小于 1s，这样就可以保证在 1s 之内，有一个完成了 4 道加工工序的产品从此生产线输出。因此，这样的生产线设置可以满足每秒生产一个产品的要求。

因所有工位之间的距离均大于 153mm，但小于 357mm。根据 MCS 闭环模式下两滑块间最小距离的约束原则，需要选用内置 3 个长度为 102mm 电动机的电动机模块（电动机模块长度为 306mm），或内置一个电动机的 102mm 长的电动机模块来构建 MCS 轨道。

以上的计算过程（包括试算）比较烦琐，目的是借此说明 MCS 电动机选型的思路和基本原则。在实际应用中，可以借助相关的计算工具软件来完成有关的试算和结果确认工作。

当 MCS 轨道的长度一定时，轨道内含有的电动机越多，轨道的价格就越高。因此，在实际应用中，应在满足工艺要求的前提下，尽可能选择长度较大且电动机密度较低的电动机模块，如长度为 306mm、内置 1 个电动机的电动机模块。

当所需的 MCS 电动机模块选好后，便可使用选型工具软件（如西门子公司的 sizer）来确定伺服驱动器和运动控制器的规格和型号。

第 4 章

机 器 安 全

4.1 机器安全的概念

随着人类社会的进步和工业化水平的提高,越来越多的机器被应用于人们的生产和生活中。机器的使用极大地提高了劳动生产率,并给人们的生活带来了极大的方便。但是任何事物都有两面性,由于使用者操作不当、某些部件失效或损坏以及机器的设计者考虑不周等因素,都有可能使运行中的机器对人、机器本身或环境造成伤害。

为了降低机器运行过程中造成伤害的可能性,许多国家的政府和行业主管部门都制定并颁布了有关机器的安全法规和标准。因为不同国家和地区分别制定各自的法规和标准,所以这些现存的法规和标准具有明显的地域性,如北美、欧盟及日本分别有各自的机器安全法规和标准,如图 4-1 所示。

图 4-1 不同国家和地区的机器安全法规和标准
(来源:西门子公司网站 www.siemens.com/safety)

机器在哪里使用,就要符合哪里的法规和标准。在一些还没有制定和颁布相关机器安全法规和标准的国家或地区,往往会要求本地的机器制造商或使用者参照或执行其他国家或地区的机器安全法规和标准。

4.1.1 机器的安全法规和标准

虽然不同国家和地区有各自的机器安全法规和标准,但这些法规和标准的基本原则和目标都是一致的,并没有本质上的区别。本书将以欧盟的安全法规和标准为例,对其进行简要的介绍。

欧盟的机器安全法规规定,在生产机器或建设工厂之前,机器生产者必须对机器进行风险分析和风险评估,必要时要采取适当的措施来降低机器的风险。只有当机器的风险被降低到可接受的程度（安全机器），并获得 CE 标识后，才允许在市场上销售。

由此可见，所谓"安全机器"也并非 100% 的安全，只是其运行时造成伤害的风险较小，小到人们可接收的程度。

安全标准即技术规范，包括通用的设计指导和术语，以及针对某一类或某些具体机型的技术规范。

对于欧盟的机器安全标准，现有如下常用标准：

1）IEC 61508：功能安全的基本标准（包括 PLC）。
2）IEC 62061：机器制造的应用标准，包括电气和电子安全技术。
3）ISO 13849-1：机器制造的应用标准，包括电气、电子和其他安全技术（如气动、液压等）。
4）IEC 61800-5-2：针对集成安全功能的变速驱动产品的标准。

IEC 62061 和 ISO 13849-1 常用于评估机器的风险；IEC 61508 常用于评估安全产品（如安全型 PLC）的风险。

4.1.2 安全机器的认定过程

根据法规，安全机器的认定过程可用图 4-2 来表示。

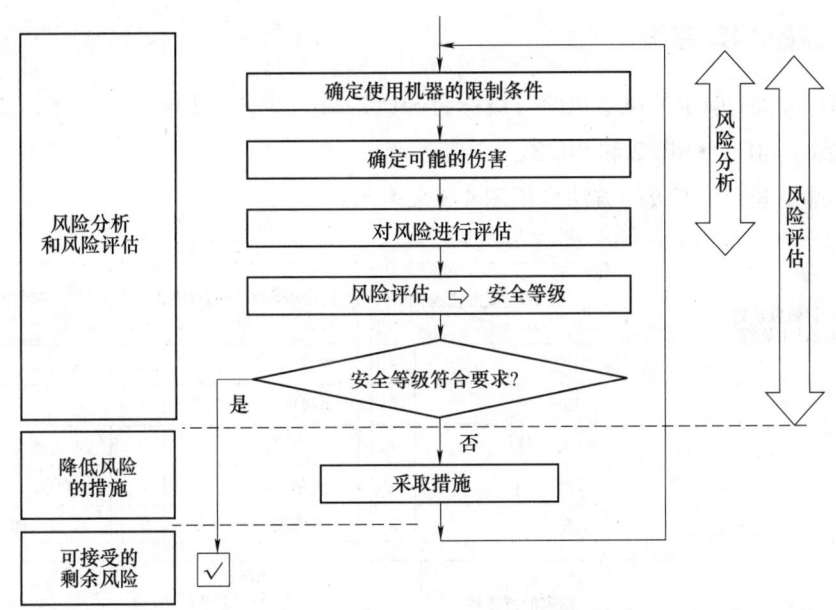

图 4-2 安全机器的认定过程（根据西门子公司网站 www.siemens.com/safety 中的图片翻译）

要认定一台机器是否安全，通常需要如下步骤：

1）确定机器的使用限制条件，如时间和空间的限制条件、环境及清洁要求等。
2）找出机器中可能造成伤害的部分。
3）根据机器安全标准对可能造成的伤害的严重性进行评估，以此确定该部分的安全系统应具有的安全等级。

4) 如果机器安全系统的安全等级达不到标准规定的要求，需要采取措施来提高安全等级，然后再次根据机器可能造成的伤害的严重性，对安全系统的安全等级进行评估。如此反复，直到机器安全系统的安全等级达到标准规定的要求，即机器的风险降低到了可接受的程度。

4.2 机器的安全等级

如何判定机器风险的大小呢？通常依据如下几个基本因素：
1) 伤害的严重性（如致残、死亡）。
2) 人员可能受到伤害的频率或人员暴露在危险环境中时间的长短。
3) 伤害发生可能性的大小。
4) 避免伤害发生的可能性的大小。

评估机器风险的大小会用到前面提到的两个标准：IEC 62061 或 ISO 13849。IEC 62061 更适用于含有电气和电子安全技术的机器；ISO 13849 则涵盖电气、电子及其他安全技术（如气动、液压等）的机器。

4.2.1 机器的 SIL 等级

根据 IEC 62061 确定的机器风险等级称为 SIL(safety integrated level) 等级，依风险从小到大分为三级：SIL 1、SIL 2 和 SIL 3。

确定机器安全 SIL 等级的方法可用图 4-3 来表示。

IEC 62061 对SIL赋值以确定所需的SIL等级	频率和/或暴露时间 Fr		伤害事件发生的可能性 Pr		避免的可能性 Av	
	≤1h	5	频繁	5		
	>1h~1天	5	很可能	4		
	>1天~2周	4	可能	3	不可能	5
	>2周~1年	3	偶尔	2	可能	3
	>1年	2	可忽略	1	很可能	1

影响	伤害的严重性	等级 C=Fr+Pr+Av			计算示例	
		3~4	5~7	8~10	11~13	14~15
死亡，失去眼睛或手臂等	4	SIL 2	SIL 2	SIL 2	SIL 3	SIL 3
永久地失去手指等	3	其他措施		SIL 1	SIL 2	SIL 3
通过医疗处置可逆转	2				SIL 1	SIL 2
通过急救可逆转	1					SIL 1

图 4-3 确定机器安全 SIL 等级的方法（根据西门子公司网站 www.siemens.com/safety 中的图片翻译）

将判定机器风险大小的四个因素分别以数字表示。将伤害的严重性分为四档,伤害最小的表示为 1,伤害最大的表示为 4;将另外三个因素也用相应的数值表示(数值越大,表示越不利于安全),这三个因素所对应的数值之和被划分为 3~4、5~7、8~10、11~13 和 14~15 五个等级。机器某部位的风险大小(即 SIL 等级),是根据图 4-3 中的二维(一维是伤害的严重性,另一维是其他三个因素对应数值之和)表格确定的。如当伤害的严重性为 3,另外三个因素分别对应的数值之和为 12 时,机器该部位的风险等级为 SIL 2。

4.2.2 机器的 PL 等级

根据 ISO 13849 确定的机器风险等级称为 PL(performance level) 等级,依风险从小到大分为五级:PL a、PL b、PL c、PL d 和 PL e。

PL 等级的确定方法可用图 4-4 来表示。

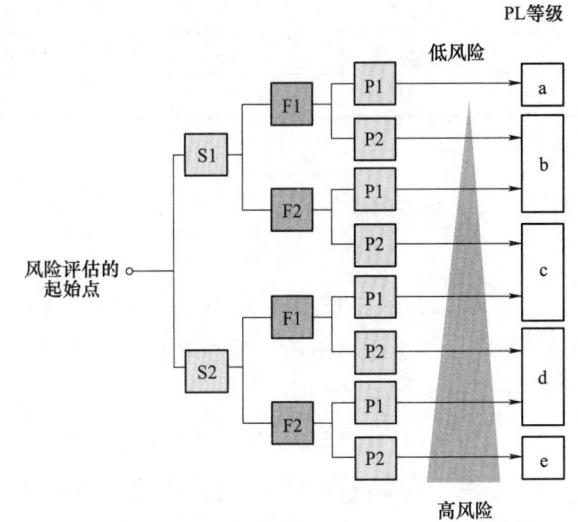

图 4-4 确定机器安全 PL 等级的方法(根据西门子公司网站 www.siemens.com/safety 中的图片翻译)

对于判定机器风险大小的三个因素(伤害的严重程度、风险存在的频率、避免伤害的可能性)中的每个因素,根据其对安全不利的程度划分为两个等级(S1 或 S2,F1 或 F2,P1 或 P2),数字为 2 的更不利于安全。

根据伤害的严重程度(S1 或 S2)、风险存在的频率(F1 或 F2)和避免伤害的可能性(P1 或 P2),并按照图 4-4 中的指引,就可确定机器某部位的风险等级。如机器某部位造成伤害的严重程度为 S1,风险存在的频率为 F2,伤害的可避免性为 P1,则机器该部位的风险等级为 PL b。

4.2.3 SIL 等级与 PL 等级的对应关系

SIL 等级与 PL 等级都用来表示机器风险的大小。机器的风险越大,其所需配备的安全系统的可靠性就要越高。因此，也可用 SIL 或 PL 等级来表示安全机器中安全系统的可靠性。如我们可能会听到这样的说法：该机器的安全等级达到了 SIL 3。安全系统的可靠性可用 PFHD（probability of dangerous failure per hour），即安全系统每小时出现危险失效的可能性来表示。根据 PFHD 的定义，该值越小，说明其对应的安全系统可靠性越高，即该安全系统可用于风险较高的机器部位。

因此，可以用 PFHD 值来表示安全系统的 SIL 和 PL 安全等级，它们之间存在一一对应关系，见表 4-1。

表 4-1 SIL 及 PL 安全等级的对应关系及 PFHD 值

（来源：西门子公司网站 www.siemens.com/safety）

SIL	PL	PFHD
—	PL a	$10^{-5} \sim 10^{-4}$
SIL 1	PL b	$3 \times 10^{-6} \sim 10^{-5}$
SIL 1	PL c	$10^{-6} \sim 3 \times 10^{-6}$
SIL 2	PL d	$10^{-7} \sim 10^{-6}$
SIL 3	PL e	$10^{-8} \sim 10^{-7}$

4.3 安全系统

根据前面介绍的有关安全机器的认定过程可知，对于经评估得出存在安全风险的机器，需要采取一些必要的措施，使机器的安全风险降低到可接受的程度。为降低机器的安全风险，通常可采用三类措施：

1）改进设计，增加防护装置等措施（如增加安全隔离罩）。

2）对于依靠改进设计不能解决的风险问题，需要采用技术防护措施。如当操作人员进入特定区域时，应使机器降低转速；当安全门开启时，电动机应停止转动。

3）在机器的醒目位置增加提示信息或警告标志，告知用户存在风险，以防止安全事故发生。

以下着重讨论技术防护措施。为降低机器风险，可针对机器存在风险的各部位，设计一个由多种部件组成的系统，系统中的部件相互配合来实现某种功能，以降低安全事故发生的可能性。这样的系统就是安全系统，它可以实现一定的安全功能。

一台机器中可能会有多个部位存在安全风险，所以一台机器中可能需要配备多个安全系统，分别实现各自的安全功能。由于机器各部分的安全风险等级不一定相同，所以该机器中各个安全系统的安全等级也不一定相同。

4.3.1 安全系统的组成

下面首先给出一个简单的安全系统实例，如图 4-5 所示。该系统采用了双路的控制线路。当安全光栅（检测部分）检测到有人进入某区域（如维修人员检修机器时，需要靠近机器工作）时，向安全继电器（评估部分）发出信号，安全继电器根据设定的逻辑，发出信号使接触器（响应部分）的触点断开，使得驱动器和电动机的供电线路被切断，以确保电动机不会起动，保证维修人员的安全。

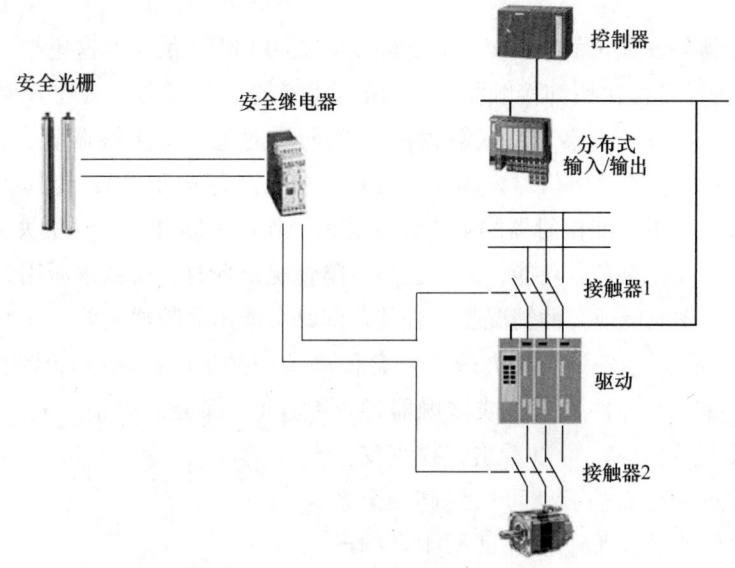

图 4-5　一个简单的安全系统

一个安全系统通常包括三个部分：检测部分、评估部分和响应部分，如图 4-6 所示。

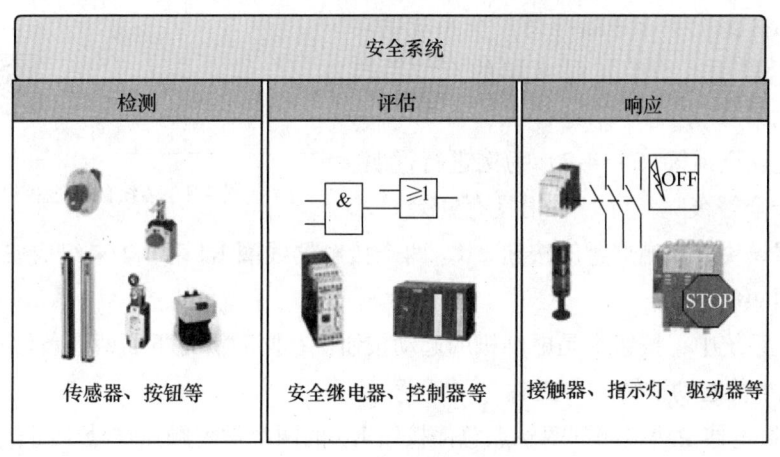

图 4-6　安全系统的组成

检测部分用于采集机器中与安全功能相关的信号（状态或动作指令）。检测部分常用的部件有传感器、按钮等。

评估部分对检测部分采集到的信号或指令进行分析，根据设定的逻辑输出评判结果，触发响应部分的动作。评估部分的常用部件有安全继电器、控制器（如安全型 PLC）等。

响应部分根据评估部分给出的输出信号,做出控制机器的动作,如对电动机进行抱闸、切断电动机的供电、点亮警示灯等。该部分常用的部件有接触器、指示灯、驱动器等。

为使安全系统达到需要的安全等级,组成安全系统的任何部件都需要具有经过认证的安全等级,即具有经过认证的 PFHD 值。安全部件(产品)的制造商会给出其安全产品的 PFHD 值。

如何提高安全产品的可靠性,使其具有较高等级的 PFHD 值呢?这里举一个例子。

图 4-7 所示为用急停按钮和接触器来控制电动机安全运转的传统安全控制线路。正常工作时,急停按钮的对应触点接通,接触器内的线圈 K 通电,使接触器闭合,电动机运转。当危险情况出现,需要紧急停机时,操作人员可以按下急停按钮 EB,使其触点断开,造成接触器内的线圈 K 失电,使接触器的触点在弹簧力的作用下断开,电动机失去供电停机。

这样的设计可以实现安全功能,前提是当危险情况出现时,线路中所用到的相关部件必须完好且能正常工作。但现实的情况是,任何产品都可能出故障或失效。在此例中,当危险情况出现时,如果线路中任一产品失效(如急停开关被按下时,触点却没有断开,或接触器线圈、衔铁、弹簧等部件失效,或接触器触点粘连),都会造成整个安全系统的功能失效,并可能造成人员伤害。可以看出,提高安全系统中产品的质量和可靠性,就可以提高安全系统的可靠性。但任何企业都不能保证所生产的产品会永远可靠地正常工作。

在承认构成安全系统的部件可能出现故障或失效的前提下,如何改进设计,才能做到即使在某些部件失效的情况下,还能维持安全系统的功能不丧失呢?采用冗余技术是常用的有效手段之一。

仍以上述安全系统(图 4-7)为例进行说明。如何提高其安全等级呢?可以采用具有冗余技术的安全继电器模块、双触点急停按钮 EB、两个接触器线圈 K1 和 K2 来组成安全系统线路。连接方法如图 4-8 所示。

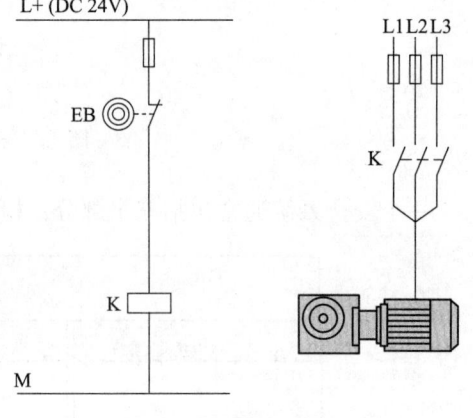

图 4-7 传统的安全控制线路

在此安全系统中,按钮 S 是电动机的起动按钮。在同时满足下面两个条件,并按下按钮 S 时,电动机才能起动运转。

1)安全继电器模块检测到双触点急停按钮 EB 的两个常闭触点均处于闭合状态。

2)反馈回路检测到两个接触器的辅助常闭触点 NC1 和 NC2 都处于闭合状态。

当上述起动条件满足,且起动按钮 S 被按下时,安全继电器起动,使其输出回路 13-14、23-24、33-34 闭合,两个接触器线圈 K1 和 K2 的电源线路被接通,使得两个串接的接触器触点闭合,电动机通电得以运转。

当出现紧急情况,如急停按钮被按下(或安全继电器内部逻辑检测到其他输入状态改变)时,输出回路 13-14、23-24、33-34 瞬时断开,两个接触器线圈 K1、K2 失电,电动机

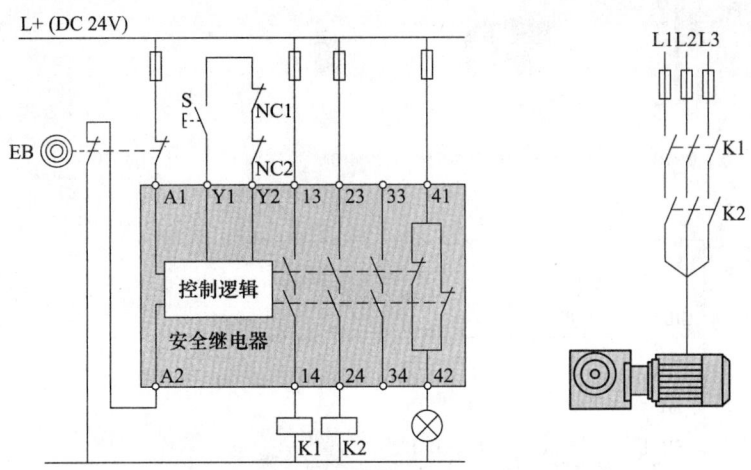

图 4-8 采用冗余技术的安全控制系统

供电线路上的两个接触器触点断开,使电动机因失电而停止运转。

在这样的冗余设计中,急停按钮某一路的卡阻,或接触器某一触点的粘连,均不会导致急停设计功能的丧失,因为按下急停按钮后,只要有任一个常闭触点断开,或接触器任一个触点断开,都可实现断电停机。采用双路冗余设计的系统,只有当双路部件同时失效后,安全系统才会失效。因为双路部件同时失效的概率更小,所以这样的安全系统失效的概率也更小,也就是安全系统的可靠性更高了。由此可以看出,所谓安全机器,也并非100%没有造成伤害的可能性,只是其造成伤害的可能性足够小,达到了人们可以接受的程度。

采用双路冗余设计,当双触点急停按钮(或双继电器或双接触器)中的某一路失效后,虽然安全系统仍然起作用,但原有的"双路"已经变成"单路",使得其可靠性实际上已经降低了。因为当双触点急停按钮(或双继电器或双接触器)的另一路也失效时,该安全系统就不起作用了,即此时的冗余系统实际上已降级为非冗余系统。为防止这样的情况发生,安全部件(如安全继电器)通常具有部件故障检测功能,周期性地对安全部件进行检测,发现故障后会及时报警,提示人们及时修复故障或更换部件。

上面举例说明了提高部件可靠性(即安全等级)的两种方法。事实上,提高部件安全等级的常用方法包括部件或线路的冗余、自检测、安全表决机制、安全通信协议等。有兴趣的读者可参考有关安全产品的专业书籍来了解这方面的知识。

4.3.2 计算安全系统的安全等级

如前所述,安全系统由检测、评估和响应三部分构成。每一部分都由具有 PFHD 值的安全产品组成。整个安全系统的安全等级(PFHD 值)为构成安全系统的所有部件的 PFHD 值之和。

现举例说明安全系统的 PFHD 值计算,如图 4-9 所示。

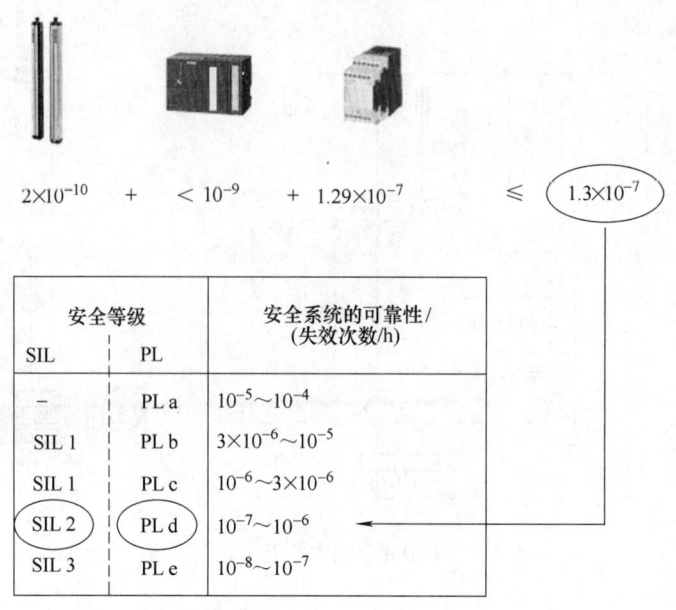

图 4-9 某安全系统的 PFHD 值计算

某安全系统由安全光栅、安全 PLC 和安全接触器组成。每个部件都有供货商给出的 PFHD 值，该安全系统的 PFHD 值为这三项 PFHD 值之和。根据安全等级的定义，该安全系统的安全等级为 SIL 2 或 PL d。

4.4 集成安全功能的控制与驱动产品

4.4.1 什么是集成安全功能的控制与驱动产品

前面已经介绍过，一个安全系统由检测、评估和响应三个部分组成。图 4-10 所示为一个传统的安全系统，从该图可以看出，传统的安全系统是在自动化系统之外单独构建的。安全系统的响应部分给出信号并送到自动化系统，使自动化系统中的执行机构进行相应动作，以实现机器安全的目的。这种方法的缺点是构建安全功能所需的部件和冗余线路会占用较大的空间，当安全功能需要变更时，不仅需要重新设计并搭建线路，而且要重新进行安全功能检测并认证其安全等级。这样的做法往往需要花费较长的时间及较高的费用。

随着自动控制技术的发展以及控制和驱动部件制造工艺的进步，安全线路（冗余、诊断、安全检测等）及许多常用的安全功能（如安全限速功能）可以被集成到控制器、总线、驱动器等部件中，一些常用安全功能（如安全门监测）的相应软件部分被集成到机器安全软件功能库中，以方便用户使用。若采用集成了安全功能的部件，可以将图 4-10 所示的安全功能以图 4-11 所示的方法构建。在这个方案中，安全系统中的评估和响应部分及其功能已被集成到了自动化系统的控制器和驱动器当中。

集成安全功能意味着，在机器的传感器、控制器、驱动器等部件中，已经集成了应对机

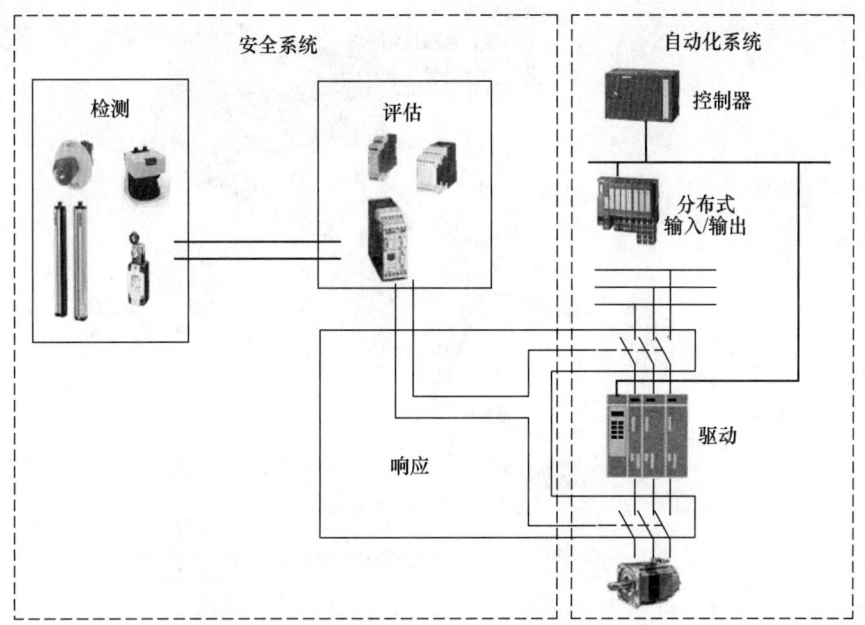

图 4-10 传统的安全系统由外部线路构成

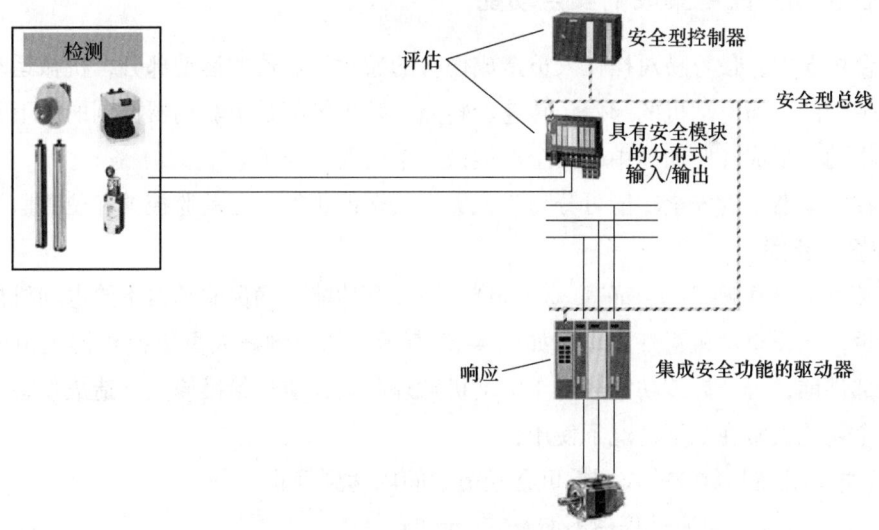

图 4-11 采用集成安全功能的部件组成安全系统

器可能造成伤害的常用安全功能，如图 4-12 所示。需要使用安全功能时，只须激活这些部件中相应的安全功能。

与传统的安全系统相比，采用集成安全功能的部件来构建安全系统可减少硬件产品的使用数量，减少设计、施工和调试时间；可方便地对安全功能进行扩充以实现机器的新功能；还能够降低系统维护的复杂性，减少停机时间，提高生产企业的劳动生产率。

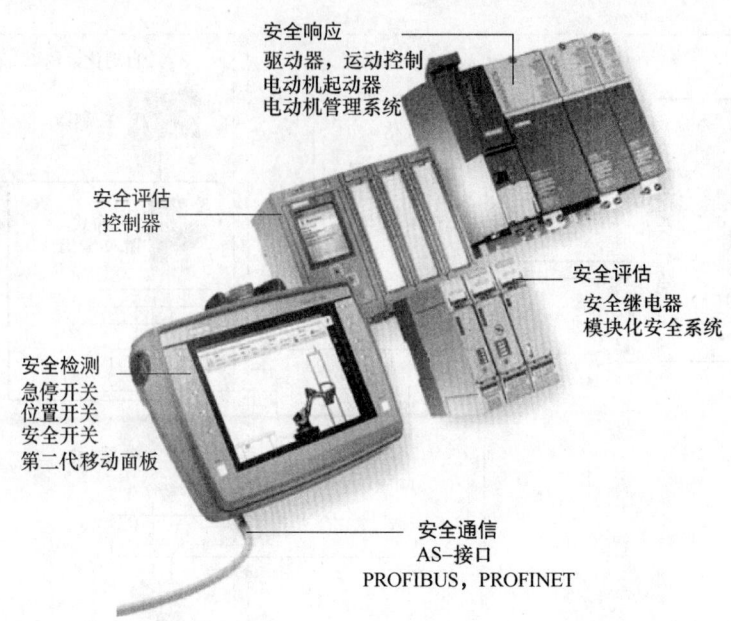

图 4-12 集成安全功能的自动化和驱动产品（来源：西门子公司网站 www.siemens.com/safety）

4.4.2 在驱动产品中集成的安全功能

在一台机器中，最容易对操作人员造成伤害的通常是机器的运动部分，机械运动大多是由电动机带动的，而电动机的起停、转速、转向、转矩等都是由驱动器控制的。下面对机械设备中常用的、集成在驱动器中的安全功能做一个简要的介绍。

集成在驱动器中的安全功能可分为三大类：安全停止类、运动监控类和位置监控类。

1. 安全停止类

（1）安全转矩关断 STO（safe torque off） 该安全功能可确保驱动器不给电动机提供产生转矩的能量，防止电动机意外起动，如图 4-13 所示。如当维修人员更换机器上由电动机驱动的机械部件前，可开启该功能以防止电动机意外起动，避免给维修人员造成伤害。

该安全功能通常在如下情况下使用：

1）当电动机在其负载的作用下可在较短时间内达到静止。

2）电动机在惯性减速过程中不涉及安全问题。

（2）一类安全停止 SS1（safe stop 1） 该功能可使电动机快速地安全停止，然后激活 STO 功能，使电动机不再获得可产生转矩输出的能量，如图 4-14 所示。

该功能用于尽快制动带有较大负载或高速旋转的电动机，驱动器还会监视电动机的转速，当电动机的速度降为零后，不再向电动机提供能量。例如，在切割机中，电动机驱动一个惯量较大的锯盘切割石材，当机器出现故障后，操作人员按急停按钮启动 SS1 功能，使电动机尽快停止转动，在电动机降速过程中，驱动器还会监视电动机的转速，当电动机的转速降为零后，停止向电动机输出能量，并产生一个安全信号，使机器的安全门可以被打开，以允许维修人员进入现场进行维修。

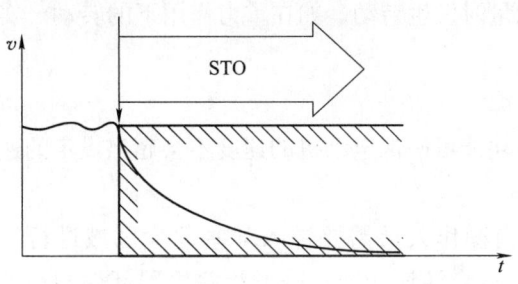

图 4-13 安全转矩关断 STO

（来源：西门子公司产品目录 Catalog PM21. 2017）

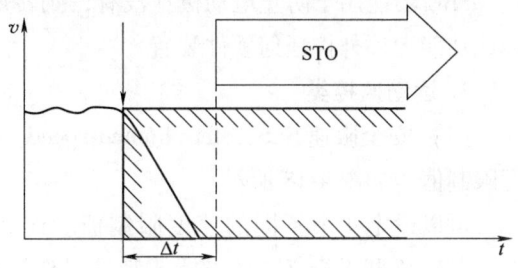

图 4-14 一类安全停止 SS1

（来源：西门子公司产品目录 Catalog PM21. 2017）

（3）安全操作停止 SOS（safe operating stop） 在该安全功能下，停止运转的电动机将保持其位置不变，且由驱动系统监控。

在此情况下，驱动系统仍为电动机提供足够的转矩能量，使其保持在原有位置不动，如图 4-15 所示。

在可能存在外来转矩的情况下，该功能无须外加机械部件即可使电动机轴的位置保持不变，因此当 SOS 功能去除后，能立即使电动机轴运转起来，且无须执行轴的校准等操作。SOS 通常用于如下场合：

1）机器或机器的一部分必须处于停止状态。

2）驱动器须为其提供一个保持转矩，使电动机轴的位置保持不变。

（4）二类安全停止 SS2（safe stop 2） 该功能可使电动机快速地安全停止，然后激活 SOS 功能，使电动机保持其位置不变。此时驱动器的速度控制仍有效，可为电动机提供足够的转矩来抵抗可能存在的外力，但电动机的速度为零，如图 4-16 所示。

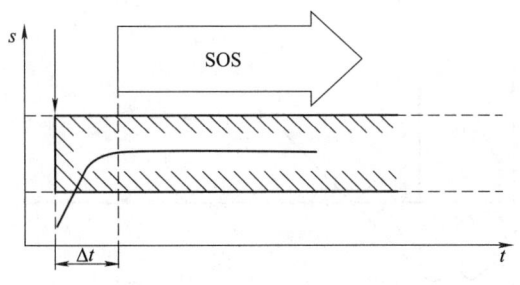

图 4-15 安全操作停止 SOS

（来源：西门子公司产品目录 Catalog PM21. 2017）

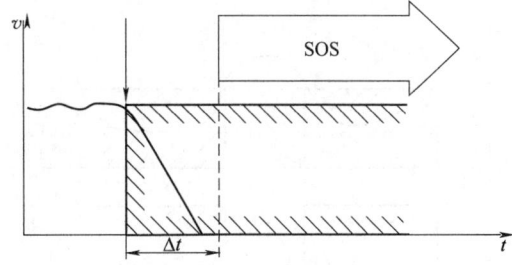

图 4-16 二类安全停止 SS2

（来源：西门子公司产品目录 Catalog PM21. 2017）

SS2 功能使电动机快速地安全停止，与 SS1 功能不同的是，电动机停止转动后，该功能并未切断电动机的能量供给，目的是防止电动机在外力的作用下偏离其静止位置。

（5）安全制动控制 SBC（safe brake control） 该功能可对抱闸动作实施安全控制，SBC 功能总是与 STO 功能同时激活，如图 4-17 所示。

SBC 功能中还包括安全抱闸测试（SBT）功能，即驱动器周期性地给被抱住的电动机轴施加一测试转矩,看其是否会在该转矩的作用下转动。

SBC 功能用于防止电动机在没有得到转矩能量时发生转动,如在重力作用下的转动。实现该功能无须外接任何硬件装置。

2. 运动监控类

(1) 安全限速 SLS(safety limited speed) 该功能可确保电动机的速度不会超出设定的速度限制值,如图 4-18 所示。

可以设定 4 个不同的速度限制值。例如,当操作人员需要进入某些危险区域进行工作(如对机器进行必要的设置或特殊操作)时,可激活该功能来降低相关机器部件的运动速度,确保操作者的安全。

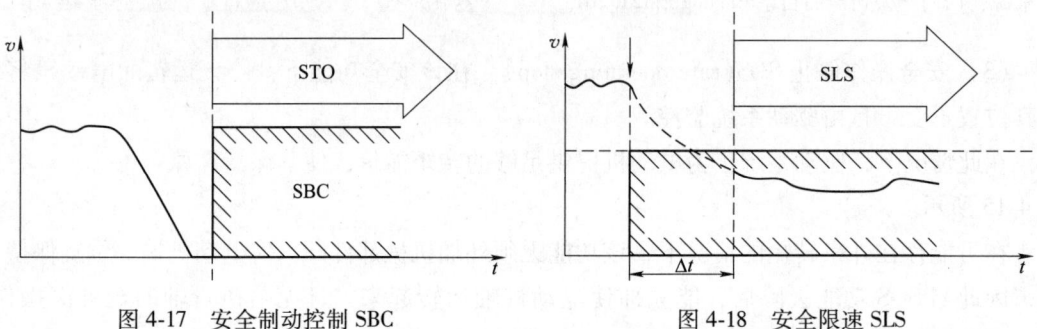

图 4-17　安全制动控制 SBC　　　　　　　图 4-18　安全限速 SLS
(来源:西门子公司产品目录 Catalog PM21. 2017)　(来源:西门子公司产品目录 Catalog PM21. 2017)

(2) 安全速度监视 SSM(safety speed monitor) 该功能的作用是,当电动机的转速低于某速度设定值(该设定值可调)时,输出一个与安全相关的信号,如图 4-19 所示。

例如,当机器的速度低于某速度设定值时,利用输出的信号使安全门可以被打开。

(3) 安全方向 SDI(safe direction) 该功能可确保电动机向选定的方向旋转,如图 4-20 所示。

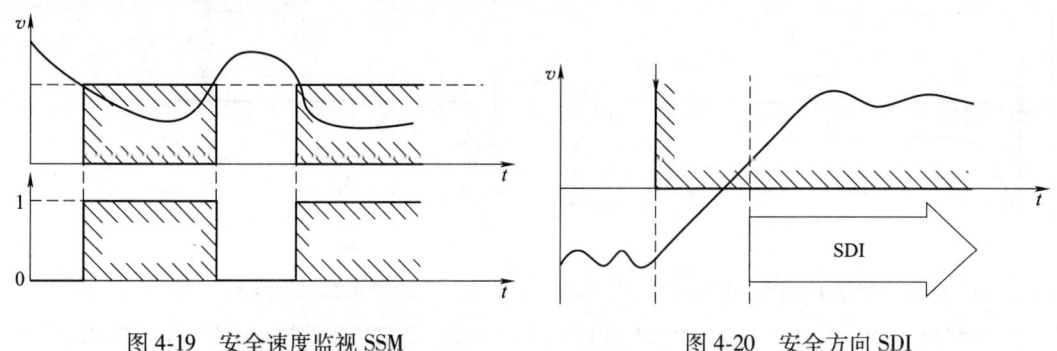

图 4-19　安全速度监视 SSM　　　　　　　图 4-20　安全方向 SDI
(来源:西门子公司产品目录 Catalog PM21. 2017)　(来源:西门子公司产品目录 Catalog PM21. 2017)

例如,当操作员给机器的辊筒做清理时,为确保操作员的安全,机器的辊筒只能向指定的安全方向(离开操作人的方向)旋转,以确保人员安全,如图 4-21 所示。

(4) 安全限制加速度 SLA(safely-limited acceleration) SLA 功能可监控驱动器的加速度,使其不超出预设的加速度限定值。当该功能被激活后,它就会监控相关的参数,以防止驱动

第4章 机器安全

辊筒按此向转动有危险　　　　　辊筒按此向转动安全

图 4-21　辊筒的转向可能对操作人员造成伤害

器的加速度超过预设的限定值,如图 4-22 所示。如果超出限定值,则以预设的方式做出响应,如停止加速,使机器附近的人员得到有效保护。

在实际应用中,该功能可对驱动器所驱动电动机的加速过程进行监控,防止其加速度超过给定的安全值,从而减小机械的振动,避免机械碰撞,杜绝事故的发生。

图 4-22　安全限制加速度 SLA
(来源:西门子公司网站)

3. 位置监控类

(1) 安全限位 SLP(safety limited position)　该功能可对运动轴进行监控,确保其运动被限制在允许的范围内,如图 4-23 所示。

可以将运动范围限制在两个位置值之间,当轴的运动超出该范围时,触发预先设置的响应。

在实际应用中,可利用 SLP 功能使机器的运动部位不会进入操作人员所在的区域,保证其不受伤害。

(2) 安全位置 SP(safe position)　驱动器检测运动轴的实际位置值,并通过 PROFIsafe 总线将该值传送给安全控制系统,如图 4-24 所示。

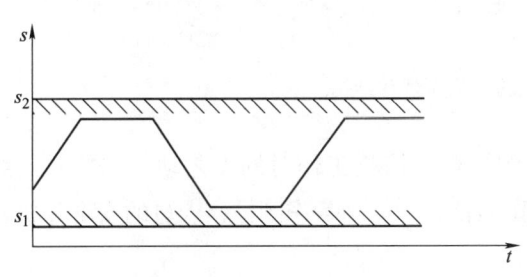
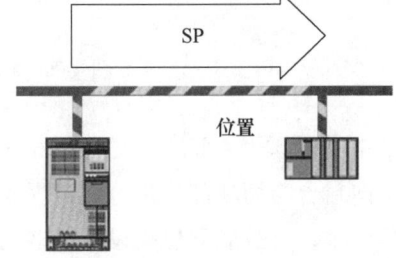

图 4-23　安全限位 SLP　　　　　　　　图 4-24　安全位置 SP
(来源:西门子公司产品目录 Catalog PM21.2017)　(来源:西门子公司产品目录 Catalog PM21.2017)

安全系统对该实际位置值做何种响应,是由安全控制系统中的程序确定的,所以对该位置值的响应动作是灵活多变的。

（3）安全凸轮 SCA（safe cam） SCA 功能可以监测驱动器的位置，并确保这些位置与安全相关的预设参数相匹配。当驱动器的当前位置处于为凸轮预设的安全范围内时，SCA 功能将提供一个与安全紧密相关的信号，如图 4-25 所示。用户可预设多达 30 个安全位置。该功能可以多种方式使用，如可将其用于安全轴特定区域的检测，或用于监控工作区或保护区的边界。

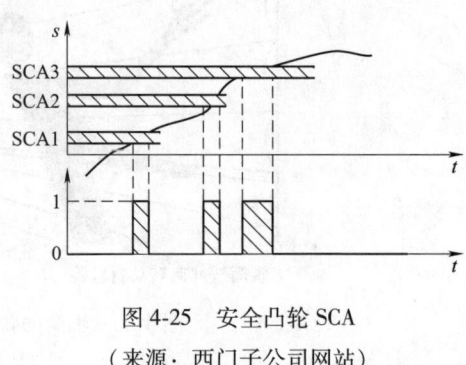

图 4-25 安全凸轮 SCA
（来源：西门子公司网站）

在生产现场的实际应用中，利用 SCA 功能可实现只有当驱动器处于预设的特定位置范围时，才允许打开机器的安全门。

4.4.3 具有安全功能的机械设备举例

下面以常见的枕式包装机为例，说明集成安全功能产品的实际应用。枕式包装机的工艺原理及结构如图 4-26 所示。

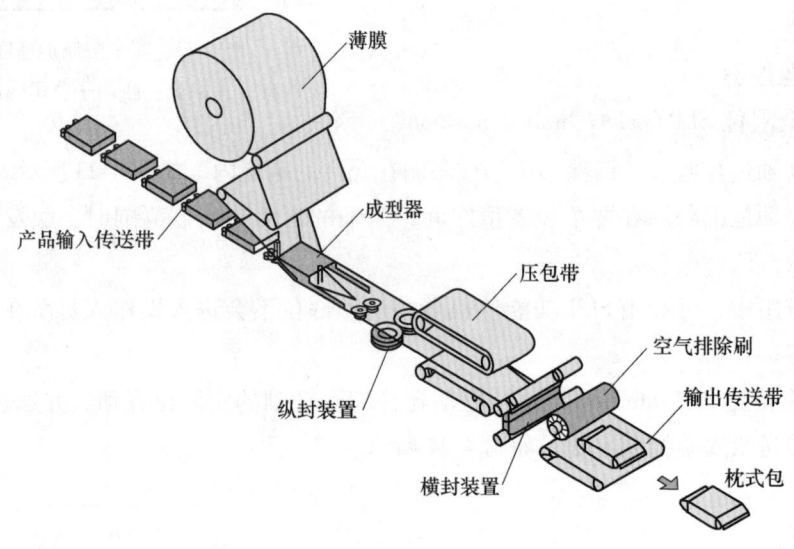

图 4-26 枕式包装机的工艺原理及结构

在本书的 3.2.7 节中已对该机型进行了介绍。根据该机工作时的工艺动作，拉膜与纵封、横向封合与切断部分是包装过程和机械动作的核心功能。考虑到操作人员的安全和机器的工作效率，可按如下思路设计机器的安全功能：

1）紧急停机按钮被按下时，触发 SS1 安全停止功能，机器尽快停止运转，并激活 STO，使电动机不再有转矩输出，防止造成对人员或机械的伤害。

2）当操作人员因某些原因（如更换包装材料或清理废料）不得不接近运转的机器时，为防止伤人，应启动 SSM 安全速度监视功能，当电动机速度降低到设定值后，使操作人员可打开安全门，进入安全门内进行工作；还要启动 SLS 安全限速功能，当操作人员在安全门内工作时，使机器以设定的低速运行，防止造成人员伤害。

3）当操作人员的身体或身体的某些部位（或其他物体）不慎进入机器的危险区域（如纵向及横向封合、切断区域）时，机器可快速停止运转并保持在停止位置不动。人员或物体离开危险区域后，机器可从停止处继续运行。因此，需要在通往危险区域处设置安全光栅，当安全光栅被阻断时，触发 SOS 安全操作停止功能。

4）采用 PROFIsafe 传输安全相关信号。

图 4-27 所示为该机器的安全系统机构设置。图 4-28 所示为配备安全功能的枕式包装机自动化与驱动方案。

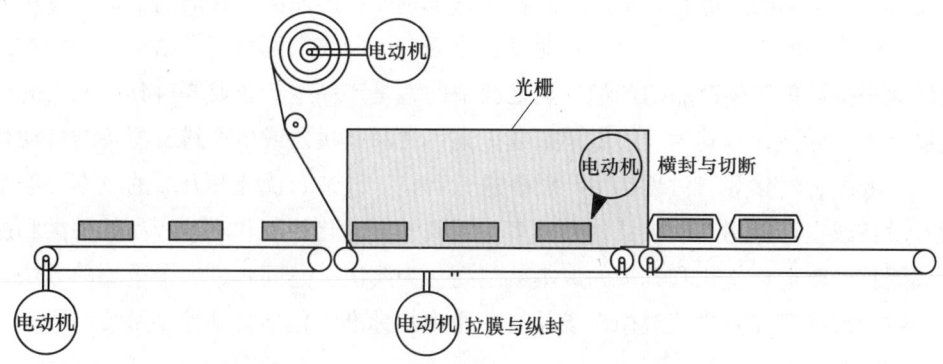

图 4-27　枕式包装机的安全系统机构设置示意图

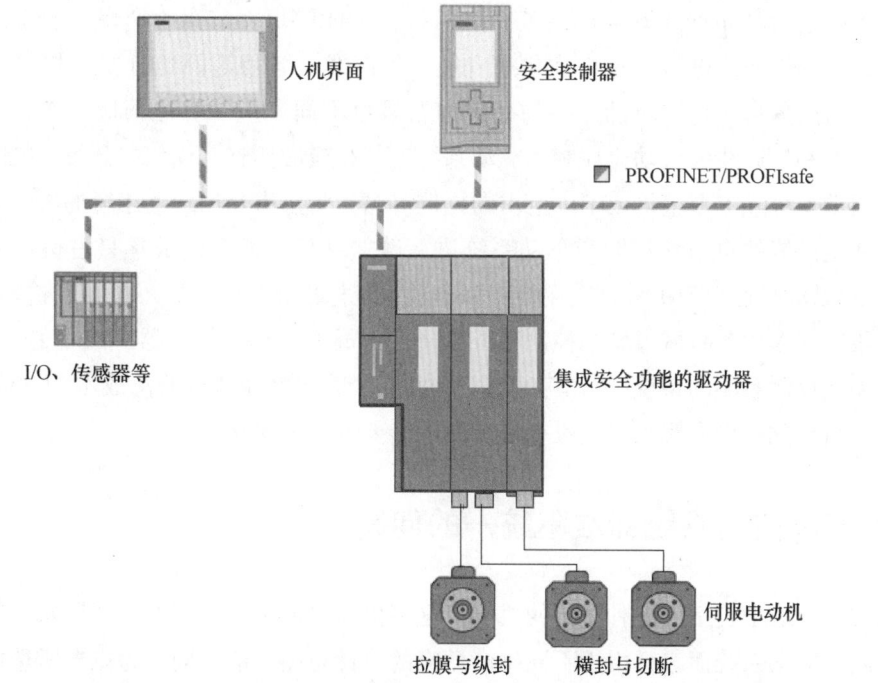

图 4-28　配备安全功能的枕式包装机自动化与驱动方案示意图

第 5 章
控制系统标准化

如前所述，市场的发展趋势是产品的种类越来越多，产品的生命周期变短，订单的批量变小。为适应这样的变化，产品生产企业就要根据市场的需求调整产品结构，增加产品的品种，灵活地根据订单调整产品的产量。随之而来的就是产品生产企业要对其所使用的机器进行改进以增加灵活性，对其生产线做调整或扩充，并对其机器或生产线所配备的自动化系统进行改造、升级和优化等。对现有生产设备进行调整、改造、优化和升级的成本一般都会很高。现有设备或生产线用到的机器种类越多，用到的自动化控制和驱动产品的种类和品牌越多，完成调整、改造、优化和升级的成本就越高。为解决上述问题，一个重要的方法是在机器制造和生产线的搭建阶段就遵循市场及行业通用的标准，包括自动控制系统与驱动系统的标准。

在 20 世纪 90 年代，一台机械设备中自动化控制和驱动系统的硬件和软件成本约占机器总成本的 10%。为使生产线既可调整其产品品种，又能够保持较高生产率，通常需要对现有的机械设备和生产线进行改造、优化或升级。生产线上各种不同的机器（机器的制造商不同，机器所用的自动化和驱动产品的品牌和型号也不同）应能够协调地工作，为此通常也需要对机器和生产线的自动化控制和驱动系统进行相应的调整、优化或升级。彼时，由于自动化和驱动系统成本在整机成本中所占的比例不高，为了满足用户上述新的生产要求，对机械设备和生产线的自动化控制和驱动系统进行改造和优化所需的成本只占机器总成本的 5% 左右，所以那时对生产机械自动化控制和驱动系统标准化的需求并不是特别迫切。

现阶段，许多生产机械设备中控制系统软硬件的成本已提升至机器总成本的 30% 左右，对机器自动化控制和驱动系统进行客户化改造的成本逐步提升到机器总成本的 30%～40%，这就使得对自动化控制和驱动系统进行标准化的必要性凸显出来。

5.1 生产线控制系统标准不统一的问题

现有的生产线中包括许多种不同的机器，这些机器可能来自不同的生产厂家。就机器的自动化控制与驱动系统而言，由于不同生产厂家的设计思路可能不同，为机器所选用的自动化和驱动产品更是多种多样。经常出现这样的情况，即使是同一类机器（如纸箱包装机），不同生产厂家所采用的控制和驱动系统，包括硬件（如控制器、驱动器）和软件互不相同。

这样就导致了生产线中机器所配备的自动化和驱动产品的种类繁多，如图 5-1 所示，图中用不同的形状表示不同（品牌、型号、性能等）的产品。

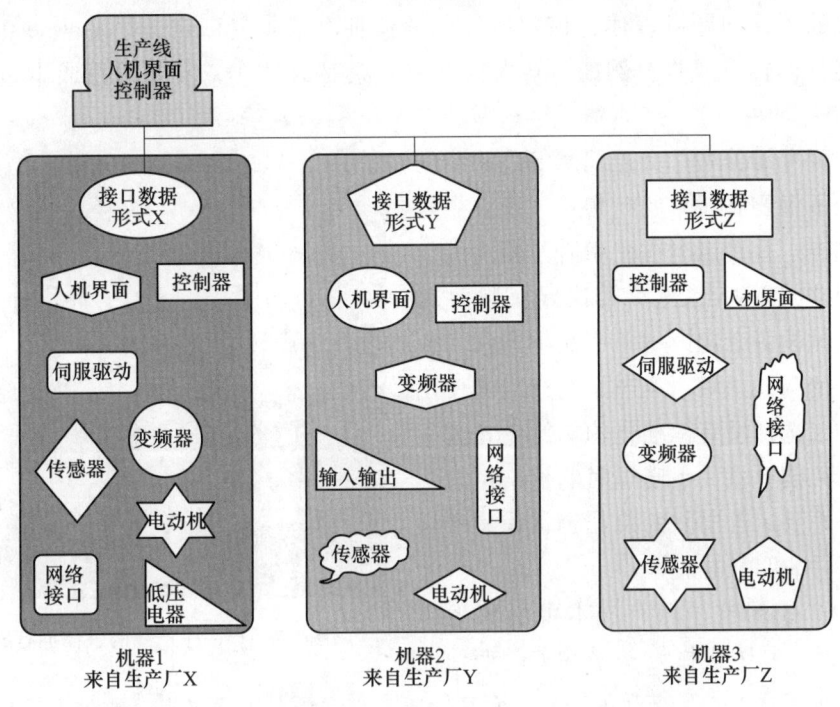

图 5-1 未实施标准化的生产线中自动化和驱动产品种类繁多

这样的做法在单机运行时尚可满足基本要求，但却很难方便地实现生产线的整线联网和控制，更难达到自动采集生产线机器状态、查找故障及其原因等目标。这种情况相当于生活在不同区域的人们使用各自的语言，如果他们之间互不交流，他们便可以互不影响地正常生活。但要进一步发展经济，提高人们的生活品质，就需要不同区域的人们之间相互交流和协作。在语言互不统一的情况下，他们就只能依赖翻译来相互理解对方。更好的方法是统一不同区域人们的语言，使他们自己就能够相互理解和交流。在自动化生产线领域，如果没有统一的标准规定机器运行过程中应生成哪些状态数据、机器应接收哪些指令数据，也没有对这些数据的命名方式和表达形式做出统一的规定，而是由机器生产厂家各自采用自家规定的方法，在这种情况下，当需要整条生产线上不同机器之间协同工作时，就会遇到诸多困难。例如，生产线的机器之间很难交流信息，某些机器可能提供不出对生产线进行分析处理所需的必要信息；生产线的上层管理和分析软件即使可以采集到来自不同机器的信息，但却无法理解它们的含义。还有可能出现的情况是：已经实现机器之间相互联网的生产线建成并运行若干年后，根据市场需求，要扩大生产线产能或增加机器信息采集和分析等功能。若在设计和制造机器、搭建生产线时没有统一机器的状态和命令数据标准（产生哪些机器数据，数据的表达方式），这时就会遇到非常大的困难，可能需要花费大量的时间和金钱才能达到预期目标，有时甚至根本不可能达到预期目标。除此之外，未实施标准化的生产线还有一些其他的缺点：因为使用的控制产品种类繁多，不利于采购或使采购成本偏高；机器的使用方需要储备更多品种的备件以保证生产线的正常运行；若干年后某些控制或驱动部件可能从市场上消失；技术人员需要学习更多的产品知识和产品的使用方法等。

生产线的上述问题可表述为该生产线的整体拥有成本（total cost of ownership，TCO）高。什么是整体拥有成本？例如，某人要拥有一辆私人轿车，需要的总成本包括采购成本（车价和各种税费）、汽油费、停车费、车辆保险费、保养维修费、交通罚款等。聪明的人在买车前不仅要看轿车的销售价，还要做好多方面的调查，看看该车在使用阶段所需的上述各项总成本有多大，然后再决定买哪种轿车。采购机械设备或建设一条产品生产线，也会存在同样的问题。对一条产品生产线的使用者而言，如果选择没有标准化的单机设备或生产线，尽管采购单机或生产线时的价格可能会低些，但考虑到运营期间的总花销，采购那样的机器设备并非明智的选择。

产品生产线的整体拥有成本可形象地以图 5-2 来表示，其中机械设备采购和前期建设

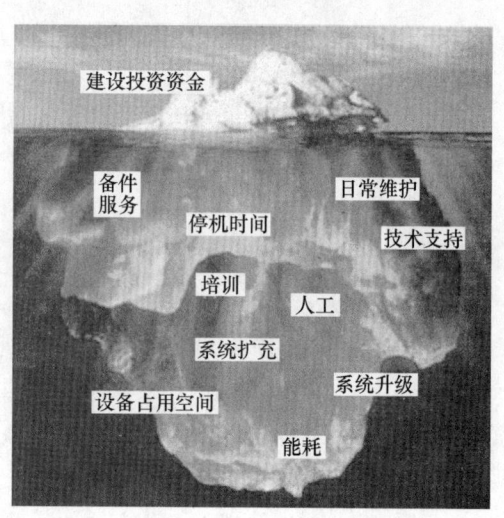

图 5-2　产品生产线的整体拥有成本

成本暴露在水面之上，是直观可见的，而其他成本则隐藏在水面之下，暂时不易察觉到，但这些隐藏的成本在生产线投入运营后会逐渐显现出来，而且在生产线整个生命周期中所占的比例更大。

5.2　自动化系统标准化的范围

若要降低产品生产线的整体拥有成本，应尽可能地减少机械设备的控制和驱动系统中同类产品的种类，选择具有通用联网能力及数据存储能力、节能、备件供应条件好的产品。对于控制系统的人机界面，应选择那些已被大众广泛接受且符合操作人员习惯的图示与画面，以降低操作人员学习和培训的成本。生产线网络和控制软件的结构应方便单机、生产线及整厂的改造、优化和升级。

具体地说，实施标准化应按照从机器外部到机器内部、从机器上层到机器下层的顺序。

1. 机器外部

1）显示界面。采用已被大众广泛接受且符合操作人员习惯的形式，显示整线的工作情况、故障信息、整线的绩效指标等内容。

2）网络体系结构。应采用有利于生产线状态信息采集、系统诊断、备份和恢复等功能的网络体系结构。

2. 机器内部

1）机器的网络接口。选择常用的工业以太网接口，使机器具有联网的能力。

2) 机器接口数据。以规范的表达形式，为上层软件提供必需的机器状态数据，接收来自上层软件的命令数据。

3) 机器的控制程序。尽可能地利用标准化的工艺软件包，提高控制程序的可靠性，缩短开发周期。

4) 自动化和驱动等产品部件。尽可能地减少机器中同类自动化与驱动部件的品种，选择具有联网能力及数据存储能力、节能、备件供应方便的产品。

先从机器内部看，自动化和驱动产品部件通常包括人机界面、控制器（如PLC）、驱动器和电动机等。从单机的角度看，控制器性能的选择往往取决于该机器所需的逻辑和运动控制的复杂程度。为生产线上的每台机器选择控制器时，如果仅考虑使其性能刚刚满足该机的逻辑及运动控制要求，可以选择的控制器的品种非常多，但这样就会使同一生产线上可能出现多种类型和品牌的控制器。如生产线上共有8种单机，控制器的种类就可能有6种。这样的做法可能使单机的控制器成本最低，但却会增加采购（从多个不同供货商采购更多不同类型或品牌的产品）、备件、工程师学习和使用产品的成本。如果不同控制器之间的通信协议不兼容，还会提高系统集成的成本。

明智的做法应该是尽可能地压缩生产线上同类产品（如控制器）的品种数量，选择产品时在性能上留出余量，并考虑兼容性、备件支持、品牌等因素，使选择的一种产品可满足多台机器的当前和今后需要（考虑到今后可能的系统升级、扩充等）。根据这样的思路，仍以上述含有8台单机的生产线为例，则可能出现的选择结果是：为8台单机选出的8个控制器中，只包括2种不同的规格。

上面的思路同样适用于人机界面、驱动器、电动机等产品的选择。对于驱动器和电动机，还应考虑节能等因素，因为产品生产线的大部分能耗出自于驱动器和电动机。按照上述方法对产品进行优化选择，使生产线中所用的人机界面、驱动器、电动机等每一类产品中所包含的品牌和型号数量降至最低。

不同的机器需要执行不同的工艺动作以完成其功能。有些机器需要执行的工艺动作会比较复杂，但复杂的工艺动作可分解为多个简单、常用的工艺动作。许多自动化产品供货商或自动化应用工程师已将一些常用工艺对应的控制软件做成了相应的标准软件功能包，供用户使用。这些软件功能包通常都经过了较长时间的优化、验证和实际应用，因此其算法相对成熟，性能通常也稳定和可靠。在编制单机设备的控制程序时，应尽可能地采用已有的标准化软件功能包。这样做的好处是使程序的结构清晰，利于软件的维护与升级改造，并且能够缩短机器控制软件的开发时间。

机器接口数据是指生产线上层软件（如SCADA、MES）和机器之间所需交换的信息数据。例如，上层软件会利用机器提供的数据完成某些统计和分析（如设备综合效率、停机原因分析），要完成这些工作，机器必须提供某些必需的信息给上层软件，否则相应的统计和分析就无法完成。另一方面，这些信息的表达方式必须是上层软件能理解的。例如，某公司要派司机去机场接某位客人，有些信息是必需的，如日期、航班号、客人姓名；另一方面，应以司机可理解的语言（如普通话）将这些信息告知司机。这就是说，欲就某事项进行有效的信息交流，参与交流的各方首先要明确应交流的信息内容，还要约定如何表达这些信息。为实现产品生产线与上层控制和管理软件之间有效的接口数据交流，一些国际化的行业组织定义了机器接口数据的有关标准或规范。本书后面将要介绍的 OMAC 标准就是一个常用的机器接口数据规范，它定义了标准的机器状态模型，其中包括机器的运行模式和状态（State & Mode），还定义了上层软件和机器之间需交换的信息内容和信息的表达方式（PackTags）。许多自动化产品供应商已将 OMAC 的机器状态模型做成了软件功能包（如西门子公司的 OMAC mode and state manager），以方便使用者实施 OMAC 标准。图 5-3 所示为机器内部运行的标准工艺软件库及标准接口数据变量。

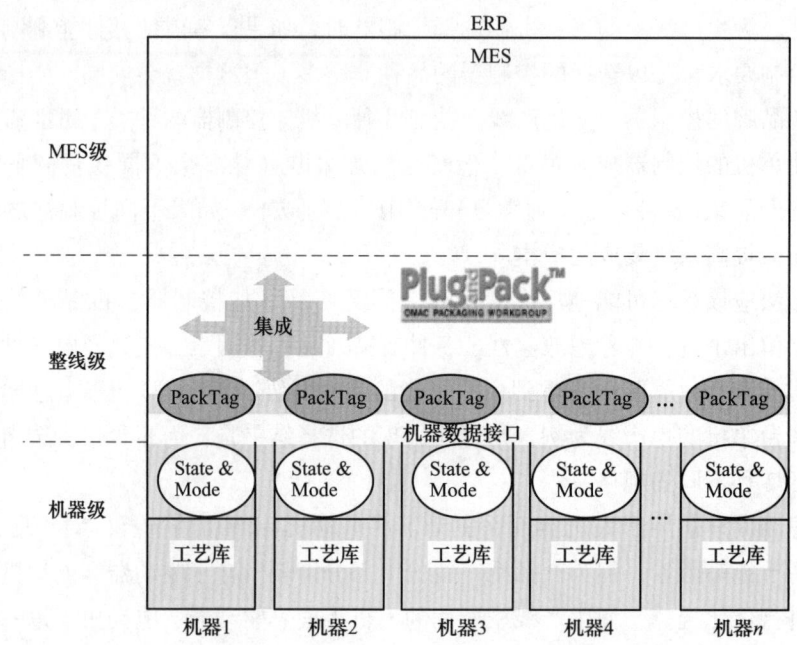

图 5-3　机器内部运行的标准工艺软件库及标准接口数据变量

为了使机器可与其他机器或上层软件通信，该机器上一定要集成网络接口硬件。目前，工业控制中较常用的网络是工业以太网，如 PROFINET。

将生产线内的各台单机之间、生产线与生产线之间、生产线与整厂管理系统之间联成网络，其好处是既可实现生产线的远程控制，又能实现整厂的生产线数据采集、分析和显示，还可以进行生产线设备的故障诊断、系统数据的备份和恢复等。整厂网络还应能够随着工厂的升级改造进行相应的升级和扩充。在设计和建设网络时要充分考虑上述目标，选择能够实现上述功能的网络协议及其网络拓扑结构。例如，可选用已被众多行业普遍接受的工业以太网协议。为企业的生产线级联网，可采用星形网络结构；为整个企业级联网，可采用环形网络结构。

为方便产品生产过程的操作和管理，生产线和企业网络建立起来后，通常要在生产线的机器上、生产线的控制和显示终端上、企业管理人员的终端上显示工厂的有关信息（如机器工作状态、故障原因、设备综合效率等）。为了方便企业操作人员和管理人员理解显示终端上内容的含义,减少有关人员的学习培训时间,信息的显示形式要采用较通用的、已被大多数人所接受和熟悉的形式,同样含意的内容在不同终端上的显示形式要一致。为方便用户的使用,许多自动化产品供货商已将常用的信息内容和对应的显示形式做成了标准化的模板,供用户参考或直接使用。

如上所述,生产线的标准化可分成多个层次,如图 5-4 所示。

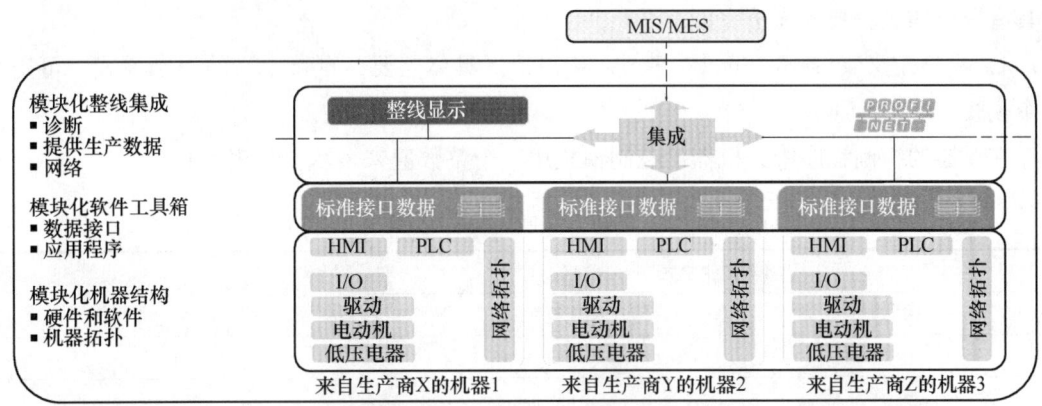

图 5-4 在多个层次上实行生产线的标准化

5.2.1 OMAC 标准

OMAC (Organization of Machine Automation and Control) 是一个国际化的行业组织,该组织下设多个工作组,其中的包装工作组 (OMAC packaging work group, OPW) 之下有一个称为 PackML (Packaging Machine Language) 的分支机构,负责制定与行业相关的生产机械通信指导规范,目的是通过标准化的方法降低生产线的集成成本。

PackML 所制定规范中的机器状态模型 (State Model) 和数据变量标签 (PackTags),对于整线数据采集和分析非常重要,已被许多最终用户和机械制造商所采用。需要注意的是,有些资料中将上述 PackML 规范称为 OMAC 规范或标准,从上面的简要介绍可知,OMAC 规范和 PackML 规范实际上指的是同一个规范。

1. 机器状态模型(State Model)

为满足整线的数据采集、数据分析并生成常用的重要分析结果,如绩效指标、停机原因等,生产线上的机器应能为上层软件提供必需的机器状态数据,使其能计算出这些指标或结果。在机器的工作过程中,机器的控制程序应能不断地动态检测机器相关部件的工作状态,自动生成这些数据并将其存储于数据区。机器状态模型的使用有助于机器的控制程序产生出这些数据。

按照 OMAC 规范,根据运行目的的不同,机器工作时可处于不同的控制模式 (mode),包括:

1) 生产 (production) 模式。该模式用于正常地、重复性地生产产品。

2) 维护 (maintenance) 模式。该模式通常由具有资质的工程技术人员使用,使机器能独立于生产线做单机运行,目的是对机器进行故障查找、试运行或测试改进等操作。如果机器的速度可调,在该模式下也可以调整机器的运行速度。

3)手动(manual)模式。在该模式下,可直接控制机器的某个模块。例如,在该模式下,可以手工按住机器中某个相关操作按钮,使机器中的几个驱动轴运转,以调试或验证多轴之间的同步性能;也可以在调整驱动参数后,以手动的方式对驱动系统进行再测试。该模式下的机器模块控制功能可能会受到该模块的机械结构限制。该模式下的手动操作通常也需由具有资质的工程技术人员完成。

4)用户定义(user defined)模式。用户根据具体需要,自行定义的控制模式,可定义多个模式。

在机器的控制程序中,机器的控制模式用一个整数值来表示,见表5-1。

表 5-1 机器的控制模式与对应数值表

机器控制模式		对应数值
中文	英文	
生产	production	1
维护	maintenance	2
手动	manual	3
用户定义	user defined	04~31

机器之所以会在不同控制模式下运行,是因为有不同的运行目的。以灌装机为例,在生产(production)模式下,其目的是将饮料按照要求灌入瓶中,这是正常的生产;在手动(manual)模式下,其目的可能是测试机器的某项功能(如紧急停机)。

PackML 定义了一个完整的、基准的机器状态模型,如图 5-5 所示。

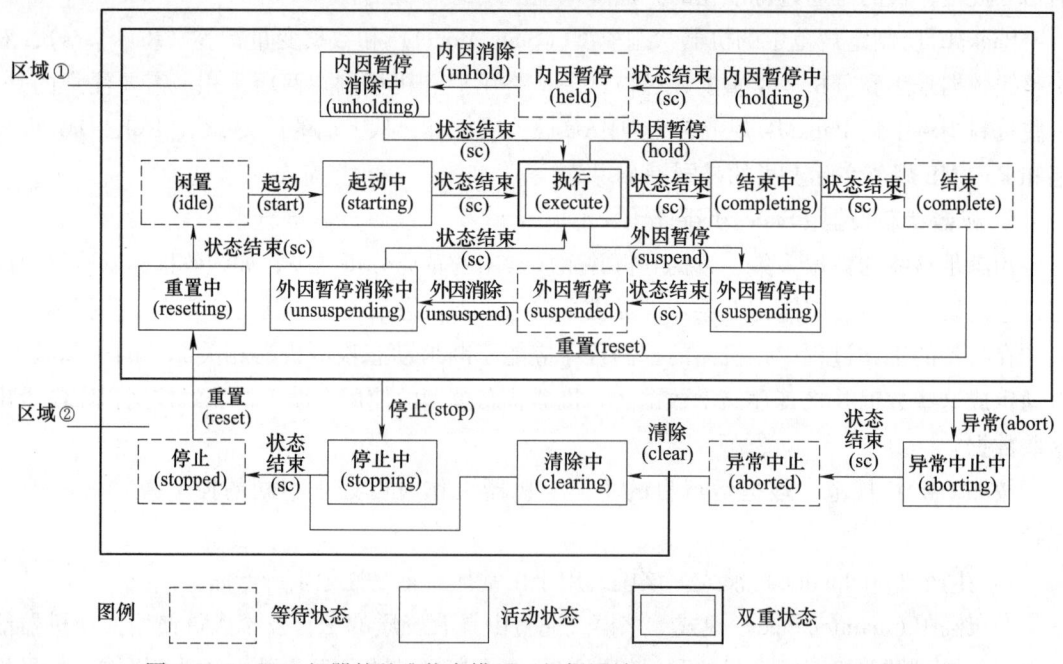

图 5-5 PackML 机器的基准状态模型(根据网站 www.omac.org 中图片翻译)

在这个基准状态模型中，共有 17 个状态。这些状态可分为 3 大类：等待（wait）状态，用虚线框表示；活动（acting）状态，用实线框表示；双重（dual）状态，用双实线框表示。

等待状态的特点是，机器进入该状态后，只有接到外来命令后，才能进入下一个状态。外来命令的来源可以是现场操作人员、上层控制软件、生产线上设备情况的逻辑运算结果等。为方便数字化处理，每一个外来命令对应一个整数值，见表 5-2。

表 5-2　外来（或状态转换）命令与对应数值表

命令		对应数值
中文	英文	
未定义	undefined	0
重置	reset	1
启动	start	2
停止	stop	3
内因暂停	hold	4
内因消除	unhold	5
外因暂停	suspend	6
外因消除	unsuspend	7
异常	abort	8
清除	clear	9

活动状态的特点是，机器进入该状态后，会自动执行一系列与本机具体工艺有关的动作，当该状态内应做的事项完成后，状态结束（state complete，SC）被置为"真"，机器便进入下一个状态。

在机器的基准状态模型中，只有一个双重状态，即执行（execute）状态。之所以称之为双重状态，是因为其兼具活动状态和等待状态的特征，既可以在状态结束为"真"时进入下一状态，也可以于收到外因暂停（suspend）或内因暂停（hold）命令后进入下一状态。

基准状态模型中包括了机器所有可能的 17 个状态，一般只有当机器处于生产（production）控制模式时，才有必要用到全部的 17 个状态。下面看一下开机后机器的状态转换过程。

正常开机（上电）后，机器进入停止（stopped）状态，此时机器没有机械动作，但其通信功能被开通。

机器收到重置（reset）命令后，转到重置中（resetting）状态。机器在此状态下完成一些必要的操作，如重置造成机器停止工作的错误位，并将有关的安全部件使能，使机器各部件达到能够正常工作的目的。重置中（resetting）状态内应做的动作完成后，状态结束（SC）的值被置为"真"，使机器转到闲置（idle）状态。

转到闲置（idle）状态后，机器在重置中（resetting）状态时达到的状况将继续保持，并执行该机器所需的必要动作（具体动作随机器的不同而不同）。

机器收到起动（start）命令后，从闲置（idle）状态转到起动中（starting）状态。在此状态下，机器执行正常生产运行前所需执行的一些步骤（具体动作随机器的不同而不同）。起动中（starting）状态内的动作完成后，状态结束（SC）的值被置为"真"，机器转到执行（execute）状态。

在执行（execute）状态下，机器开始了真正的生产过程。具体的生产动作随机型的不同而不同。如对果汁灌装机来说，在该状态下，机器逐一将果汁灌入瓶中，灌满一瓶后即将该瓶输出。

机器进入执行（execute）状态后，根据机器及生产线中出现的不同状况，可能转向下面3个不同的分支。

1) 由于自身原因，机器正常工作所需的某种条件暂时未被满足（如灌装机所需的瓶盖用尽了）。这类情况不同于故障，一般来说，操作人员即可使机器的工作条件重新满足（如补充瓶盖）。这种情况发生后，内因暂停（hold）命令将发出，机器转入内因暂停中（holding）状态，机器便停止正常生产。在内因暂停中（holding）状态下，机器应保存内因暂停（hold）命令为"真"之前机器工作的某些参量，使得当机器可继续工作的条件满足时，这些参量得以恢复，以便机器能够按原有的设置继续工作。内因暂停中（holding）状态内应做的工作完成后，状态结束（SC）被置为"真"，机器转入内因暂停（held）状态。在此状态中，机器不进行生产，但可能做一些与具体机器相关的动作。当机器正常工作的条件重新满足时，内因消除（unhold）命令为"真"，机器转入内因暂停消除中（unholding）状态。在此状态中的一项工作就是让机器按照之前保存的参量恢复到原有值，使机器能从停止点开始继续工作。内因暂停消除中（unholding）状态内应做的工作完成后，状态结束（SC）的值被置为"真"，机器重新回到执行（execute）状态。

2) 由于上游或下游机器的原因，使本机不得不停止工作。如：灌装机上游的洗瓶机故障，无瓶子供给灌装机；或由于灌装机下游的贴标机故障，使灌装机输出端的传送带上因积压瓶子而堵塞。上述情况会使外因暂停（suspend）命令发出，使机器转入外因暂停中（suspending）状态，机器在此状态下将停止生产。在外因暂停中（suspending）状态下，控制程序的一项重要工作就是保存外因暂停（suspend）命令发出之前机器工作的某些参量，其目的是当上下游的问题解决后，将这些参量恢复，使机器按照原有的参量值继续工作。外因暂停中（suspending）状态内应做的工作完成后，状态结束（SC）的值被置为"真"，机器转入外因暂停（suspended）状态。机器此时处于可控的停止状态。当上下游的故障被排除后，外因消除（unsuspend）命令将发出，机器随后转入外因暂停消除中（unsuspending）状态。在此状态下，一项重要工作就是为机器恢复前面保存的参量值，使其能够从停止点继续开始运行。外因暂停消除中（unsuspending）状态内应做的工作完成后，状态结束（SC）的值被置为"真"，使机器重新回到执行（execute）状态。

3) 如果一切正常，当机器完成设定的工作量（如灌完并输出500000瓶果汁）后，状态结束（SC）的值被置为"真"。机器随后进入结束中（completing）状态，在此状态下会执行一些动作（具体动作随机器的不同而不同）。结束中（completing）状态内应做的动作完成后，状态结束（SC）的值被置为"真"，机器随后进入结束（complete）状态，等待重置（reset）命令的发出。

上面介绍的过程中涉及 13 个机器状态。请注意，在机器基准状态模型图 5-5 中，除停止（stopped）状态外，其余 12 个状态位于区域①中。机器要脱离这个区域中的任一状态，需要收到停止（stop）或异常（abort）命令。停止（stop）命令产生的原因通常是操作人员（或上层软件系统）发出了正常停机命令。异常（abort）命令产生的原因通常是紧急停机按钮被按下或机器发生了故障。

当机器处于区域①中的任一状态时，停止（stop）命令会使机器转入停止中（stopping）状态。在这个状态中，机器被设置成受控的停机状态。该过程结束后，状态结束（SC）被置为"真"，机器随后转入停止（stopped）状态。

请注意，区域①被包含在区域②中。区域②将区域①中的 12 个状态以及停止（stopped）、停止中（stopping）和清除中（clearing）3 个机器状态包含在其中。当机器处于区域②中的任一状态时，异常（abort）命令（按下急停按钮或机器出现故障）会使机器转入异常中止中（aborting）状态。在此状态中，机器将被快速、安全地停机。异常中止中（aborting）状态内应做的事情完成后，状态结束（SC）被置为"真"，机器将转入异常中止（aborted）状态。在此状态中，机器将保持造成异常（abort）命令发出的相关机器状态信息。当紧急停机按钮复位或机器故障被排除后，清除（clear）命令被发出，机器转入清除中（clearing）状态。在此状态中，机器内与异常（abort）有关的状态位被清除。这些工作完成后，状态结束（SC）被置为"真"，机器转入停止（stopped）状态。

这里需要说明如下几点：

1）机器在任何状态中做什么工作，与该机器自身的工艺功能和特点有关。例如，灌装机在起动中（starting）状态内所做的工作与贴标机在起动中（starting）状态内所做的工作不一定是相同的。

2）不是任何机器都一定需要有 17 个状态。如果某机器的工艺比较简单，不需要某些状态，可在机器的基准状态模型中将与这些状态有关的状态结束（SC）或其他命令设为"真"，其结果就使机器跳过了这些状态。

3）在大多数实际应用中，重置（reset）和清除（clear）命令通常需要人工介入，由操作人员操控按钮来发出。

上面介绍的是机器的基准状态模型，它包括了最完整的机器状态，共 17 个。在实际应用中，根据机器的各自特点，其状态模型中状态的数量可以小于 17 个。对于同一台机器，在生产控制模式下状态的数量通常是最多的，而在其他控制模式（如维护或手动模式）下，其包含的状态数量通常小于该机器在生产控制模式下状态的数量。换句话说，任何一台机器在非生产控制模式下的各种状态是该机在生产控制模式下各种状态的子集。

机器的 17 个状态及其对应的数值见表 5-3。从该表可以看出，尽管机器状态模型中状态的数量可以小于 17 个，但任何一个机器状态模型中，至少要包括停止（stopped）、闲置（idle）、执行（execute）和异常中止（aborted）4 个状态。

表 5-3　机器的不同状态与对应数值表

机器状态			状态类型		必需状态
中文	英文	对应数值	等待	活动	
清除中	clearing	1		✓	
停止	stopped	2	✓		✓
起动中	starting	3		✓	
闲置	idle	4	✓		✓
外因暂停	suspended	5	✓		
执行	execute	6		✓	✓
停止中	stopping	7		✓	
异常中止中	aborting	8		✓	
异常中止	aborted	9	✓		✓
内因暂停中	holding	10		✓	
内因暂停	held	11	✓		
内因暂停消除中	unholding	12		✓	
外因暂停中	suspending	13		✓	
外因暂停消除中	unsuspending	14		✓	
重置中	resetting	15		✓	
结束中	completing	16		✓	
结束	complete	17	✓		

还有两点需要注意：因为机器在不同的控制模式下，其运行目的不同，所以当同一台机器在不同的控制模式下，即使处于相同的状态（具有相同的状态名称），其所完成的工作也可能是不同的，例如，灌装机在 production 控制模式下的 execute 状态中所做的工作与其在 maintenance 控制模式下的 execute 状态中所做的工作不一定是相同的；在不同控制模式下，机器的状态模型也可以是不同的，即状态模型中包括的状态数量可以不同。

下面给出三个例子，说明机器在不同的控制模式下所对应的不同状态模型。

图 5-6 所示为对应机器在维护模式下的状态模型。在该控制模式下，机器脱离生产线独

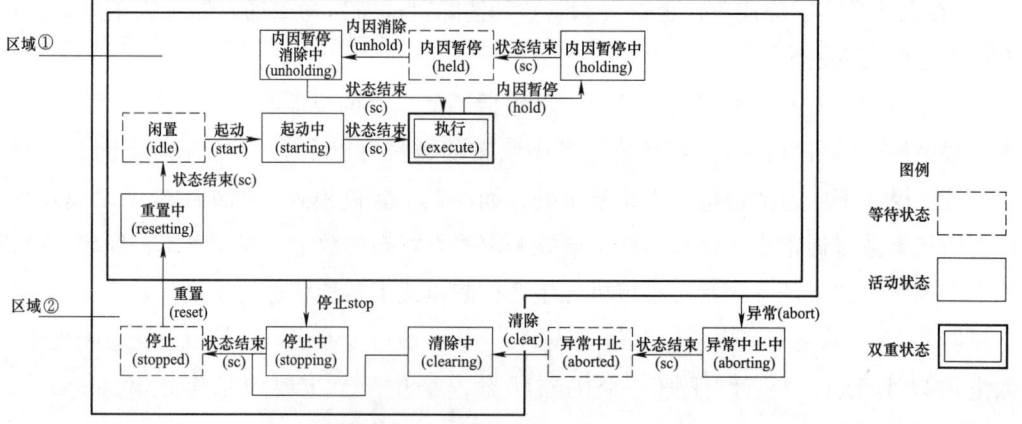

图 5-6　维护模式下的机器状态模型（译自网站 www.omac.org 中的图片）

立运行，因此不存在上下游机器故障引起的外因暂停等状态。

图 5-7 所示为对应机器在手动模式下的状态模型。在该控制模式下，工程技术人员可利用"输入""填充"等按钮对机器的相应部分进行调试。

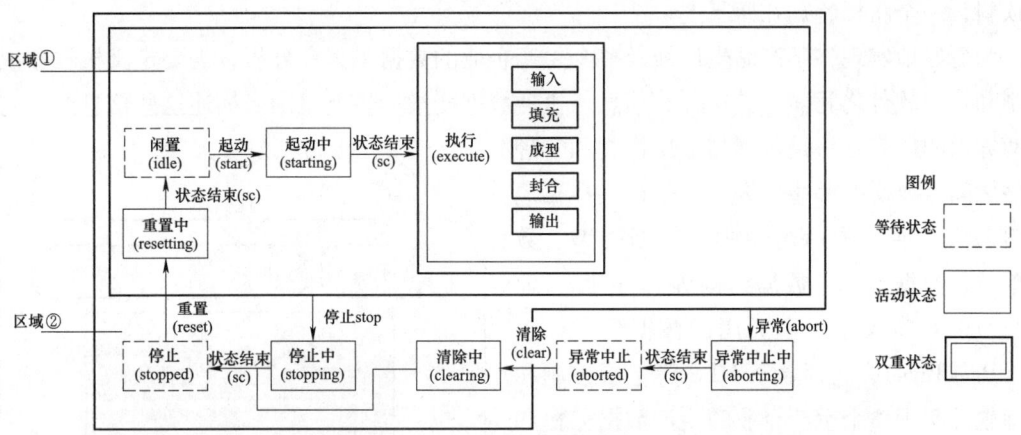

图 5-7　手动模式下的机器状态模型（译自网站 www.omac.org 中的图片）

图 5-8 所示为对应机器在用户自定义模式下的状态模型。该模型对应于啤酒行业常用的 Weihenstephan（WS）标准的特点，即以 OMAC 用户自定义控制模式的方式，使 OMAC 与 Weihenstephan 标准相兼容。

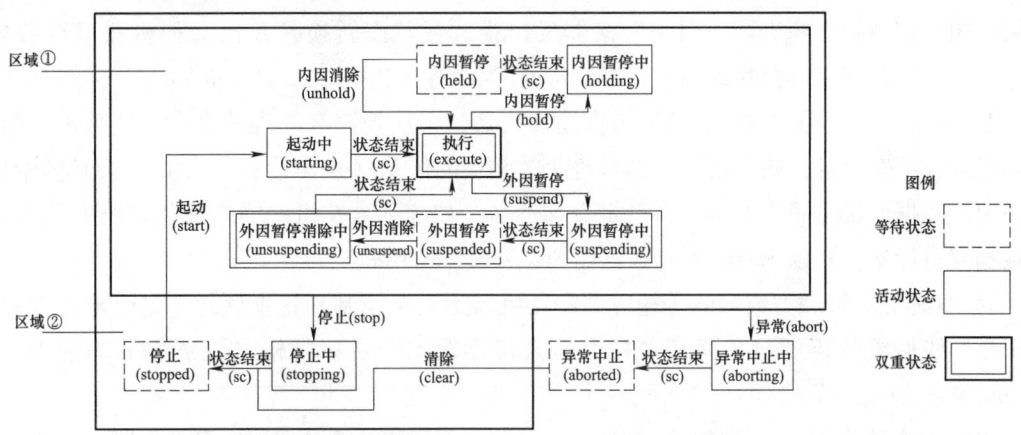

图 5-8　用户自定义模式下的机器状态模型（译自网站 www.omac.org 中的图片）

2. 数据变量标签集（PackTags）

根据前面介绍的机器基准状态模型，分析一下它能够给出机器的什么信息。首先根据基准状态模型可以看出机器处于什么状态，还可以看出是什么原因导致机器改变了其状态，如果控制程序能记住机器进入某个状态的时刻，还能记住机器离开该状态的时刻，就可以计算出机器处于这个状态的时间。上述内容与具体的机型无关，不论灌装机，还是贴标机或其他机器，都可以建立同样的基准状态模型。它们之间的区别，只是在同样的状态，如清除中（clearing）状态，不同的机器会执行与其自身工艺有关的具体操作。因此，从上层控制和管理软件的视角看，任何机器的行为都可用统一的机器状态模型来表示。不同机器之间的区别仅在于机器自身具体工艺功能的不同。例如，同样处于生产（production）控制模式下的执行（execute）状态，灌装机和贴标机的不同只是具体的机器动作不同，一个向瓶内灌装饮料，一个将标签贴在瓶子上。

为更好地实现整条产品生产线及整个生产企业的数据采集和分析，需要定义机器和上层控制和管理软件之间需要交换什么信息。机器数据变量标签就是用来描述这些信息的。它包括两方面的内容：一是机器与上层控制和管理软件之间需要交换哪些数据，二是这些数据应如何表示（变量的命名规则、数据类型、数据单位、数据范围、数据结构等）。国际行业组织 OMAC 定义了一个通用的数据变量标签集（PackTags），它包含了 MES 等上层控制和管理软件实现整个生产企业的生产数据分析和显示等功能所必需的数据变量集合，并给出了这些数据变量的表示格式。

数据变量标签集中的标签可分为三大类，如图 5-9 所示。

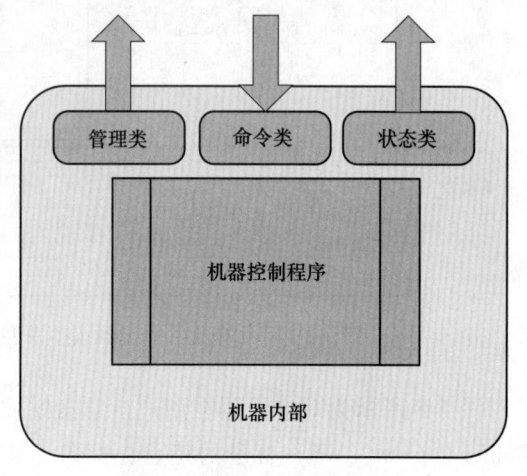

图 5-9　三种类型的数据变量标签

1) 命令类。命令类数据的传输方向是从上层控制和管理软件到机器，用于向机器发出模式或状态转换及其他（如机器运行参数）的命令。这类数据变量标签的格式以 Command 为前缀，如 Command.UnitMode。

2) 状态类。状态类数据的传输方向是从机器到上层控制和管理软件。这些数据包括机器的模式或状态信息，还包括与机器自身工艺相关的信息（这类信息 OMAC 不会具体给出，只预留出数据变量空间，需用户自己定义和命名，如啤酒灌装机中的二氧化碳压力值）。这类数据变量标签格式以 Status 为前缀，如 Status.StateCurrent。

3) 管理类。管理类数据的传输方向是从机器到上层控制和管理软件，是上层管理软件用于生产线性能分析和显示所需要的数据。这类数据变量标签格式以 Admin 为前缀，如 Admin.MachDesignSpeed。

OMAC 数据变量标签以数据结构的形式存在，而且该结构是多层嵌套的。第一层表示机器名称，第二层表示数据变量标签的类型，第三层表示具体的变量名称，第四层以下用来表示参数的结构。为便于大家理解，下面以一个变量标签为例进行说明。

以变量标签 UnitName.Command.UnitMode 为例，它由三部分组成，中间以"."分开，说明该变量标签有三层结构。其中，UnitName 表示机器的名称，如贴标机，Command 表示该数据变量标签为命令类；UnitMode 表示机器的控制模式。在实际应用中，可能会见到这样一个变量标签：filler.Command.UnitMode，该变量的类型为整型数。把该变量的值设置为 1 时，根据表 5-1 中的定义，意味着欲将灌装机转换到生产控制模式。

在 OMAC 的有关资料中，详细描述了所有的 OMAC 数据变量标签。需要指出的是，并非 OMAC 规范中列出的任何数据变量标签都是必需的。对于某个具体的机器而言，可能只需要用到这些数据变量标签中的一部分。为了方便项目实施，OMAC 还给出了一个简化的数据变量标签表，其中只包含重要且必需的有限数据变量标签。若某台机器的数据变量标签中包括了这个简化的 OMAC 数据变量标签表中的所有变量，就可认为这台机器符合 OMAC 标准。

下面介绍这个简化的 OMAC 数据变量标签表的内容，其他内容可参考 OMAC 的相关资料。

（1）命令类数据变量标签　表 5-4 中的前两项（UnitName 和 UnitName.Command）表示构成命令类数据变量标签中前面的两个字符串部分。其中，UnitName 表示机器的名称，在实际应用中应被实际的机器名（如 filler）替换，Command 表示该数据变量标签是命令类的。

表 5-4　命令类数据变量标签

数据变量标签名称	数据类型
UnitName	PackMLv30
UnitName.Command	PMLc
UnitName.Command.UnitMode	Int（32bit）
UnitName.Command.UnitModeChangeRequest	Bool
UnitName.Command.MachSpeed	Real
UnitName.Command.CntrlCmd	Int（32bit）
UnitName.Command.CmdChangeRequest	Bool

表 5-4 中还包括其他五个命令类数据变量标签，现分别说明如下：

1) UnitName.Command.UnitMode：数据类型为 32 位整型数，用来设定某台机器的控制模式。见表 5-1 中的定义。

例如，当 UnitName=filler，UnitMode=2 时，该命令变量标签意味着欲将灌装机的控制模式设为维护。

2) UnitName.Command.UnitModeChangeRequest：数据类型为布尔型，应与 UnitName.Command.UnitMode 配合使用，共同完成某台机器的控制模式设定。当该变量为"真"，且 UnitName.Command.UnitMode 变量的值等于为机器控制模式（不同于机器的当前模式）定义的某个数值时，控制模式的转换才能完成。

例如，当 UnitName=filler，UnitMode=2，且 UnitName.Command.UnitModeChangeRequest=true 时，这两个数据变量的组合表示将灌装机的控制模式转变为维护的请求。

3) UnitName.Command.MachSpeed：数据类型为实型数，表示要将某台机器的工作速度（最小包装件/min）设定为某值。

例如，该数据变量标签的值为 500，且 UnitName=filler 时，表示要将灌装机的工作速度设定为 500 瓶/min。

4) UnitName.Command.CntrlCmd：数据类型为 32 位整型数，用于向某机器发出命令，欲将机器变更到指定的工作状态，见表 5-2 中的定义。

例如，当 UnitName = filler，CntrlCmd = 3 时，该数据变量标签表示向灌装机发出停止（stop）命令，使机器的工作状态变更为停止中（stopping）。根据图 5-5 可知，停止（stop）命令只有当机器处于区域①中的任一个状态时才起作用。如当机器处于清除中（clearing）状态时，即使收到 stop 命令，机器的状态也不会改变。

5) UnitName. Command. CmdChangeRequest：数据类型为布尔型，与 UnitName. Command. CntrlCmd 配合，共同完成某台机器工作状态的转换。当该变量为"真"，UnitName. Command. CntrlCmd 为某命令对应的数值，且适应于（参考图 5-5）机器当前的工作状态时，这两个数据变量的组合才能使机器的状态进行转换。

例如，只有当下面三个条件同时满足时，灌装机的工作状态才能从执行（execute）状态转换到外因暂停中（suspending）状态。

① UnitName＝filler，CntrlCmd＝6。

② UnitName. Command. CmdChangeRequest＝true。

③ 灌装机的当前状态为执行（execute）。

如果只有前两个条件满足，但灌装机当前的工作状态为内因暂停（held），根据基准状态模型（参考图 5-5）可知，上述命令组合不起作用。

（2）状态类数据变量标签　表 5-5 中的前两项（UnitName 和 UnitName. Status）表示构成状态类数据变量标签中前面的两个字符串部分。其中，UnitName 表示机器的名称，在实际应用中应被实际的机器名（如 filler）替换，Status 表示该数据变量标签是状态类的。

表 5-5　状态类数据变量标签

数据变量标签名称	数据类型
UnitName	PackMLv30
UnitName. Status	PMLs
UnitName. Status. UnitModeCurrent	Int（32bit）
UnitName. Status. StateCurrent	Int（32bit）
UnitName. Status. MachSpeed	Real
UnitName. Status. CurMachSpeed	Real
UnitName. Status. EquipmentInterlock	Bool Structure［2］
UnitName. Status. EquipmentInterlock. Blocked	Bool
UnitName. Status. EquipmentInterlock. Starved	Bool

表 5-5 中还包括其他五个状态类数据变量标签（其中的第五个变量 UnitName. Status. EquipmemtInterlock 是由两个变量组成的结构型变量），现分别说明如下：

1) UnitName. Status. UnitModeCurrent：数据类型为 32 位整型数，用来表示该机器的当前控制模式。机器的控制模式与该数据变量标签取值的对应关系参见表 5-1。例如，当 UnitName＝filler，机器的当前控制模式为生产（production）时，该数据变量标签的值为 6。

2) UnitName. Status. StateCurrent：数据类型为 32 位整型数，用来表示该机器的当前工作状态。机器的工作状态与该数据变量标签取值的对应关系参见表5-3。例如,机器的当前工作状态为重置(resetting)时,该数据变量标签的值为15。

3) UnitName. Status. MachSpeed:数据类型为实型数,用来表示该机器的设置速度(最小包装件/min)。例如,当 UnitName=filler,该数据变量标签的值为600时,表示灌装机的设置工作速度为600瓶/min。

4) UnitName. Status. CurMachSpeed:数据类型为实型数,用来表示该机器当前的实际工作速度(最小包装件/min)。例如,当 UnitName=filler,该数据变量标签的值为598时,表示灌装机当前的实际工作速度为598瓶/min。

5) UnitName. Status. EquipmentInterlock:数据类型为长度为2的一维布尔型变量数组,用于容纳下面两个布尔变量。

① UnitName. Status. EquipmentInterlock. Blocked:数据类型为布尔型,当值为"真"时,表示该机器下游的设备由于某种原因不能继续接收产品,致使该机器的工作状态成为外因暂停(suspended)。例如,当 UnitName=filler,且该变量的值为"真"时,说明此时灌装机自身虽然能够正常生产,但由于其下游设备(如杀菌机)的原因,不能接收其输出的产品,使该机处于外因暂停(suspended)状态。设置该变量标签的目的是使生产线的监控系统得知该机器处于外因暂停(suspended)状态的原因。

② UnitName. Status. EquipmentInterlock. Starved:数据类型为布尔型,当值为"真"时,表示该机器的上游设备由于某种原因不能继续提供产品。例如,当 UnitName=filler,且该变量的值为"真"时,说明此时灌装机自身虽然能够正常生产,但由于其上游设备(如洗瓶机)的原因,不能为其提供待加工的产品,使该机处于外因暂停(suspended)状态。设置该变量标签的目的是使生产线监控系统得知该机器处于外因暂停(suspended)状态的原因。

(3) 管理类数据变量标签　表5-6中的前两项(UnitName 和 UnitName. Admin)表示构成管理类数据变量标签中前面的两个字符串部分。其中,UnitName 表示机器的名称,在实际应用中应被实际的机器名(如 filler)替换,Admin 表示该数据变量标签是管理类的。

表5-6　管理类数据变量标签

数据变量标签名称	数据类型
UnitName	PackMLv30
UnitName. Admin	PMLa
UnitName. Admin. ProdProcessedCount[#]. Count	Int(32bit)
UnitName. Admin. ProdDefectiveCount[#]. Count	Int(32bit)
UnitName. Admin. StopReason. ID	Int(32bit)

表5-6中还包括其他三个管理类数据变量标签,现分别说明如下:

1) UnitName. Admin. ProdProcessedCount[#]. Count:数据类型为32位整型数,表示该机器已经生产的某种产品数量(包括合格品与不合格品)。因为一种机器可能会生产多种不同的产品,所以用[#]中的不同值来区分不同的产品。

2) UnitName. Admin. ProdDefectiveCount[#]. Count：数据类型为32位整型数，用于表示机器已生产的某种产品中不合格品的数量。因为一种机器可能会生产多种不同的产品，所以用[#]中的不同值来区分不同的产品。

3) UnitName. Admin. StopReason. ID：数据类型为32位整型数，表示造成机器停止生产，即机器处于停止（stopped）、外因暂停（suspended）、内因暂停（held）和异常中止（aborted）中的任一状态的具体原因。请注意，停止生产的具体原因应以什么数值来表示，并不是由OMAC统一规定的，而需要机器生产商根据其机器的情况而定。

现给出一个自定义的停机原因和对应数值对照表供参考，见表5-7。

表 5-7 停机原因和对应数值示例

原因分类	停机原因对应的数值	首次报警原因描述	停机原因细分	首次报警原因细分（可选）
机器内部原因	0	未定义		
	1~32	机器内部原因-安全类		
	1	按下急停按钮	1	急停：出口
	1	按下急停按钮	2	急停：入口
	1	按下急停按钮	3	急停：后部
	2	圆周防护故障		
	3	主电源关闭		
	4	安全防护门开启	1	前部打开
	4	安全防护门开启	2	FHS打开
	4	安全防护门开启	3	压盖部门打开
	4	安全防护门开启	4	后部打开
	5~31	预留的安全类ID代码		
	32	其他未指明的机器内部原因-安全类-OMAC定义的		
	33~64	机器内部原因-操作员动作		
	33	按下循环停止按钮	1	停止生产
	33	按下循环停止按钮	2	操作员人为停止
	34	按下起动按钮		
	35	按下复位按钮		
	36	选定步进模式		
	37	选定自动模式		
	38	选定手动模式		
	39	选定半自动模式		
	40~63	预留的操作员动作ID代码		
	64	其他未指明的机器内部原因-操作员动作类		

(续)

原因分类	停机原因对应的数值	首次报警原因描述	停机原因细分	首次报警原因细分（可选）
机器内部原因	65~256	机器内部原因-机器内部故障-与产品相关的		
	65	材料阻塞		
	66~255	预留的内部材料相关的ID代码		
	256	其他未指明的机器内部原因-机器内部故障-产品相关的		
	257~512	机器内部原因-机器内部故障-与机器相关的		
	257	机器阻塞		
	258	电器过载		
	259	机械过载		
	260	驱动器故障		
	261	驱动器失效	1	温度
	261	驱动器失效	2	频率控制
	261	驱动器失效	3	过电压
	261	驱动器失效	4	低电压
	261	驱动器失效	5	大电流
	262	伺服轴故障		
	263	伺服轴失效		
	264	通信错误		
	265	PLC错误代码	1	功能异常-程序不同
	265	PLC错误代码	2	硬件配置故障-系统故障
	265	PLC错误代码		
	266	真空	1	真空泵维护开关关闭
	266	真空	2	真空泵热敏电阻失效
	267	空气压力	1	高
	267	空气压力	2	低
	268	电压	1	DC 24V 熔体失效 01
	268	电压	2	DC 24V 熔体失效 02
	268	电压	3	DC 24V 熔体失效 03
	269	温度	1	高
	269	温度	2	低
	270	水压	1	高
	270	水压	2	低
	271	水位	1	高

(续)

原因分类	停机原因对应的数值	首次报警原因描述	停机原因细分	首次报警原因细分（可选）
机器内部原因	271	水位	2	低
	272	水温	1	高
	272	水温	2	低
	273~511	预留的与机器内部相关的机器内部故障代码		
	512	其他未指明的机器内部故障-与机器相关的		
	513~999	机器内部原因-普通的		
	513	达到计数器设定值		
	514	产品选定		
	515	请求本地低速运行		
	516	请求本地中速运行		
	517	请求本地高速运行		
	518	请求本地急速运行		
	519	远程速度请求		
	520	驱动报警		
	521	伺服报警		
	522~998	预留的普通的故障代码		
	999	其他未指明的机器内部原因-普通的		
	1000~1999	机器内部原因-厂商定义的		
	1000~1998	厂商定义的机器内部故障		
	1999	其他未指明的机器内部原因-厂商定义的		
机器上游原因	2000~2499	机器上游原因		
	2000	供给端未开启		
	2001	供给端超负荷		
	2002	原料低		
	2003	原料高		
	2004~2498	预留的与上游机器相关的故障代码		
	2499	其他未指明的-机器上游原因		
	2500~2999	机器上游原因-厂商定义的		
	2500~2998	厂商定义的机器上游原因代码		
	2999	其他未指明的机器上游原因-厂商定义的		

（续）

原因 分类	停机原因对 应的数值	首次报警 原因描述	停机 原因细分	首次报警 原因细分（可选）
机器下游原因	3000~3499	机器下游原因		
	3000	输出端未开启		
	3001	输出端超载		
	3002	输出端阻塞原因		
	3003	输出端循环停止原因		
	3004	输出端即停原因		
	3005~3498	预留的与机器下游相关的故障代码		
	3499	其他未指明的机器下游原因-厂商定义的		
	3500~3999	机器下游原因-厂商定义的		
	3500~3998	厂商定义的与机器下游有关的原因		
	3999	其他未指明的机器下游原因-厂商定义的		
停运原因	4000~4499	停运原因		
	4000	整线无生产计划		
	4001	计划维护		
	4002	餐饮和休息		
	4003	会议		
	4004	培训		
	4005	无原材料		
	4006	远程停止请求		
	4007	机器未选中		
	4008	产品转换		
	4009	润滑		
	4010	达到产品数量设定值		
	4011	设置被选定		
	4012~4498	预留的停运原因		
	4499	其他未指明的停运原因		
	4500~4998	停运原因-厂商定义的		
	4999	其他未指明的停运原因-厂商定义的		

　　为方便机械设备制造商生产出符合 OMAC 标准的机器，许多自动化产品供货商推出了符合 OMAC 标准的机器控制程序模板。程序模板中已经做好了机器的 OMAC 基准状态模型和数据变量标签接口数据块的程序结构，利用它可以方便地实现 OMAC 基准状态模型的程序结构，也可以产生标准的数据变量标签集变量。因为不同机器具有自己特有的具体工艺动作，模板程序中不会包括与具体机器相关的内容，只是为编程者留出了空白的程序段落空间。这部分与具体机器相关的内容需要由机械设备制造商的工程师自己填充进去。如在不同

机器状态时，机器应执行什么操作，各种状态转换命令，如内因暂停（hold）、停止（stop）、异常（abort）、状态停止（SC）等产生的具体条件，数据变量标签数据块中与具体机器工艺相关的变量，与具体机器相关的故障和报警信息等内容，都需要由机械设备制造商的工程师自行定义并编制相应程序段。

为方便系统集成商和上层控制和管理软件供应商搭建出符合OMAC标准的生产线及企业控制和管理软件系统，进行有效的数据采集、分析和显示，许多自动化产品及软件供货商推出了符合OMAC标准的数据分析、显示和报表生成的标准化模板。这些模板基于数据变量标签，自动生成符合行业惯例的常用数据分析、显示图示和报表。用户也可以这些模板为基础，根据企业自己特有的其他数据变量，做出符合自身实际要求的数据分析、显示图示和报表。在开发企业自己的控制和管理软件系统时，如果能够借助现有标准软件模板，可大大降低开发难度，节省工程项目的开发时间和成本。

读者需要注意的是，OMAC组织制定的PackML指导性规范，包括机器状态模型（state model）和数据变量标签（PackTags）等，并非一成不变的。OMAC组织会根据行业的发展对这些规范做出适应性的调整，且会根据用户在实际应用中积累的各种问题和使用经验对这些指导性规范进行更新和优化。图5-10所示为目前OMAC官方网站所显示的PackML的发展情况。

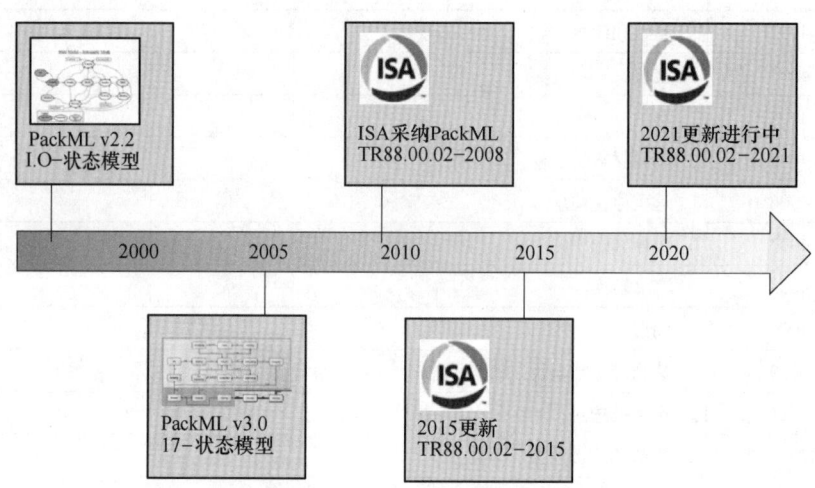

图5-10　PackML随时间的发展情况（根据网站www.omac.org中的图片翻译）

例如，在TR88.00.02-2022中，为了更好地适应用户的实际应用场景，在生产模式下的机器状态模型中，不论机器处于执行（execute）还是内因暂停（held）或外因暂停（suspended）状态，结束（complete）命令都会使机器转换到结束中（completing）状态；而根据之前的PackML版本，只有当机器处于执行（execute）状态时，状态结束（SC）或结束（complete）命令才会使机器转换到结束中（completing）状态。

扫描旁边的二维码，可查看有关PackML的指导性规范及其发展变化的介绍。

PackML指导性规范

5.2.2 机械设备及生产企业常用的网络通信协议

在介绍各种单机、生产线及生产企业网络方案的资料中,通常可以看到多种通信协议,如 PROFIBUS、PROFINET、OPC UA、OMAC(严格来说,OMAC 并非通信协议,但许多人仍习惯地将其称为协议)等。这些名词常常出现在标准化通信解决方案的介绍中。对于初学者来说,往往会提出这样的问题:既然现在大家都在提倡标准化,包括标准化的通信,为什么有时用 PROFINET,有时用 OPC UA,有时又用 OMAC?这些不同的通信协议之间有什么区别和联系?

要讲清楚这个问题,首先要对通信协议有所了解。通信的目的是使双方或多方能够交换信息,使发送方的信息准确无误地传送到接收方,且接收方能够正确地理解所收到的信息。

在日常生活中,如果相距遥远的两个人之间要交换信息,他们的通信可以分为两个层次。第一个是语言层次,是用中文还是用英文;第二个是技术层次,是用电子邮件、电话,还是用微信。只有在这两个层次上都能够达成一致且相互适用,才可进行有效的通信。设想某人利用微信 APP 将一段英文发送给对方,对方的手机也装有微信 APP,他虽然能够收到微信传递过来的内容,但如果他不懂英文,这种情况下的通信仍是不成功的;如对方懂英文,但他的计算机或手机上没有安装微信 APP,收不到利用微信传递过来的信息,这样的通信也是不成功的。只有当双方都懂英文,并且在双方的手机或计算机上都安装有微信 APP,上述通信才是成功和有效的。这个例子可以说明,通信技术可以分成不同的层次(如例子中的微信层次和语言层次),且这些层次之间是相互独立的,可以互不影响地被更改。在上例中,如果接收方手机或计算机中安装有微信 APP,通信不成功的原因只是接收方不懂英文。如果发送方和接收方都懂中文,那么发送方只须把英文改成中文(仍保持用微信发送),就可实现有效的通信。如果不是语言的问题造成通信不成功,而是由于接收方手机或计算机中没有安装微信 App,在这种情况下,如果双方的手机中都安装有 QQ,发送方只须改用 QQ 发信息给接收方即可实现正常通信。

事实上可将上述例子说明的道理推广到任何其他类型的通信,而且这些通信可以被分成更多的层次。根据国际标准化组织(international standardization organization,ISO)定义的开放系统互连(open system interconnection,OSI)参考模型,通信系统被分成了 7 层。关于这 7 层协议,在许多的通信相关书籍中有详尽的描述,这里不再赘述。之所以在这里提及通信的分层,只是想说明 PROFINET、OPC UA、OMAC 等的区别与联系。事实上,PROFINET、OPC UA、OMAC 等协议处于通信中的不同层次,是为更加方便地实现用户应用层的通信而定义的。如果按照通信层次的高低来排列,从低到高的排列顺序依次为 PROFINET、OPC UA、OMAC。

PROFINET 是工业以太网协议中的一种(还有其他的工业以太网协议,如 Modbus、Sercos、Powerlink、EtherCAT 等),它在以太网协议 TCP/IP 的基础上增加了实时数据传输协议,用于传输实时性要求高的数据,非实时性数据仍以 TCP/IP 传输。PROFINET 在硬件上与以太网相兼容,又增加了适用于工业通信的实时性。PROFINET 常用于单机控制器之间和机器内部的数据传输。

OPC UA 位于以太网协议之上，它可兼容不同的工业以太网，解决了来自不同供货商产品间的相互通信问题。它可对传输的数据进行加密，使通信更安全。它定义了统一的数据和服务模型，能够以统一的方法进行数据访问等。关于 OPC UA 的详细介绍，请参考专业的书籍。OPC UA 常用于单机控制器与其上层软件系统，如 MES、ERP、工业云等之间的数据传输，如图 5-11 所示。

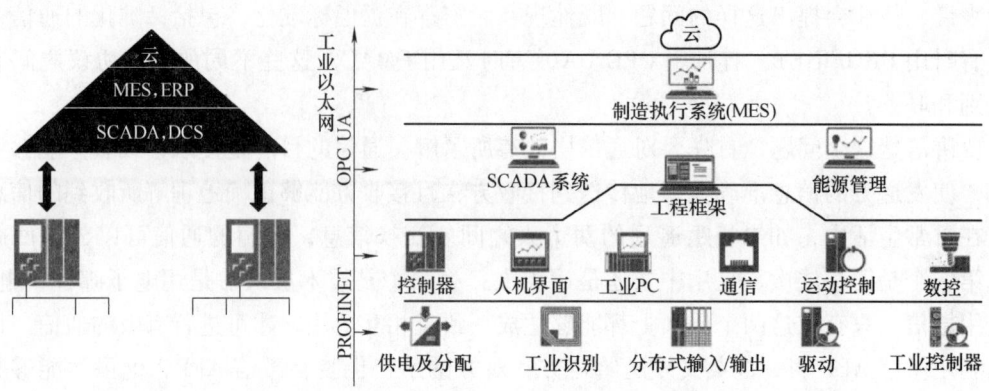

图 5-11　PROFINET 与 OPC UA 协议用于不同层次的通信
（根据西门子公司网站 www.siemens.com 中的图片翻译）

严格来说，OMAC（又称 PackML）并不是通信协议，它只是定义了需要传递的信息（或数据）内容和格式。在这方面，OMAC 与啤酒行业常用的一个标准接口数据标准 Weihenstephan (WS) 不同，WS 标准中定义了自己的通信协议，但是 OMAC 数据则需要借助通信协议，如 PROFINET、OPC UA 来进行传输。事实上，一些国际化组织已经在 OPC UA 协议基础上定义了具有某些行业特点的标准化信息模型，目的是借助于 OPC UA 协议来传输这些具有行业特点的标准化数据。这些标准化的信息模型称为 OPC UA 协议的伴随规格（OPC UA companion specifications），如 OMAC 伴随规格。图 5-12 所示为利用 OPC UA 传输机器 OMAC 数据的场景。

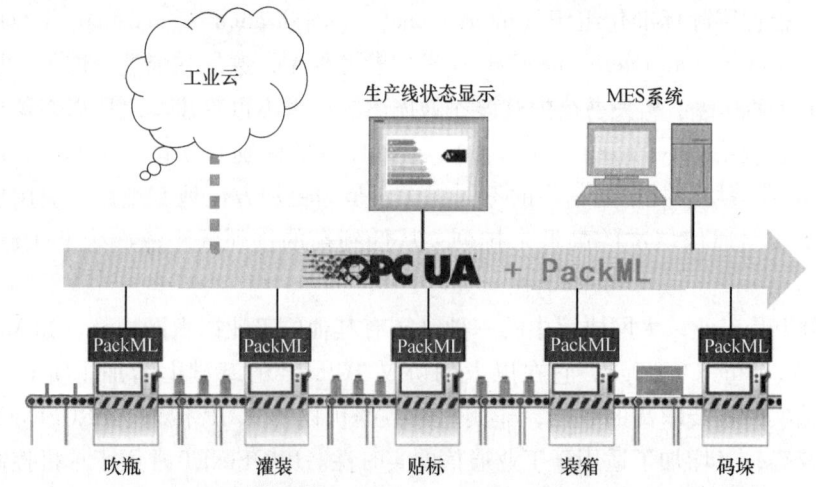

图 5-12　在饮料灌装线控制系统中利用 OPC UA 协议传输 OMAC 数据

5.2.3 生产线数据的采集、存储、分析和显示

1. 企业网络结构的选择

一个生产型企业可能具有多个生产厂，每个生产厂中又可能存在多条生产线，每条生产线中包含多台不同的机器，如图 5-13 所示。

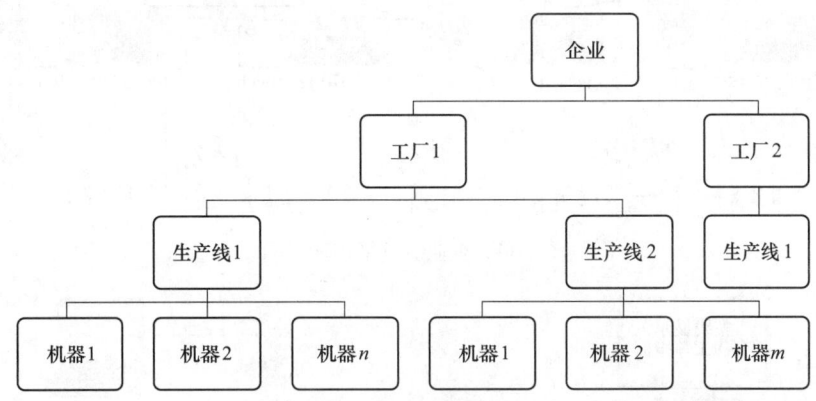

图 5-13 生产企业构成图

随着计算机、软件和网络技术的发展，越来越多的企业建立了计算机网络和 MES、ERP 等控制和管理软件系统。信息化技术的发展，使企业在人员、原材料、能源、生产设备等方面能够相互协调配合，充分发挥已有设备的生产能力，以最小的成本、最高的生产率按照客户的订单进行产品生产。

这里不讨论 MES 和 ERP 等生产过程和企业管理软件，而是将重点放在生产线这一级，看一看应如何将生产线上机器的实时运行状态数据采集并存储起来，提供给 MES 等上层控制和管理软件，使其能够完成生产线运行状态的实时显示，关键绩效指标的分析、计算和显示，停机原因分析与显示，生成用户定制报告等工作。

企业的操作及管理人员利用这些信息及分析结果，能够采取必要的措施来改善生产流程，优化生产线的配置或改进机器的性能，以提高生产线的综合设备效率，降低生产设备的整体拥有成本。

为实现上述的功能，在构建生产线及企业网络时应考虑以下几点：

1）采用标准化的机器接口数据，如前面介绍的 OMAC 机器接口数据。

2）用工业以太网连接现场的生产设备。

3）在企业级可采用环形网络结构，以提高可靠性；在生产线级可采用树形网络结构。

4）采用管理型交换机来构建网络，使网络具有诊断、信息安全等功能，实现机器的远程维护和调试，将机器内部的通信与机器外的通信相互隔离，互不影响。

5）采用开放的通信协议，如 OPC UA，使整个系统中各种不同品牌、具有以太网接口的控制器可以相互通信。

6）选择网络结构时，要考虑到今后可能的升级或扩充要求，使可能增加的机器或生产线可方便地集成到原有企业网络当中。图 5-14 和图 5-15 所示分别为企业级和生产线级可采

用的环形和星形网络结构。

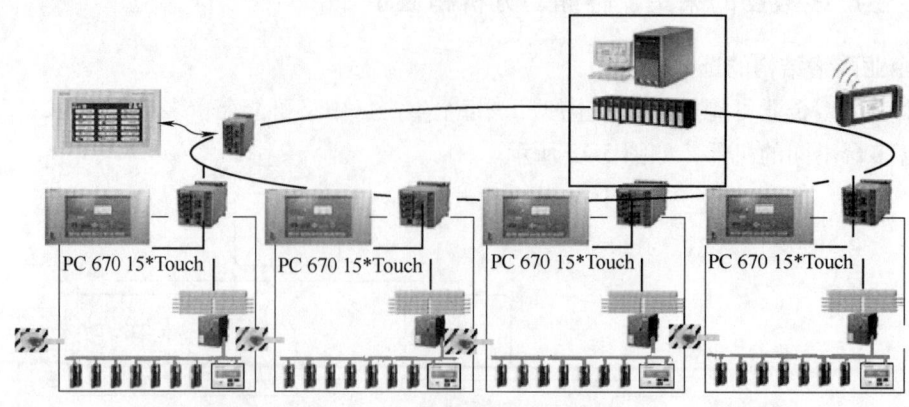

图 5-14　企业级可采用环形网

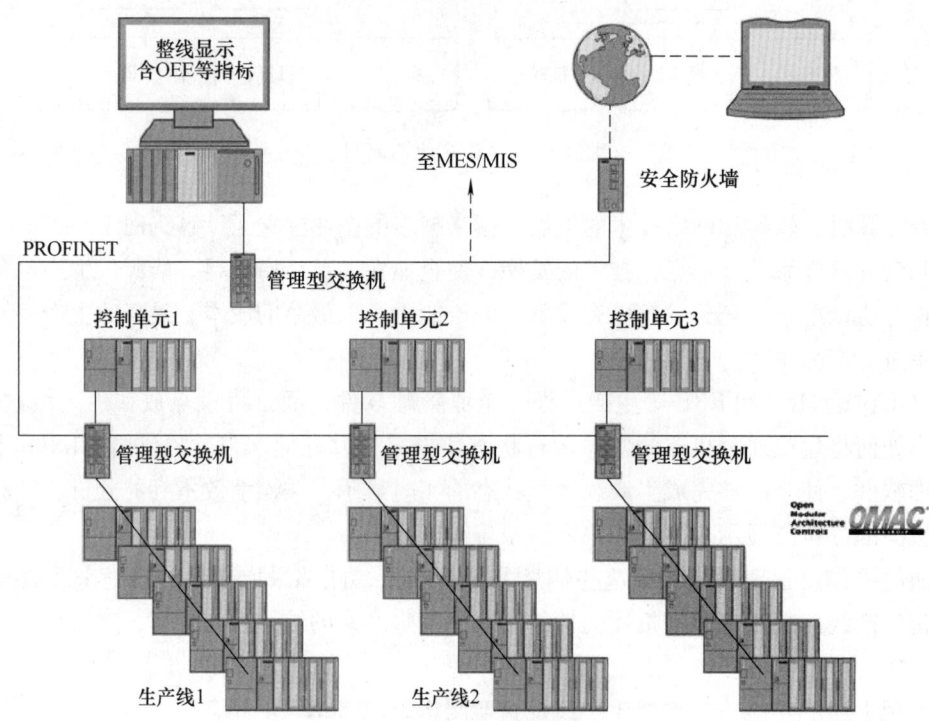

图 5-15　生产线级可采用星形网

2. 生产线数据采集、存储、分析和显示

如前所述，可以按照 OMAC 标准，将生产线中机器的控制模式及工作状态、与具体机型有关的参数等信息以数据变量标签的形式存储在控制器的数据区。生产线的数据采集系统（如 SCADA）可以通过工业以太网（如 PROFINET）实时地采集这些数据，并可以将这些数据实时地显示在机器的显示屏或整线显示终端上。若需要对这些数据进行较为复杂的历史分析，如 OEE 计算、故障原因统计分析等操作，则需将实时采集的数据存储到数据库中，供上层软件（如 MES）调取和分析使用。生产线网络中机器数据变量标签在系统中的流动如图 5-16 所示。

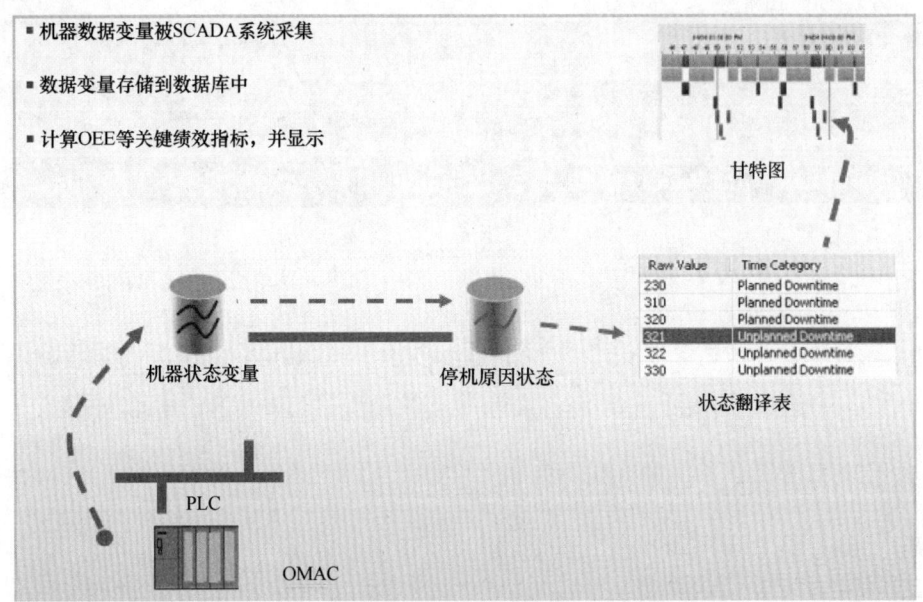

图 5-16　机器的数据变量标签在系统中的流动

目前市场上可提供多种不同品牌且功能强大的上层控制和管理软件，它们可以按照客户需要做出多种实际应用中常用的状态显示图、数据变化趋势图、分析报告等；并允许使用者依据其具体需求，自行定义图形的内容和形式、报表或报告的内容和格式；将来自生产线的机器数据变量与来自 MES 系统的产品 ID、订单 ID、批次 ID 等信息结合起来，使企业管理系统可显示出对于生产企业更有实际意义的信息。

下面给出几个显示画面，如图 5-17~图 5-21 所示，供参考。

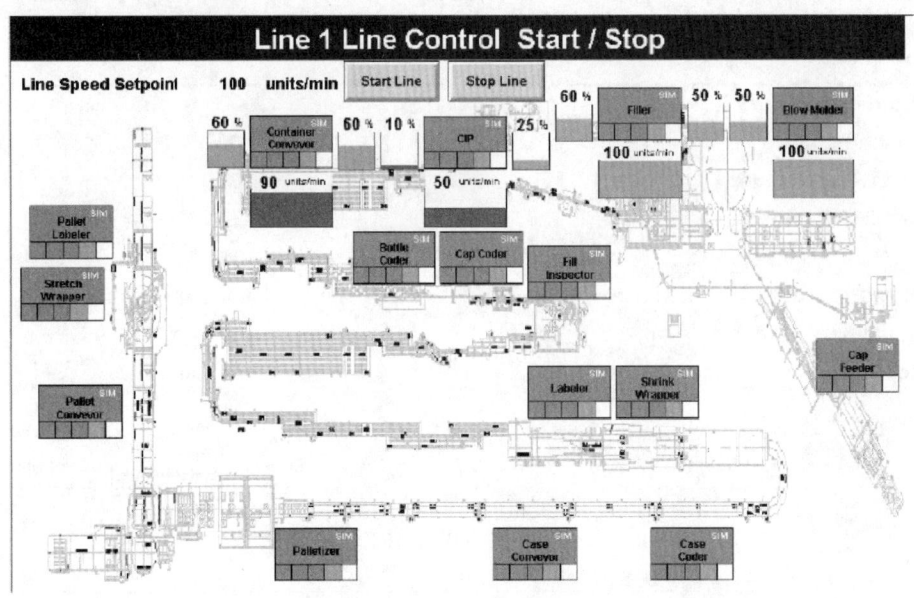

图 5-17　整条生产线中各台单机的工作情况总览

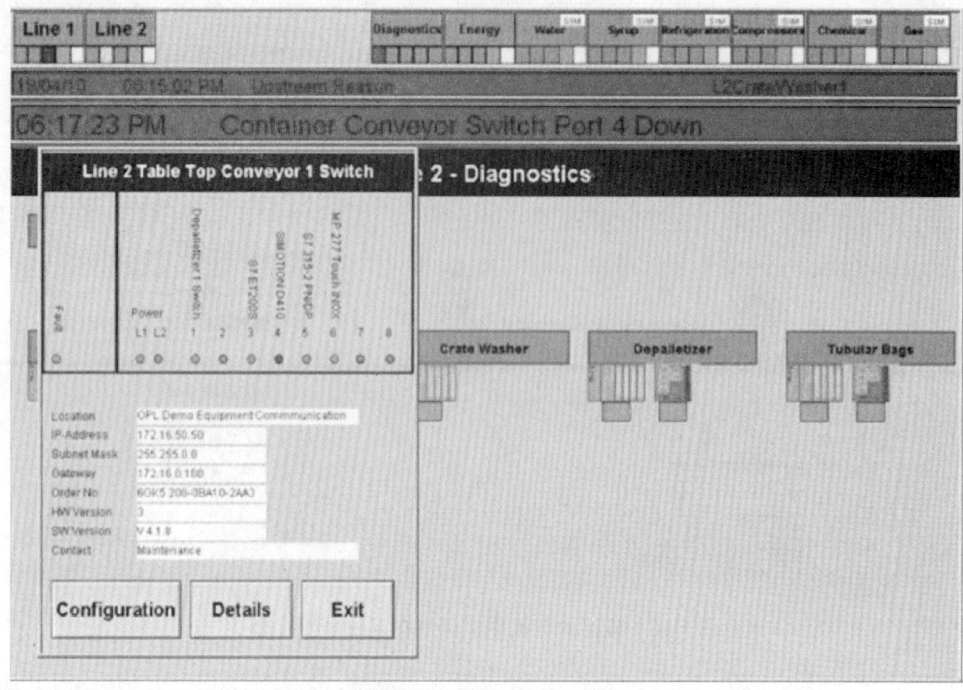

图 5-18　交换机诊断结果显示故障点位置

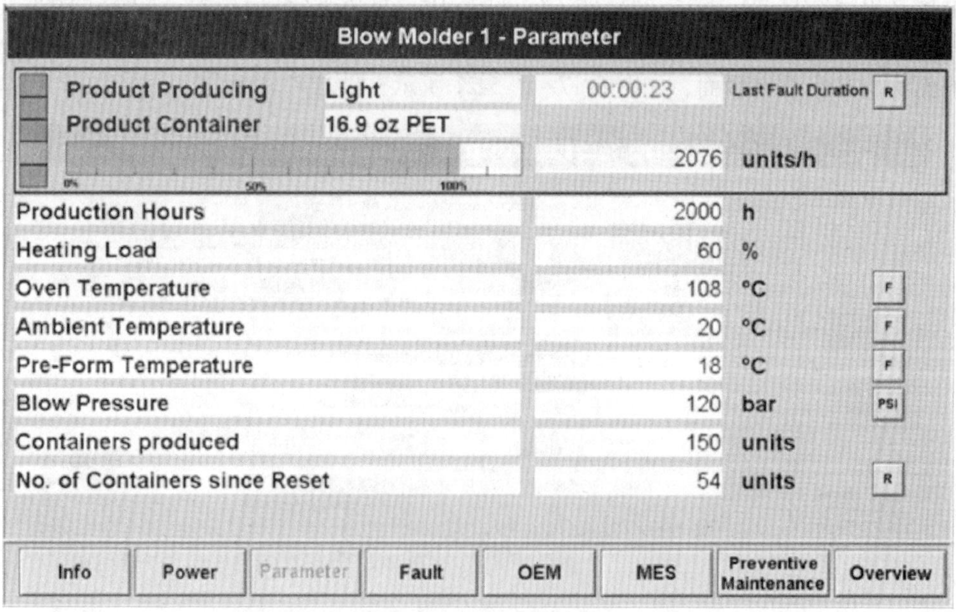

图 5-19　显示生产线中吹瓶机的实时工作参数

第5章 控制系统标准化

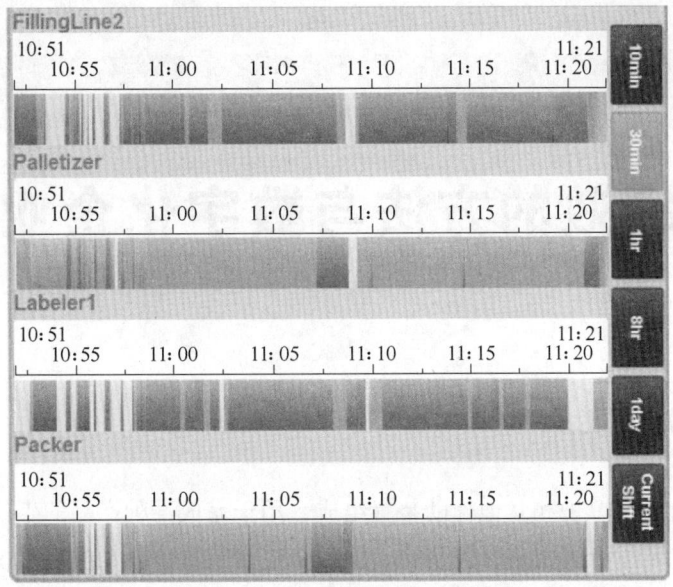

图 5-20 生产线设备甘特（Gant）图

图 5-21 灌装机的 OEE 计算结果显示

第 6 章
提升绩效的方法与数字化企业简介

6.1 生产线的组成

产品生产线由多台单机和其他辅助装置组成,用于完成某种产品的生产或加工。以产品包装为例,自动包装生产线由多台包装机、输送与存储装置、自动控制系统、信号及检测系统等设备和装置构成。包装机是包装生产线上最重要的工艺设备,没有它就无法完成包装作业,生产线上的其他设备都是为其服务的。输送与存储装置用来保证物料可在包装线上不同的机器之间顺畅地传送,使整条包装线可以高效地工作;自动控制系统使生产线上的各台设备既可按其工艺要求自行运转,又能使它们协同工作,从而达到理想的产品质量和产量要求;自动控制系统还能对生产线和各个单机进行工作状态的采集、记录、汇总、存储、分析和显示;信号及检测系统用于配合自动控制系统的工作,将机器各部分(包括物料、辅助装置等)实际运行状况(如位置、速度、温度、高度等)的信息传送给控制系统。

生产线包括多台单机,这些单机可能来自不同的机械生产商。如果各家机械生产商不遵循统一的标准,单机的控制器、驱动器等电气部件的品牌和型号就可能是多种多样的。机器的工作状态、报警、故障等信息在人机界面上的显示形式通常是由该机械生产商自行定义的,所以不同的机器就可能以不同的形式显示其状态信息。

产品生产线的运行受到各台单机及辅助设施的影响和牵制。单机自身的性能好,并不足以使整个生产线的性能好。若生产线的各个部分不能协调地配合,该生产线中各台单机自身的性能就可能得不到充分发挥。这就如同某支足球队中有几个超级球星,他们自身的球技很好,但如果球队中的其他队员不能与他们很好地配合,这些球星的技术就不能充分发挥出来,整支球队也打不出好成绩。

6.2 整线的控制方式

下面以图 6-1 所示的啤酒灌装线为例,介绍整线的组成和控制方式。
该啤酒灌装线的工作过程如下:
1)卸垛机。塑料箱垛堆叠在栈板上,箱内装有回收来的空啤酒瓶。叉车将塑料箱垛送

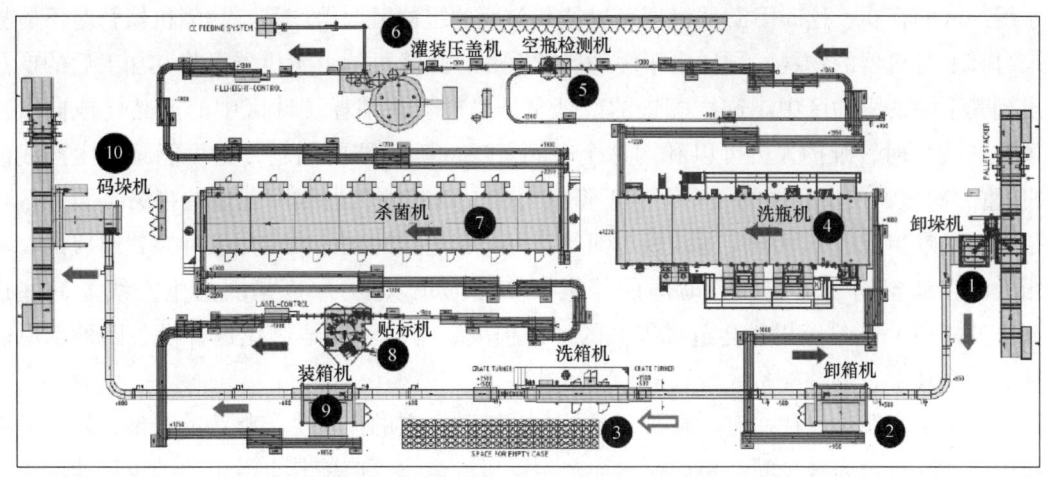

图 6-1　可回收玻璃瓶啤酒灌装线组成和布局示意图

至卸垛机旁,卸垛机将塑料箱从栈板上卸到箱传送带上,随后这些塑料箱被传送到卸箱机。

2)卸箱机。该机将塑料箱中的空啤酒瓶取出,放在酒瓶传送带上,空酒瓶被送往洗瓶机。箱传送带将空塑料箱送至洗箱机进行清洗。

3)洗箱机。该机对塑料箱进行清洗,清洗后的空塑料箱被送至装箱机。

4)洗瓶机。该机对回收来的瓶子做除标签、除杂质和清洗,清洗后的瓶子被送至空瓶检测机。

5)空瓶检测机。该机检查瓶子是否有破损、是否达到清洁标准。合格的瓶子被送至灌装压盖机,不合格的瓶子被剔除。

6)灌装压盖机。该机将啤酒灌入瓶中并盖上瓶盖,然后送至满瓶检测机。合格品经传送带被送至杀菌机,不合格品被剔除。

7)杀菌机。该机对灌满啤酒的瓶子按照设定的方式(温度、加热时间等)进行加热处理,杀灭有害细菌。经杀菌后的啤酒瓶由传送带送至贴标机。

8)贴标机。该机在瓶子上贴一个或多个标签。贴标后的瓶子被输送至装箱机。

9)装箱机。该机将灌装后的瓶子装入塑料箱(塑料箱来自洗箱机),装满酒瓶的塑料箱被箱传送带送到码垛机。

10)码垛机。该机将来自装箱机的塑料箱堆叠在栈板上,这些栈板来自卸垛机。

从图6-1可以看出,机器之间通过传送带连接,将某台机器加工后的产品送至下一台机器继续加工。还可看出,传送带有的部分较宽,有的部分较窄,这是由机器的特点决定的。如灌装机和贴标机之前的传送带窄,是因为灌装和贴标工艺要求每次只能输入一个瓶子到机器中;洗瓶机、杀菌机、装箱机前的传送带较宽,是因为其工艺要求每次输入多个瓶子到机器中。在不同的机器之间,传送带并不总是走最短的路径,在许多情况下会走很长的路径。这样做有两个目的,一是完成一列瓶子到多列瓶子(或多列瓶子到一列瓶子)的变换,二是起到瓶子缓冲区的作用。例如,某台机器出现故障,暂时不能为其下游的机器提供物料,由于缓冲区的存在，这时下游的机器可以从其前面的缓冲区取得产品；故障机器暂时不能接收来自其上游机器的物料，同样由于缓冲区的存在，故障机的上游机器可将其加工后的产品输出到其下游的缓冲区中。这样配置的好处是，当机器在消耗缓冲区中的产品（或向缓冲区填充产品）时，维护人员可以利用这个时间解决故障机器的问题，尽可能减少生产线的停机/重启次数，使生产线的效率不至于降低太多，以减少机器故障造成的损失。缓冲区可以是由传送带组成的，用于应对较短时间的停机；有些缓冲区是由专用缓冲装置组成的，具有很大的存储空间以适应较长时间的停机（如30min以上）。这是因为生产线上有些设备（如吹瓶机）一旦停机，会造成很大的经济损失。为尽可能地避免这种设备因外部原因停机，可在其上、下游配备大容量的专用缓冲装置。

在一条生产线中，往往有一台机器是最为关键的，它的产量决定整线的产量，如啤酒灌装线中的灌装机。为减少灌装机因待料而产生停机的概率，应使其上游机器的设计速度高于灌装机的速度；为减少灌装机因其下游拥堵而停机的概率，应使其下游机器的设计速度也高于灌装机的速度。通常将上述关键的机器称为生产线的主机，而将其上游或下游的机器称为生产线的辅机，离主机越远的机器，其设计速度应越高，以保证主机不间断地运行。图6-2所示为灌装生产线的V形速度曲线。

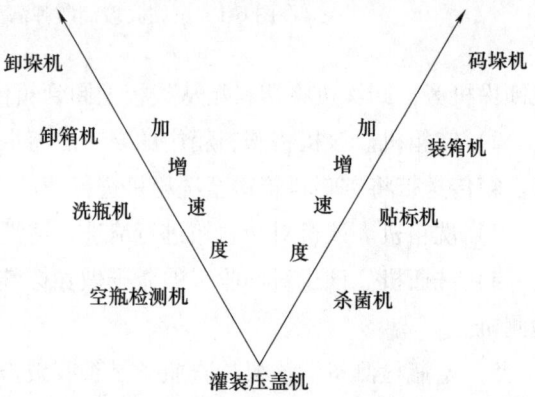

图6-2 灌装生产线的V形速度曲线图

实施整线自动控制的目的是使生产线及其中的各台机器尽可能不间断地运转，或根据生产线上各台单机的工作状况调整其他机器的工作状态（如速度），使它们相互协调地工作，达到最高的生产率。自动控制系统要根据生产线的当前状况（如各机器的工作状态、物料供给、缓冲区的饱和度等）调节各机器的状态和速度，使生产线以最佳的方式运行。

生产线的自动控制系统应采用适当的策略和算法，使生产线中各台机器的运行和物料的流动能够很好地相互配合，以减少停机次数和待机时间，使生产线的效率达到最佳。例如，当某机器上游出现故障时，该机应降速运行，以较慢的速度消耗本机器上游缓冲区中的物料；当缓冲区中的物料将被填满时，该缓冲区下游的机器要加速运行，尽可能地避免缓冲区被填满。

6.2.1 集中控制方式

在集中控制方式下，每台单机接收来自整线控制器的控制指令，如速度设定、控制模式（mode）转换、状态转换命令（CntrlCmd）等，各单机将自己的状态信息，如当前的控制模式（mode）、工作状态（state）、机器自身特有的工艺信息（如压力、温度）等，提供给整线控制器。整线控制器根据生产线的设定工作目标、各单机和缓冲区的状况，并结合各单机的工艺特性（如起动所需时间、停止所需时间等）进行逻辑分析和判断，按照适当的策略和算法，生成相关的命令并发送给各单机，如图6-3所示。

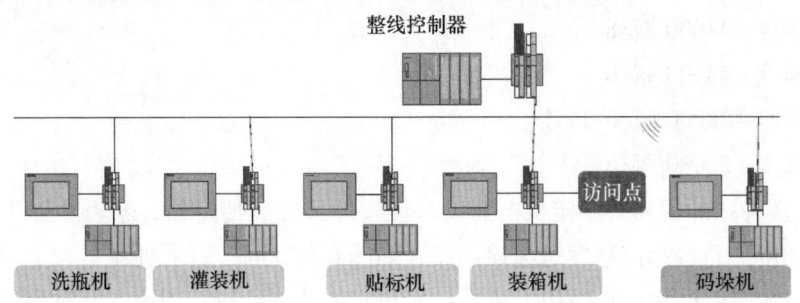

图6-3 生产线集中控制方式示意图

根据前面所述的生产线V形速度曲线（图6-2），生产线的速度取决于生产线中主机的设计速度，其他机器（辅机）的设计速度应根据主机的设计速度而定。为保证主机尽可能地正常运行，辅机的设计速度应高于主机的设计速度。

在集中控制方式下，整线控制器负责协调生产线中所有机器的运行，应根据主机的速度和生产线的当前状况设置所有其他机器的运行速度，如图6-4所示。

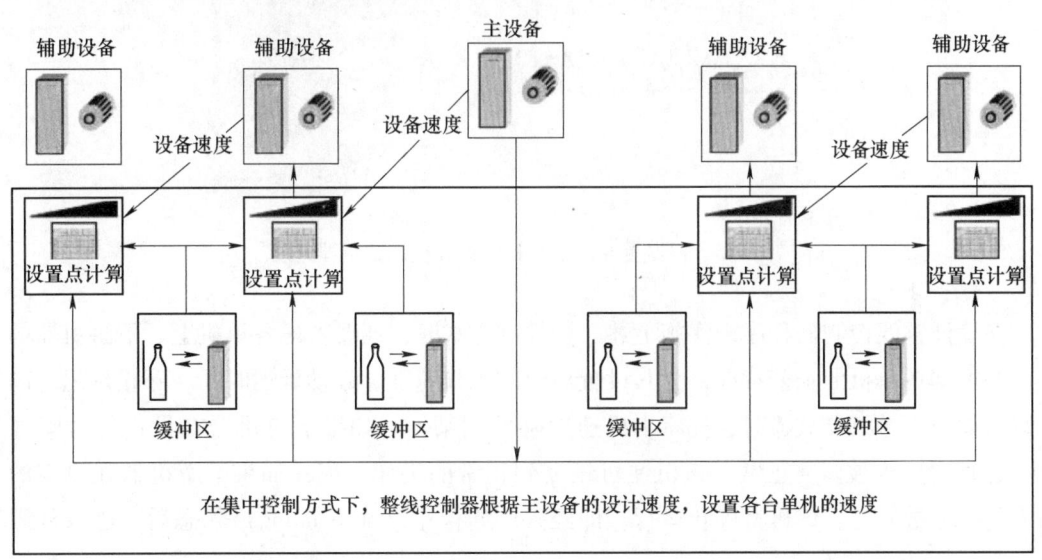

图6-4 整线控制器负责设置各单机的速度

如何设置不同机器的速度呢？可参考选择如下几种不同的算法。

1）给定主机速度，则辅机的速度＝主机速度×速度因子（factor）。例如：

灌装机速度＝40000 瓶/h

洗瓶机速度＝1.1×40000 瓶/h＝44000 瓶/h

杀菌机速度＝1.1×40000 瓶/h＝44000 瓶/h

贴标机速度＝1.2×40000 瓶/h＝48000 瓶/h

装箱机速度＝1.3×40000 瓶/h＝52000 瓶/h

2) 单独设置各个机器的速度。例如：

灌装机速度=40000 瓶/h

洗瓶机速度=44000 瓶/h

杀菌机速度=44000 瓶/h

贴标机速度=48000 瓶/h

装箱机速度=52000 瓶/h

3) 根据缓冲区的饱和度确定机器速度。在缓冲区安装传感器，察看机器上下游缓冲区内物料的饱和度，并将此信息发送给控制器，如图 6-5 所示。如果机器上、下游的设备工作正常，缓冲区中存储的物料量适中，机器按照设定的速度运行；若由于某种原因，该机上游的机器减速或停机，致使该机上游缓冲区中物料减少到某一设定值（如 30%）时，该机器应减速；当上游问题解决，使缓冲区中的物料逐步增多并达到某值（如 50%）时，机器加速，并恢复到设定速度。

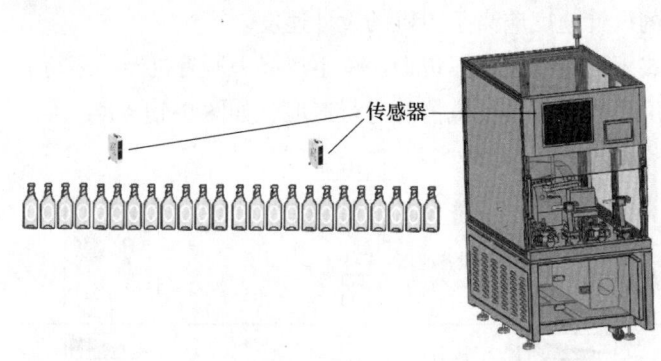

图 6-5 根据缓冲区中物料的饱和度调整机器速度

在设计整线控制器程序来实施上述三种控制方式时，还要考虑各单机上、下游机器的状态，并根据各单机的工艺特性，为其设置对应的工作速度、起动延迟时间、停止延迟时间等参数。如当下游机器故障时，先将本机速度降低到某值，如果下游机器在设定的时间（停机延迟时间）内被修复正常，该机便可恢复到正常的工作速度；如果下游机器在设定的时间内仍不能被修复，该机将停止运行，即经外因暂停中（suspending）状态后，进入外因暂停（suspended）状态。

6.2.2 非集中控制方式

根据 OMAC 机器状态模型，当机器的状态为执行（execute）、外因暂停（suspended）、外因暂停中（suspending）、外因暂停消除中（unsuspending）中的任一状态时，机器本身是有能力进行产品生产的，只是由于上、下游机器的原因，使机器得不到物料（上游原因）或生产出的产品无法送出（下游原因）而处于停机状态，如图 6-6 所示（图中将上述四个机器状态用菱形符号"◆"标出）。

在非集中控制方式下，每台单机需要将自己的状态信息（包括自身是否能够生产产品）

第6章 提升绩效的方法与数字化企业简介

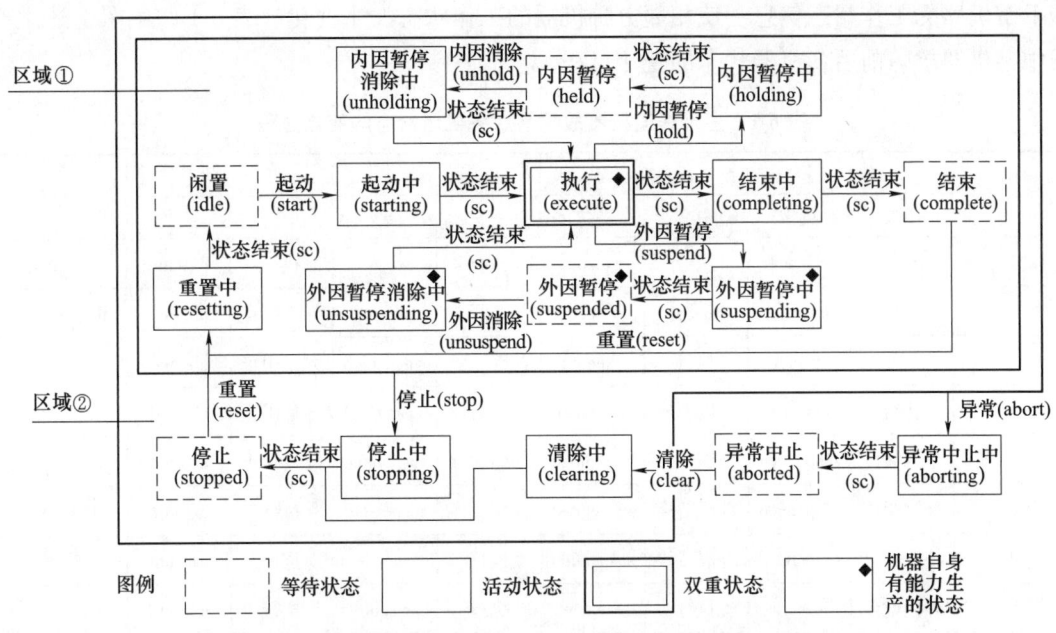

图6-6 机器自身有能力进行产品生产的4个OMAC机器状态

发给相邻的机器（上游和下游）。每台机器根据自身及相邻机器的状态，按照特定的算法决定自己的控制模式（mode）、状态（state）和速度（speed）。

关于生产线中各台机器的速度，可以依照前面介绍的思路，根据主机速度并参考缓冲区的饱和程度来确定。生产线中某台机器何时可以进行生产，何时要停机，不仅取决于缓冲区的饱和程度（在没有缓冲区的情况下，就相当于缓冲区永远是饱和的），而且受到该机上、下游机器工作状态的影响。现通过一个由4台机器组成的生产线的例子，如图6-7所示，说明如何在非集中控制方式下利用生产线中相邻机器的OMAC状态来控制机器的运行。具体来说，当该生产线中的机器4发生故障后，如何使其上游的机器受到影响；当机器4的故障被修复后，其上游的机器如何依次恢复正常生产。

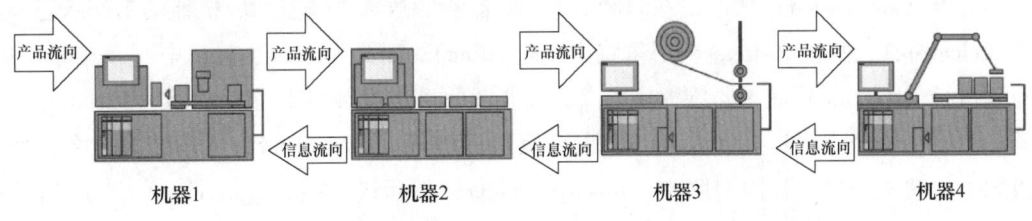

图6-7 生产线中相邻机器的产品和状态信息传送示意图

在图6-7所示生产线的例子中，产品从左向右流动，产品首先被送入机器1进行加工，然后依次在机器2、机器3、机器4中加工，最后送出；上游机器根据自身的状况（例如因故障不具备生产能力或可以正常生产）和下游机器的工作状态确定是否要变更工作状态。在这样的前提下，机器的工作状态信息可以从下游机器传递给上游机器（从右向左传递），即下游机器的工作状态信息会使相邻上游机器的工作状态发生变化。表 6-1 归纳了上述生产线中某机器故障前后各机器状态的变化过程。

表 6-1 生产线某机器故障前后各机器状态的变化过程

时间点	机器 1 状态		机器 2 状态		机器 3 状态		机器 4 状态		注解
	中文	英文	中文	英文	中文	英文	中文	英文	
1	执行	execute	执行	execute	执行	execute	执行	execute	生产线正常
2	执行	execute	执行	execute	执行	execute	异常中止	aborted	机器 4 故障
3	执行	execute	执行	execute	外因暂停	suspended	异常中止	aborted	
4	执行	execute	外因暂停	suspended	外因暂停	suspended	异常中止	aborted	
5	外因暂停	suspended	外因暂停	suspended	外因暂停	suspended	异常中止	aborted	
6	外因暂停	suspended	外因暂停	suspended	外因暂停	suspended	执行	execute	机器 4 修复
7	外因暂停	suspended	外因暂停	suspended	执行	execute	执行	execute	
8	外因暂停	suspended	执行	execute	执行	execute	执行	execute	
9	执行	execute	执行	execute	执行	execute	执行	execute	生产线正常

参照表 6-1，在时间点 1 之前，生产线工作正常，各台机器均处于执行（execute）状态。在时间点 2 时，机器 4 发生故障，该机控制器发出异常（abort）状态转换命令，使得机器 4 的工作状态先进入异常中止中（aborting），然后进入异常中止（aborted）。在时间点 3，机器 3 收到机器 4 的工作状态为异常中止（aborted）后，机器 3 的控制器经逻辑运算和判断后，发出该机的外因暂停（suspend）状态转换命令，使得该机的工作状态先进入外因暂停中（suspending），然后进入外因暂停（suspended）状态。在时间点 4，机器 2 收到机器 3 的工作状态为外因暂停（suspended）后，机器 2 的控制器经逻辑运算和判断，发出外因暂停（suspend）状态转换命令，使得该机的工作状态先进入外因暂停中（suspending），然后进入外因暂停（suspended）状态。同理，在时间点 5，机器 1 的工作状态也经类似的过程进入外因暂停（suspended）状态。在时间点 6，机器 4 的故障被修复后，机器的工作状态经清除中（clearing）、停止（stopped）、重置中（resetting）、闲置（idle）、起动中（starting）后，重回到执行（execute）状态。在时间点 7，机器 3 收到机器 4 的状态为执行（execute）后，机器 3 的控制器经逻辑运算和判断，发出外因暂停消除（unsuspend）状态转换命令，使得该机的工作状态先进入外因消除中（unsuspending），然后进入执行（execute）状态。同理，在时间点 8 和时间点 9，机器 2 和机器 1 经过类似的过程，它们的工作状态也先后进入执行（execute）状态。

从以上例子可以看出，在没有整线控制器的情况下，生产线上的各台单机依靠自身配备的逻辑控制器、控制程序和对相邻机器工作状态的检测，可根据 OMAC 状态模型和相邻机器的工作状态，自动地改变自己的工作状态，使整条生产线能够自动实现各台单机之间的协调互动，保证生产线的正常运行。

6.3 OEE 的概念和计算

在设计每条生产线时，根据用户的要求，设计师都会为生产线制定一个理想的产品生产速度和质量指标。生产线在实际运行期间，由于多种因素（故障、物料供应、各台机器之间的协调运行、产品质量等）的影响，往往达不到设计的产品生产速度和合格率指标。为了更好地、完整地描述生产线的运行状况，并给出影响生产线有效运行的各种因素，人们制定了生产线的设备综合效率（overall equipment effectiveness，OEE）指标。某生产线的 OEE 表示在产品和生产时间一定的条件下，该生产线实际产出的合格产品数量，与按照设计要求该生产线应产出的合格产品数量之比。它是一个无量纲的纯数字，通常用一个百分数表示。

OEE 可表示为三个相对独立的比值的乘积，即

$$OEE = 可用性(availability) \times 性能(performance) \times 质量(quality)$$

式中：

$$可用性(availability) = 实际运行时间 / 计划运行时间$$
$$性能(performance) = 产品实际产出数量 / (实际运行时间 \times 理想运行速度)$$
$$质量(quality) = 合格产品数量 / 产品实际产出数量$$

6.3.1 可用性

一条生产线通常需要停机来完成定期的保养或维护，如清洗管道、更换易损件等。可用性 = 实际运行时间/计划运行时间，这里所说的计划运行时间，是指扣除上述计划内正常停机时间后，机器应运行的时间。

举例来说，考虑某条生产线在一周内的情况，假如该生产线按计划每周工作 7 天，每天 16h。按照正常的维护要求，每周要对该生产线进行 6h 的清洗工作，则该生产线每周的计划运行时间为

$$16 \times 7h - 6h = 106h$$

但在生产线实际运行期间，可能会出现非计划内的停机，如刀具断裂需停机更换、电动机损坏需停机更换、因产品变更而进行机械调整时需要停机、补充短缺的物料时需要停机等。总之，这些停机原因都是临时出现的，事先并没有计划。假设在这个例子中，这类非计划停机时间总计为 2h。则在这一周内，生产线的可用性为

$$(106 - 2)/106 = 104/106 = 98\%$$

6.3.2 性能

由前述可知，性能 = 产品实际产出数量/（实际运行时间×理想运行速度），产品实际产出数量是指生产线在实际运行时间内产出的产品（合格品+不合格品）数量。

前面曾介绍了生产线的灵活性，即同一条生产线可生产不同产品的能力。当生产线所生产的产品不同时，其产品生产速度也可能不同。所谓理想运行速度，是指根据该生产线的设

计,按照当前生产的产品及对应的机器和生产线设置,该生产线可达到的该产品的生产速度。实际运行时间×理想运行速度的值,就意味着在实际的运行时间段内,机器如果以理想速度(即对应当前产品的设计速度)运行,可生产出的产品总数。

现实中,生产线的实际产出数量往往低于理想值。造成这个结果的原因通常包括物料堵塞、操作人员误操作、机器辅料短缺或物料不畅造成的短暂停机或降速等。不同于机器故障,上述影响机器正常工作的问题(如辅料暂时短缺、瓶子被卡住等)一般无须维修人员介入,生产线的操作人员可自行解决(如补充辅料、疏通卡住的瓶子等),但这些问题会造成机器或生产线短时间的降速、等待或停机。

仍以前述的生产线为例,假如在一周内该生产线只生产某一种产品,该种产品生产的理想速度为3000件/h,则在这一周内,这条生产线应产出该产品的理想数量为3000件/h×104h=312000件。但由于前面给出的某些原因,该生产线在104h实际只生产了302640件产品。则在这一周内,该生产线的性能为

$$302640/312000 = 97\%$$

6.3.3 质量

由前述可知,质量=合格产品数量/产品实际产出数量,这个公式很好理解,就是生产线产出的合格品数量与产出的总产品数量(合格品+不合格品)的比值。

继续使用上面的例子,即该生产线在一周内实际生产了302640件产品。但这些产品中有3026件不合格,则该生产线在该周内的质量为

$$(302640 - 3026)/302640 = 99\%$$

根据上面对可用性、性能和质量的计算,该生产线在该周内的OEE为

$$OEE = 可用性 \times 性能 \times 质量 = 98\% \times 97\% \times 99\% = 94\%$$

6.3.4 用机器的OMAC状态计算实时OEE

根据OEE的定义,可知

$$OEE = 可用性 \times 性能 \times 质量$$

$$= \frac{实际运行时间}{计划运行时间} \times \frac{产品实际产出数量}{实际运行时间 \times 理想运行速度} \times \frac{合格产品数量}{产品实际产出数量}$$

$$= \frac{合格产品数量}{计划运行时间 \times 理想运行速度}$$

本书第5.2.1节中已经介绍了OMAC数据变量标签(PackTags),可将OEE计算公式中的变量用OMAC数据变量标签来表示。在上面的公式中,合格产品数量可表示为Admin.ProdProcessedCount−Admin.ProdDefectCount;计划运行时间可表示为Admin.AccTimeSinceLastReset,

该变量表示机器（或生产线）重置（即对有关时间和产品计数器清零）后到当前的累计时间；理想运行速度可表示为 Admin.MachDesignSpeed/60，这里除以 60 的目的是将时间单位统一为秒。因为机器的设计速度是以每分钟生产多少个产品来表示的，但机器运行时间是以秒来表示的。

将这些 OMAC 数据变量带入 OEE 计算公式，可得到

$$OEE = \frac{Admin.ProdProcessedCount - Admin.ProdDefectCount}{Admin.AccTimeSinceLastReset \times Admin.MachDesignSpeed/60}$$

上述公式表示，在一定的时间内，生产线实际产出的合格产品总数与生产线在理想条件（以设计速度且无间断地运行，产品 100% 合格）下的产出总量之比。

采用上述计算方法的前提是，在统计的时间段内，生产线始终生产同一种产品，即在这段时间内，产品的设计速度不变。

如果要计算任意期间（生产线在此期间可以变更其生产的产品类型）的综合 OEE，则需要对生产各种产品时间段内的各项数据分别计算，然后计算出该生产期间的综合 OEE。这种计算非常烦琐，通常会借助上层软件系统（如 MES）的数据采集、存储功能和 OEE 软件模块来完成。数据采集软件按照设定的间隔（如 0.1s）采集机器状态数据，并将该状态数据及其对应的时间点（即该数据对应的时间戳）存入数据库。上层软件从数据库提取状态数据和时间戳，使用相应的算法就可以计算出该生产线在任意时段的综合 OEE。

另一种计算 OEE 的方法是人工录入所需数据，由软件完成计算、存储和显示等工作。

上面介绍的是 OEE 的基本定义和计算方法。需要指出的是，关于 OEE 计算并没有统一的工业标准。现实的情况是，不同行业或企业对 OEE 的定义是有差别的，如对计划停机、非计划停机等概念有着不同的理解，这样就会导致不同的计算结果。

当前大多数的信息管理系统不仅可完成 OEE 值的计算或显示，还会给出造成 OEE 下降的原因并做出分析报告。如告知生产线上哪台机器出了故障，故障点在哪里，什么原因造成了该故障等。企业的工程技术人员可根据这些信息迅速排除故障或采取补救措施，以减少停机时间；企业管理人员可根据系统提供的历史数据和分析报告，采取有针对性的措施，以减少或防止设备故障、物料供给不畅等事件的发生，提高生产线的 OEE。

6.4 生产线的仿真、虚拟调试和优化

在本书的机电一体化部分，介绍了生产机械的仿真与虚拟调试。与此类似，在实际采购设备和搭建生产线之前，也可以借助软件设计、搭建、调试和运行虚拟的生产线，如图 6-8 所示。在生产线的设计阶段，可利用仿真软件在虚拟环境下设计生产线并验证其性能；还可利用生产线仿真软件在计算机中建立并运行虚拟的生产线，在虚拟生产线运行和对其进行调试的过程中找出生产线存在的瓶颈或其他造成 OEE 降低的因素，然后对虚拟生产线做出有针对性的改进或优化，再运行，直至达到理想效果。上述工作完成后，再根据优化后的虚拟

生产线搭建真实的物理生产线,或对已有的真实生产线进行升级改造。建立虚拟生产线的另一个好处是,可利用其对操作人员进行生产线的操作培训,以避免在真实生产线上培训新员工可能造成的物料损失或机器损坏等。

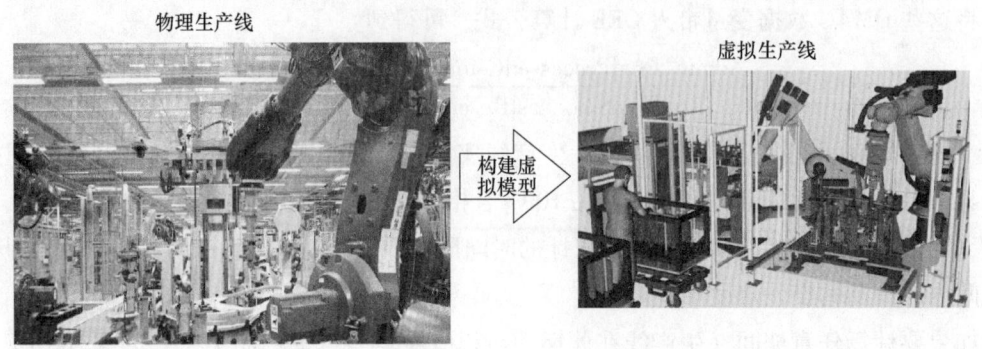

图 6-8　与物理生产线对应的虚拟生产线

如今市场上可提供多种生产工厂或生产线的仿真软件,现以西门子公司的工厂仿真软件 Tecnomatix Plant Simulation 为例,介绍这类仿真软件的常用功能。

该软件可以构建生产工厂的虚拟模型,利用这个虚拟模型可在实际建设开始之前,对生产工厂或具体的生产线进行物料流动分析,对机器等资源的使用情况进行分析,对生产量和人员需求进行分析,还可以检测生产线的瓶颈所在,以优化生产过程中的物料流动过程。

该软件还具有能耗分析功能,可用图示的形式显示当前、最大能耗和累计的能耗总和,在仿真过程中,能动态地显示在工作期间和计划停机期间工厂的能耗情况。使用者根据生产工厂的能耗显示图,可以方便地分析并确定具有能耗改善潜力的区域。

该软件具有强大的图示、图表和报告制作功能,可有效地帮助生产企业评估生产系统的运行表现,使企业能方便且快速地做出优化生产能力、改善生产系统性能等方面的决策。

与对机器的虚拟调试类似,对生产线的虚拟调试也是将仿真软件所建立的虚拟生产线(或称生产线的数字化双胞胎)与控制系统连接起来,由控制系统调试在 PC 中运行的虚拟生产线,并可在虚拟环境下对自动化控制系统、物流输送和整体工厂操作进行测试和优化。在进行生产线的虚拟调试时,既可将虚拟生产线连接到真实的控制系统(如 PLC 硬件),也可将虚拟生产线连接到用软件仿真出的控制系统(如西门子公司的 PLC SIM 和 SIMIT 产品组合),如图 6-9 所示。这种虚拟调试方案是开放式的,且方便灵活,可与市场上的各种 PLC 配合使用。

综上所述,利用生产线的仿真软件,可在规划和建设物理生产线之前,在计算机上设计、搭建、验证和优化虚拟生产线。根据虚拟生产线的优化结果,再去采购设备并搭建真实的生产线。采用这样的方法可减少生产线的设计、建设和调试时间,并可大大降低生产线的建设或改造成本。

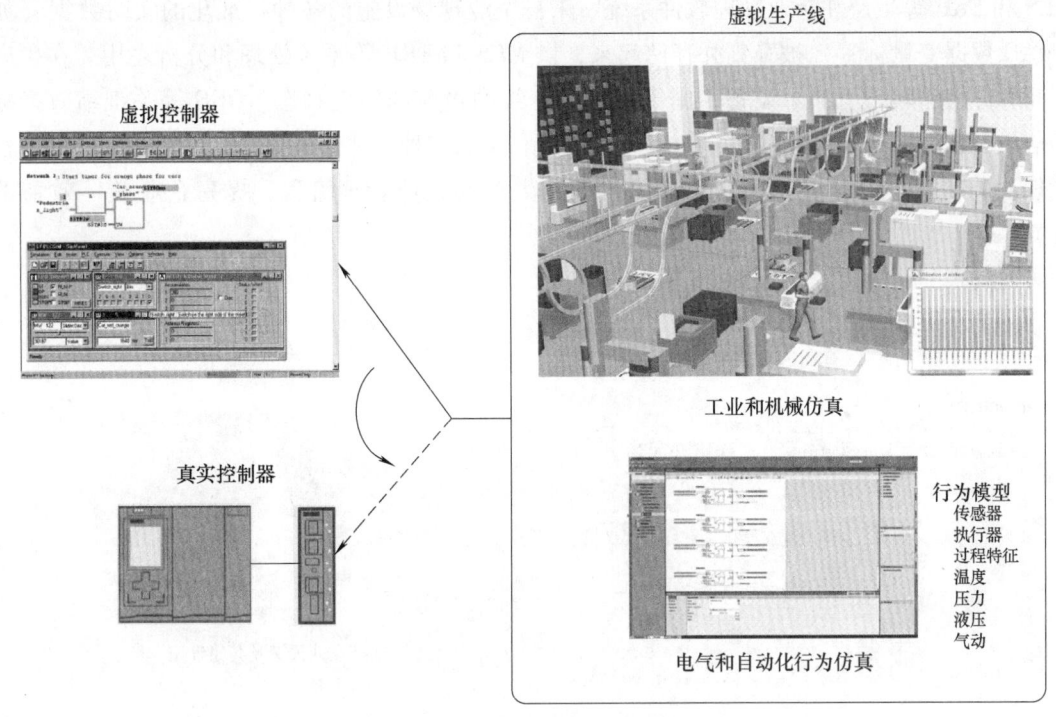

图 6-9　生产线的两种虚拟调试方式示意图

6.5　企业网络、SCADA、MES 及 ERP 系统

6.5.1　利用企业网络和软件提高企业管理水平

在本书 5.2.3 节和 6.1 节中已经介绍了产品生产企业中的生产线和企业网络结构、生产线数据的标准化和数据采集、显示和分析等方面的内容。一家生产企业不仅有生产线，还需要有能源（水、电、蒸汽等）供应、生产计划、产品质量检验、设备管理，以及原材料采购及仓储、产品仓储及输送等生产辅助设施。为了提高企业的管理水平，需要随时监测企业的各项关键生产指标、原材料和财务指标等数据，且应能够分析出这些指标变动的原因，并以此为依据制定并实施相关的策略和措施，优化生产线构成与工作流程、物料供给流程、生产订单管理和排产流程等，从而达到提高企业生产经营效益的目的。为了实现上述目标，目前有效的方法就是建立企业网络，将来自企业生产、原材料供给、能源供给、废料处理，以及经营计划和质检等多个部门的信息联通起来，并利用制造执行系统（manufacturing execution system，MES）、企业资源计划系统（enterprise resource planning，ERP）等控制和管理软件工具，来提高企业的管理水平。

如图 6-10 所示，利用控制器、以太网交换机和服务器等部件将产品生产企业的生产线、能源部分、物流部分、生产计划及质量检验等部门连接起来，并在企业以太网的基础上配备

MES 和 ERP 等生产和企业管理软件系统。来自企业现场设施的各种标准化的实时数据（如 OMAC 数据变量标签）被采集并存储起来，供 MES 和 ERP 等系统处理和分析之用。在生产车间和办公区域设置显示设备，用于显示生产线的当前和历史状态、OEE 等关键绩效指标等信息。软件系统还可生成与企业生产和经营有关的多种评估分析报告，供企业生产和经营管理人员制定决策时参考，以达到优化产品生产和企业管理流程、提高企业整体效益的目的。

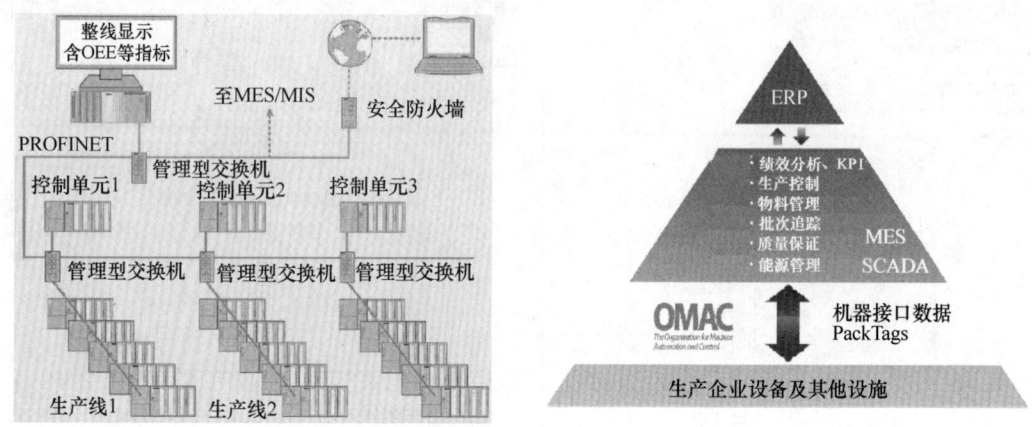

图 6-10　企业网络及 MES 和 ERP 系统

这里提及 MES 和 ERP 等软件系统，不是要对 MES 及 ERP 等生产运行和企业管理软件进行详细介绍，而是要说明 OMAC 标准及机器接口数据变量标签与 MES 和 ERP 等软件系统之间的相互关系，以及这些标准化的数据对于生产运行和企业管理的重要性。目前，市场上介绍 MES 及 ERP 等软件的书籍很多，对这些生产和管理软件有兴趣的读者可参考 MES 及 ERP 的专业书籍。

6.5.2　OMAC、SCADA、MES 和 ERP 的作用及相互关系

如本书第 5 章所述，OMAC 是一个国际组织，它制定了机器的状态模型（state model）和数据变量标签（PackTags）规范，且这些规范已被国际上许多主流企业采用。数据变量标签定义了企业机器设备或其他设施与企业生产控制和管理软件（如 MES）之间所交换数据的内容和格式，它们是企业生产控制和管理软件完成有关计算和分析所必需的信息（含企业自定义信息）和这些信息表达方式的描述。数据变量标签相当于在企业的各种设备和生产管理软件之间定义了一种标准化的语言，使得双方可以相互理解和沟通。如果不采用数据变量标签规范，虽然也可以进行信息交换，但是会遇到较大的困难，如同两个语言不通的人难以交流一样。在这种情况下，完成系统集成常常需花费大量的时间和精力。若企业的设备没有按照 OMAC 标准设计，且不能产生必要的数据变量时，还可能使企业生产控制和管理软件无法获得必要的数据，从而难以完成某些计算和分析功能。因为 OMAC 标准已被许多企业认可和采用，有些软件开发商基于 OMAC 标准开发出了 OEE 计算、设备甘特图等常用

的软件功能模块。如果企业的设备数据接口变量和软件系统采用 OMAC 标准，这些软件功能模块就可以直接（或经过简单的适应性修改）使用，而无须从零开始开发，可极大地减少系统开发、集成和调试时间。

SCADA（supervisory control and data acquisition）系统是通过 PLC 或其他形式的控制器对现场设备进行控制和数据采集的工具。例如，可利用 SCADA 系统采集企业工厂内机器的状态、各个区域的温度、湿度、能耗等信息，还可实时监测、记录并显示这些信息，并可将这些信息传送给 MES/ERP 等上层软件进行处理和分析。

MES 为制造执行系统，它通常从计划层软件（如 ERP）获取生产计划或订单，将生产任务下达给作业人员，如在什么时间、什么设备上、干什么工作。MES 还可以收集生产现场的信息，反馈给上层系统。因此，它是侧重于生产现场即执行层面的控制和管理软件。

ERP 为企业资源计划系统，其主要工作是对企业的财务、人力、生产等资源进行计划，以提高资源的利用率。它侧重于企业的采购、销售和供应，以及制定企业的生产和物流需求计划，如确定要生产什么、需要哪些物料、现有什么物料、缺少什么物料、何时需要采购物料等。

由上面的简述可知，MES 和 ERP 软件位于生产企业不同的管理层面。为了提升企业的管理效率，MES 和 ERP 二者需要相互交换信息并协同工作。

根据上面的简要介绍并结合图 6-10 可以看出，SCADA、MES 和 ERP 是企业管理信息系统的组成部分，处于企业管理软件系统的不同层次，它们之间相互依赖且需要相互配合，才能圆满地完成企业的控制和管理工作。

在现实的工厂自动化管理系统中，SCADA、MES 和 ERP 之间出现了相互融合的趋势，使它们之间的界限变得模糊起来。如在某些应用中，SCADA 系统可能会完成某些 MES 的功能，而有些 MES 本身也具有现场数据采集这类通常由 SCADA 系统提供的功能。根据企业的实际业务需要，可能会存在某些功能既可以由 ERP 来实现，也可由 MES 来实现的情况。因此在具体项目的实践中，有关生产和管理的功能应如何在这些软件之间进行分配，往往需要与用户一起对项目需求进行具体讨论和分析后确定。

6.6 工业云简介

6.6.1 什么是工业云

在本书 6.5 节中曾介绍过，产品生产企业可以建立企业网络，并使用 MES 和 ERP 等生产控制和企业管理软件，提高企业的劳动生产率，降低企业的整体拥有成本（TCO）。在这样的企业网络中，来自生产现场、反映生产设备状态的实时数据被采集到企业数据库中，由软件对这些数据进行分析处理，其结果可被实时显示或以图表、报告等形式表现出来。企业的工作人员及管理者可根据软件的分析结果调整或优化生产设备和生产流程，以提高劳动生产率、降低企业的整体拥有成本（TCO）。请注意，上面提到的网络、承载数据和软件的数据库和服务器、MES 和 ERP 等软件系统都是由该企业自行投资搭建并供自己使用的。为了建造、运营和维护这样的专有系统，企业会花费很大的成本，包括人力、网络设备、存储和计算设备、机房等基础设施。上述成本对于中小企业来说往往难以承受。

如何使企业能以较低的成本，同样实现现场数据采集、存储、处理和分析，并得到可用来提高生产率和降低成本的分析结果呢？为便于理解，先举一个简单的例子。一家公司为了工作出行的需要，可以选择不同的解决方案。一种方案是建立公司自己的车队，为此，该公司不仅要采购车辆、雇用司机、建立停车设施，还要对车辆进行必要的保养和维护，缴纳各种保险、车船使用费等；另一种方案是从专业的汽车服务公司租用车辆和司机，公司只须交纳约定的服务费用，即可获得同样的出行便利，而且能更方便地根据公司的业务需要，调整租用车辆的时间和租车数量。与上述例子类似，工业云服务提供商为公众准备好网络、服务器、存储装置、各种应用软件，以及使客户现场设备可接入网络和工业云的有关部件，工业云服务的需求者只须按照约定的费率缴费，就可获得其所需要的服务。工业云服务提供商搭建的是一个公共系统，供许多客户分享，这样就降低了享受服务的成本。由于工业云是供大众分享的公共系统，就必然存在一些私有系统没有的问题。例如，如何保证客户的私有信息不被泄露？客户欲接入网络的设备和通信协议多种多样，如何保证它们可被方便地接入网络和工业云？对于这些问题，工业云服务提供商必须认真考虑并采取措施加以解决。工业云服务提供商对这类问题的解决方案，将在后面进行介绍。

为什么这样的服务被称为云服务呢？其实云的应用已经很久了，只是过去没有用"云"这个称呼而已。例如，在个人计算机还没有像今天这样普及的时代，小型计算机是稀缺资源。往往一个学校只有一台小型计算机，位于学校的计算机房内，一些教室或办公室内配备有通过通信线路与小型计算机相连的终端。如果要使用小型计算机进行某项运算或数据处理，需要在终端上操作，即通过终端向小型计算机发出计算请求，小型计算机完成计算后将结果发送给终端。这实际上就是云计算。云计算的特点是：具有计算或处理能力的装置根据需求者的要求为其提供服务，而且服务的提供者和需求者通常处于不同的物理位置，它们之间要通过通信线路连接起来。由此可知，云只是一个形象的比喻。把服务的提供者比喻为天上的云，而地上有许多服务的需求者，通信网络将云和需求者连接起来，云能够根据需求者的要求为他们提供所需要的服务，如图 6-11 所示。

在 PC 及互联网如此普及的今天，云是指位于互联网服务器集群之上的硬件和软件资源集合，本地计算机只须通过互联网发送给云一个需求信息，远端的云经运算处理，就会将用户需要的运算或服务结果返回到本地计算机，而用户只须为自己使用的那部分资源付费。

如今的云服务提供商可按需为客户提供便捷的 IT 服务，并能对计算资源进行共享管理，将它们快速地供给用户使用。云的用户只须进行很少的管理工作并付出较低的服务费用，即可得到与自有计算资源同等功效和同等质量的 IT 服务。

根据上面的介绍可知，云是公共资源，可为众多的用户提供服务，其物理位置通常与服务需求方不在一起，甚至相距遥远，需要通过网络与服务需求方进行通信。除了前面曾提出的信息安全问题外，还有一个对用户需求响应的及时性问题。例如，用户对其需求响应的及

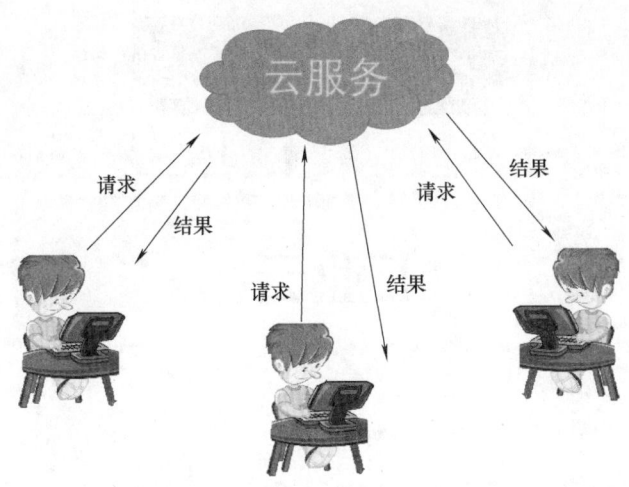

图 6-11 云服务示意图

时性要求很高,但由于用户众多,而云的资源有限,使得云有时不能及时地对某个需求做出响应,或是由于通信网络的延时,使用户不能及时得到结果。为避免这样的情况发生,可将某些具有计算能力的设施(硬件或软件)部署在用户方一侧,使其所需的服务能在本地及时完成,实现对服务需求的快速响应。这种部署在用户一侧的计算装置被称为边缘计算(edge computing)装置,其所完成的计算被称为边缘计算,也有人称其为雾计算。由此可知,边缘计算是相对于云计算而言的。在实际应用中,企业可根据自身的实际需要,安排好哪些工作由云计算完成,哪些工作由边缘计算完成。

目前,许多行业都有各自的云服务提供商,如阿里云、腾讯云、华为云、天翼云、金山云、百度云等,它们根据其服务的行业各有不同的侧重点。工业云的重点是为产品生产企业提供服务,它通常可将企业的生产设备和其他辅助设施连接到云平台,云平台上运行有多种应用软件,可对反映生产现场各种设备状态的数据进行分析处理,并将结果进行显示或以图表、报告等形式表现出来,使企业工作人员及管理者可根据软件的分析结果来调整或优化生产设备和生产流程,达到提高劳动生产率、降低企业整体拥有成本(TCO)的目的,如图 6-12 所示。

6.6.2 企业为什么要接入工业云

在当今市场竞争日趋激烈的环境下,生产企业的决策者会面临更多的挑战,如消费者要求企业提供具有个性化的产品或服务,新产品或新机型需要在更短的时间内上市,如何及时地利用层出不穷的新技术与新材料以提高企业产品的市场竞争力等。为了应对上述挑战,企业决策者不仅需要借助来自生产现场的真实数据了解本企业在运营过程中的表现,还需要具有多领域的专业知识和经验,对企业各方面的优势和不足做出准确的评估,以做出正确且具有前瞻性的企业决策。

为实现上述目标,企业需要采取有效的手段采集来自其生产现场设备的多种数据,并将

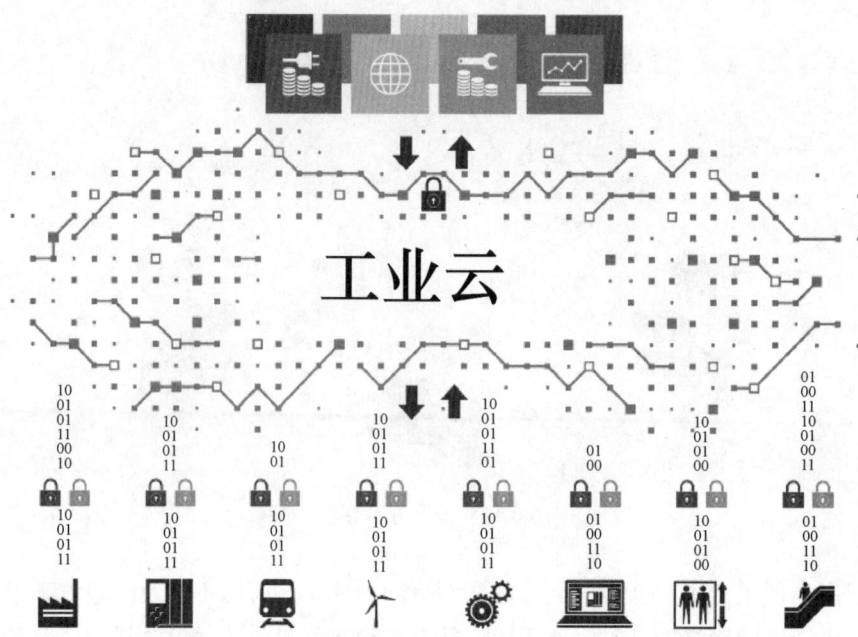

图 6-12 工业云示意图

这些数据存储于数据库中,然后再对这些数据进行精准和有效的处理和分析,并结合多方面的专业知识和经验制定出正确的决策,以达到优化企业生产流程、降低生产成本、缩短新产品上市时间的目的。因此,企业需要具有现场数据采集、存储的能力;要有计算机网络、具有强大分析和处理能力的计算机和各种生产运行控制和企业管理软件。如果自己搭建这样的系统不仅成本很高,而且对于非 IT 专业的企业来说,要实现有效的资源管理和数据安全,也是极大的挑战;对于中小型企业而言,还会出现 IT 资源利用率低的问题。利用工业云,可以很好地解决上述问题。

工业云能提供具有高可靠性和安全性的物联网方案,可将多种不同种类的设备及系统连接入网,使企业可以采集、存储和利用来自现场的各种有用数据,并利用这些数据的变化趋势来预测生产过程的变化,使得企业管理者能够采取有效措施优化设备性能和生产流程。工业云能提供设备分析与预测的专业软件工具,帮助企业了解设备状况,确定造成生产过程瑕疵和产品质量问题的原因,帮助企业优化设备的维护措施,以防止或减少非计划停机。工业云具有可升级和扩展性,以保护企业的投资。工业云配备易于使用的多种应用程序和解决方案,以应对来自企业的各种需求。工业云为企业和程序开发者提供良好的应用程序开发环境,以应对企业中随时可能出现的各种新需求。

以上介绍了工业云的特征和企业接入工业云的种种好处。当前对于任何生产企业而言,是否要接入工业云,要根据自己的实际情况而定。在做决定前需要做好充分的调研和分析。例如可以考虑如下问题:企业现有的网络和信息系统是否可以满足企业的实际生产和业务需要?企业接入云后是否能够提升企业发展潜力并更好地解决企业的具体问题?云平台及其提供的应用服务是否能兼容企业现有的信息系统?云平台提供的数据存储方式、数据安全措施是否可满足企业要求？总之，企业应根据自身的实际情况和需求来决定是否接入云、接入哪个云，而不要为了赶时髦而接入云。

6.6.3 工业云的构成和架构

根据前面的介绍，工业云就是一个共享的公共资源和服务提供方。如果在云平台的基础上再叠加物联网、大数据、人工智能等新兴技术，能使这个平台具有精准和高效的实时数据采集、存储和集成等功能；还可使工业云平台具有提供产品设计研发、生产制造等应用支持，提供企业设备管理、生产过程管控、企业运营管理等功能，以满足工业制造数字化、网络化、智能化等要求。这样的系统又被称为工业互联网平台。在这样的平台上，还可以将工业技术、行业经验知识等做成模型化的软件模块库，并提供由企业或应用开发者共享的应用程序接口（API），以便于他们利用这些工具开发出满足各自特定需求的应用程序；还可利用该平台形成参与者众多的制造业生态，使得平台上的可用资源日益丰富，推动形成多方合作共赢、协同演进的制造业发展模式。

目前，对于工业云或工业互联网并没有一个大家公认的严格定义，不同的人可能会从不同的视角对其进行描述，但各种不同描述的基本含意是一致的。因为工业云可以为用户提供多层次的服务，一般可将这些服务层次划分为边缘层、基础设施服务层、平台服务层和软件服务层（又称应用层），如图6-13所示。下面对其中各个服务层次的功能进行简要介绍。

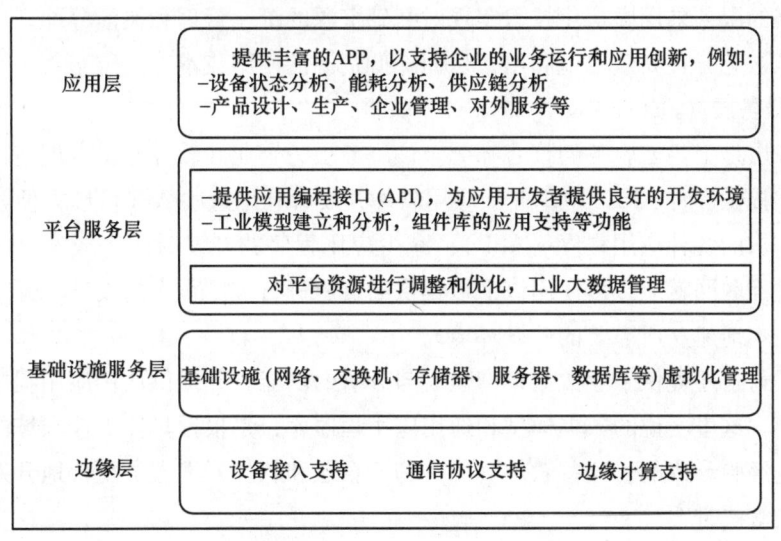

图6-13 工业云服务的层次结构

1. 边缘层（edge layer）

数据采集是实现数字化生产和管理的基础。边缘层将企业现场的多种传感器、生产设备和其他设施接入工业云网络，以实现生产现场设备和生产过程的数据采集和集成。这些传感器、生产设备及设施被接入网络后，就成了工业云的一部分，且处于工业云的边缘位置。这也就是在本层内对数据的计算和处理工作被称为边缘计算的原因。

因为不同的现场设备可能会使用不同的数据格式和数据通信协议,所以需要采取必要的措施来支持不同数据传输所需的多种通信协议,还要能识别不同的数据格式或在此基础上实现数据格式的统一,以满足大多数现存设备的数据采集、数据集成、数据互操作的需要。

为满足企业对某些服务需求快速响应的需要,可在边缘层部署一些具有数据处理和存储能力的装置,以实现在本地即可对数据进行计算和存储的功能。例如,在本地完成必要的数据预处理和实时分析等工作。

2. 基础设施服务层（infrastructure as a service，IaaS）

这一层是工业云服务的主要硬件设施支撑部分,包括网络、交换机、存储器、服务器、数据库等基础设施。该项服务不是以传统的方式让企业从数据中心购买和安装所需的资源,而是根据企业对资源的动态需要,让企业从该服务的提供商处租用所需的资源,并依据企业对资源的实际使用量或占用量进行缴费。对上述基础设施的烦琐管理工作则由该服务的提供商完成。

为提高资源的可用性和利用率,该层服务的提供商通常会利用虚拟化技术。所谓虚拟化,实质上是对资源进行抽象化的管理。例如,对物理内存抽象化的结果使得应用程序感觉其自身拥有连续可用的地址空间,而实际上应用程序的代码和数据可能是被分隔成多个碎片页或段,甚至可能被交换到磁盘、闪存等外部存储器上。在这种情况下,即使实际的物理内存容量不足,但由于磁盘、闪存等外部存储器的存在,应用程序仍能顺利执行。

由于该层的服务采用虚拟化技术实现对基础资源的统一管理和灵活分配,可确保这些基础设施资源能被充分且高效率地利用,从而降低资源的使用成本。

3. 平台服务层（platform as a service，PaaS）

平台服务层是工业云服务的核心部分。该服务层为企业和软件开发者创造出一个良好的开发环境,并提供多种 API,使企业和应用软件开发者利用这些 API 可以方便、高效地开发出针对客户需求的各种应用程序（APP）,减少应用程序的开发时间和成本。此外,应用软件开发者通过互联网就能直接使用该平台提供的资源进行应用程序的设计、开发、测试等工作,而不必在本地建立所需要的开发环境。

该服务层通常还提供工业数据模型建立与分析的功能,并提供通用应用程序库和应用开发支持等功能。这里所说的数据模型和通用应用程序库,是根据具体工业领域的技术原理和大量基础工艺经验形成的。这些软件资源有利于企业和软件开发人员更快地开发出更多、更好的工业应用解决方案。

除提供应用程序开发工具和环境外,该服务层还具有对平台通用资源的部署与管理、对工业大数据的管理等功能。这些功能使得应用软件可流畅地运行于云平台之上,并可对它们进行管理和监控。

4. 应用层（software as a service，SaaS）

该层又被称为软件服务层,该服务层通常会提供针对不同行业的大量 APP,用来满足不同行业客户在设计、生产和管理等方面的多种服务需求。用户通常只要通过网络浏览器接入工业云后,就可运行工业云中任何一个远程服务器上的应用程序,而无须在本地安装这些应用程序。这种方式既方便快捷，又省去了企业自行配备所需软、硬件设施而必需的成本。

因为平台服务层为企业和开发者提供了良好的应用程序开发工具和环境，随着时间的推移，更多、更好、更具创新性的 APP 将被开发出来，以满足客户不断提出的新需求。

6.6.4 工业云实例

现以西门子公司已经投入实际运营的 MindSphere 工业云为例，简要介绍工业云的结构和功能，供大家参考。

西门子公司将其 MindSphere 工业云描述为：基于云平台的、开放的物联网操作系统，它能使世界各地的工业企业将其机器及其他设施方便、快速、经济地连接到数字化世界中。

MindSphere 工业云的层次结构如图 6-14 所示。

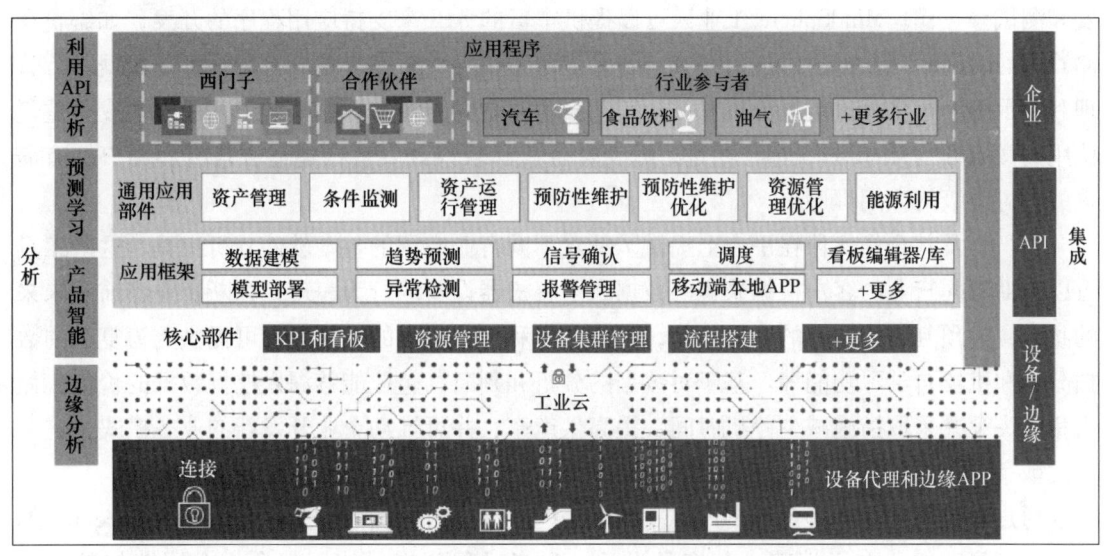

图 6-14 MindSphere 工业云的层次结构

MindSphere 工业云边缘层的解决方案称为 MindConnect，它可将工业企业客户所有的传感器、设备、辅助设施和网络信息系统（如 ERP、MES、SCADA 等）等资产（西门子产品，或非西门子产品）连接到 MindSphere 工业云。MindConnect 内的安全方案遵从政府建议且符合严苛的工业标准。为适应现有多种不同的通信协议和标准，该方案以 OPC UA 作为主要的通信协议，同时支持许多其他的常用通信协议，如 HTTPS、Modbus、S7 等。西门子提供两种网关产品：MindConnect Nano 和 MindConnect IoT 2040，以支持将现有的大多数设备接入其工业云。在西门子的 SIMATIC S7-1500 和 SINUMERIK 840D 等控制器中，嵌入了网关代理服务，在西门子工程软件的支持下，这些产品无须外接网关便可直接连接到 MindSphere 工业云。

利用 MindConnect 库和 MindConnect API 可在边缘设备上部署相关软件来达到对 MindSphere 进行扩展的目的。利用边缘服务 API 可使数据从边缘设备上发送到工业云平台，也可将边缘应用程序下载到边缘系统并执行。因为 MindSphere 具有上述边缘系统支持方案，所以产品生产商可在其硬件产品内嵌入云边缘管理功能以获得更佳的产品性能。

对于数据采集、数据传输和存储期间的数据安全问题，MindSphere 工业云遵循业界的严苛标准，如 IEC 62443、ISO/IEC 27001；数据传输采用 256bit SSL/TLS 或更高标准的加密方法；在数据访问方面，采用了多种安全机制以保护客户数据的安全，如安全证书验证、客户自动化系统的专用网络接口、只读访问限制等；在数据存储方面，西门子及其工业云的基础设施合作伙伴以高的标准建设其云数据中心，使数据存储满足高等级的数据安全标准，以防止网络威胁和自然灾害可能对数据造成的损害。

MindSphere 可以在市场上大多数云基础设施服务商，如 AWS、Azure、阿里云等，提供的基础设施服务（IaaS）平台上运行。

在平台服务层，MindSphere 工业云具有良好的程序运行环境以支持应用程序的设计、开发和测试等工作。MindSphere 工业云可以提供丰富的 API 来支持应用程序的开发，如编辑存储器中的时间序列数据、添加报警或警告等定制型信息、对来自现场机器设备的数据进行管理和显示等，可将大量数据分析算法、工艺技术原理、行业知识、基础工艺等封装成可重复使用的微服务（Microservices）组件，以支持企业和软件开发者构建适合自身和用户特有需求的、可升级的应用程序。

西门子及其合作伙伴在平台上提供了针对不同行业应用的基本软件分析工具。这些工具可以帮助不同行业的客户根据采集的数据来了解机器设备的行为表现，判断企业当前及未来的状况，如预判某些指标的发展趋势，进行代数和统计方面的运算，还可提供更为复杂的数据分析和机器自学习功能等。基于对数据的分析和判断，企业能够深入挖掘数据的价值，做出相应决策并采取措施减少停机时间，提高生产率；并可推动企业开发新的业务模式，进一步向数字化企业转型。

通过西门子工业云平台 MindSphere 和西门子产品数据合作管理工具软件 Teamcenter 的结合，可帮助企业在云端建立从产品设计、生产过程到交付使用整个生命周期的数字模型（数字化双胞胎），并使其可实时地跟随企业真实产品在设计、生产和使用过程中的变化而变化，确保企业实际的绩效数据反馈到不断改进的数字模型中。通过对数据的分析，得出对产品设计和生产过程进行优化的策略和方案，以提高企业的生产率，降低成本，提高企业的市场竞争力。

在软件服务层（或称应用层），MindSphere 工业云提供大量的由 OEM、最终用户、西门子及其合作伙伴所开发的 APP；用户还可利用平台服务层提供的 API 和 Microservices 组件等工具进一步开发针对自己特定工业场景需求的 APP。这样的应用程序开发过程与搭积木类似，西门子工业云平台上提供的基础 API 和 Microservices 组件资源就像一块块具有不同用途的积木块，客户可以直接利用它们为自己搭建定制化的应用程序，这样可大大减少或避免某些通用算法和程序的复杂编写和调试过程。

MindSphere 工业云平台的云商店能够提供大量应用程序，这样不仅增强了对客户的应用支持，还为应用程序开发者提供了宣传渠道和盈利途径。MindSphere 云社区为开发者提供了相互交流、咨询、免费演示程序等活动的平台。

综上所述，MindSphere 提供 PaaS，它在公用云基础设施（如亚马逊的 AWS、微软的 Azure、阿里云等）之上，建立了良好的生态环境，使得合作伙伴和软件开发者可在该平台上开发并提供更丰富的应用软件；它将西门子在工业领域的专门知识和领先的多种软件产品整合成为 SaaS 提供给用户。MindSphere 工业云能帮助客户采集其工业现场的数据，安全地传输和存储数据，进行数据的分析及模拟，并将数据分析、最终处理和分析结果以各种不同的形式呈现给客户，使企业能够深入地了解其设备及设施的运行状况及行为表现，并据此采取相应的措施优化其设备及生产工艺过程，以提高企业的生产率，降低企业的整体拥有成本，在深入挖掘数据价值的基础上，进一步推动企业开发新的业务模式并向数字化企业转型。

6.6.5 将工业云、边缘计算、AI、VR、AR 用于预测性维护、培训和巡检

AI、VR、AR 等技术对数据处理能力和存储空间有极高的要求，尤其是 VR、AR 技术的应用，需要实时渲染大量的环境图像数据，实时处理包括图像、视频、音频等多种形式的媒体数据。工业云可为这类应用提供高性能、高可靠性和高可用性的计算服务、存储空间和软件工具等资源，使众多用户能够随时随地访问和共享这些资源。因此，AI、VR、AR 等技术在工业领域的应用通常离不开工业云的支持。

在当前的实际应用中，可以将 AI、VR、AR 的应用程序部署在云端，通过计算机浏览器等终端设备对其进行访问；也可以将它们部署在本地的计算机或边缘设备中。

在本书 2.6 节中，已对工业领域中常用的 AI 技术做了简要介绍。在人工智能的应用中，智能体的核心内容是针对待解决的问题而建立的算法或模型。建立算法或模型的过程包括获取样本数据，利用这些数据训练智能体，使其能够从海量数据中提取有用的信息，形成自己的知识库，从而生成一个可执行的算法或模型。为使算法或模型满足预期要求，通常还需要经过多次对智能体的再训练及优化过程。已经建立并训练好的算法或模型具有类似于人类的智慧，当向其输入新的数据后，它就能够对数据进行分析、处理和评估，并综合考虑各种因素，运用逻辑推理、概率统计等方法，做出最优的判断或决策。

对于工业领域的 AI 应用而言，一种较常见的做法是将算法或模型的建立、训练、优化等工作在云端完成，因为这里有强大的计算能力和存储空间，更适合处理大量的数据并构建更智能、更准确的算法或模型；待算法或模型建立并训练完成后，可将它们下载到本地或边缘设备的智能体中。将在本地实时采集到的现场数据输入到算法或模型中，对它们进行处理和分析后形成决策，该决策可直接用于现场设备以获得更好的实时性，如图 6-15 所示。

为帮助读者更好地理解 AI、VR、AR 等技术在工业领域的应用，现给出几个参考实例。

1. 将 AI 用于预测性维护

例如，在饮料行业，啤酒制造商可在其包装车间的传送带处安装光电传感器、编码器和电量表等数据采集装置，并配备一个边缘设备；边缘设备和运行其中的 AI 算法，用于存储和分析所有信息，例如传送带的运行方向、速度和功耗；如果运行于边缘设备上的智能应用程序在相同的传送带速度下记录到不断增加的功耗，它就会向维护人员的智能手机发送维护

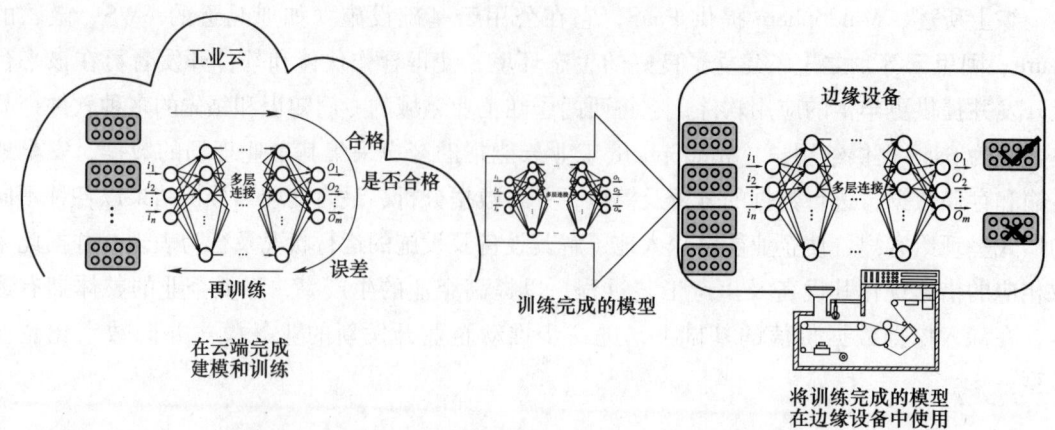

图 6-15　在云端建模和训练，在边缘设备上使用训练好的模型

建议，维护人员则可以据此采取行动。

又如，在印刷厂的废气处理系统中，风机是该系统的关键设备，如果其出现故障后不能及时得到修复，就会造成环境污染。为了预测风机故障的发生时间，并及时地在故障发生前进行维修或更换，可先采集和分析风机滚动轴承振动特征频率和故障情况的历史数据，进行相应的分析并建立故障识别模型，再将风机滚动轴承的实时振动特征频率数据输入到该模型，这样就可得到该模型预测的故障发生时间，实现预测性维护。利用上述 AI 机器学习技术，可以随时监测风机的状况，做出早期故障预警并建立和实施维护方案，避免因非计划停机造成的环境污染和经济损失。

再如，对于海上风力发电的运营企业而言，其后期运营维护成本远远超过机组设备的采购成本。为了降低运营成本，一种可行的方法是将海上的每台风力发电机都接入工业云，并根据对风力发电机运行数据进行监测、分析和维护的具体需要，在每台风力发电机上安装相应的传感器；利用采集到的有关风力发电机运行和故障的大量历史数据，通过深度学习方法训练出预测模型；再将传感器检测到的风力发电机实时运行数据输入到预测模型中，预测出故障将发生的时间，并适时采取必要的措施，实现预测性维护。例如，可安装不直接接触叶片的声音传感器，利用智能预测模型实时地发现风机叶片是否存在异常，再通过对其他数据的采集和分析，实现故障预警、故障识别、寿命预测等功能，并据此适时地进行设备维护，从而减少运营和维护费用并提升发电效率。对于风力发电机制造企业而言，也可以利用上述状态监测数据及其分析结果，改进风机的设计和制造流程，实现风力发电机产品的持续迭代，以达到提高风机质量，降低生产成本的目的。

上述几个例子说明，将基于云的智能数据分析与边缘计算相结合，可以在设备故障实际发生前，预测出故障的发生时间，并据此建立和实施设备维护方案，避免因非计划停机造成的损失，提高企业的设备综合效率。

2. 将 VR 技术用于设备操作和维护培训

目前，可以利用 VR（必要时可结合 AR）技术在虚拟环境中对学员（学员通常佩戴 VR

眼镜）进行设备的操作和维护培训，而且学员无论身在何处，这样的培训都可以随时进行。图 6-16 所示为利用 VR 技术在虚拟环境中进行设备操作和维护培训。例如，当维修技术人员第一次面对新型电动机的轴承更换时，相关的拆卸顺序并不直观易懂；在轴承本身被拆出来之前，必须拆除许多电缆、螺栓、传感器和盖板等部件；而且不同电动机产品所对应的拆卸顺序和部件都可能是不同的，尤其在维修大型高功率电动机时，通常还需要使用特定的工具。利用 VR 技术，当学员戴上 VR 眼镜后，即可在与真实世界相对应的虚拟世界中进行学习，直观地与各种电动机产品的三维模型进行交互。例如，学员可以抓住单个部件并将它们移动到所需的位置；而对于更复杂的动作，学员可以通过图像、视频、说明或音频等形式的叠加信息来学习。通过这种方式，学员可以借鉴专家或同事的丰富经验来学习操作技能，而且这种逼真的互动过程可使学员更深刻地记住这些操作步骤。

3. 用 AR 技术协助进行设备巡检及维护

借助基于 AR 技术的应用程序，可将与真实机械设备有关的虚拟信息（例如该设备上某电动机的当前转速、该设备已生产的产品总数、为该设备提供压缩空气的管道内的当前压力值等）叠加在该设备的影像之上，使员工能方便地了解工厂各台设备和设施的工作状况。例如，基于 AR 技术的应用程序利用平板计算机的摄像头使员工能在屏幕上实时地看到真实的物理机柜、机器或其他设施，当员工想要了解某设备、某部件的对应数据或资料时，只须单击屏幕上所显示影像的对应位置，就可以使该应用程序获取与该设备、该部件有关的实时数据、图表、说明等信息，并将这些信息叠加到屏幕所显示的对应设备及部件的影像上，以帮助该员工及时了解设备状况，诊断和解决相关问题，如图 6-17 所示。这种基于 AR 技术的应用程序能有效地提高工厂的设备巡检和维护工作效率，并减少因人为错误可能导致的停机损失，还能减少人员受伤的机会，使工厂的设备巡检和维护工作更加安全。

图 6-16 利用 VR 技术在虚拟环境中进行设备操作和维护培训（来源：西门子公司网站）

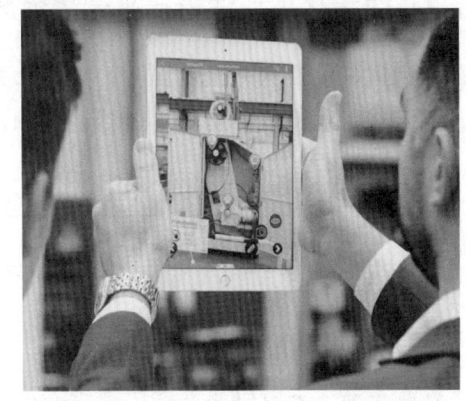

图 6-17 利用 AR 技术将数据、图表等信息叠加到屏幕显示的物理设备上（来源：施耐德公司网站）

6.7 产品全生命周期管理及数字化工厂简介

如今，"工业 4.0""数字化转型""数字化工厂""智能化工厂"等已成为工业领域的热门话题,而且数字化转型已经为许多企业带来了实实在在的好处。然而,并不是每个企业都获得了理想的转型效果。为使读者能透过各种时髦词汇和晦涩难懂的技术语言屏障,掌握工业4.0、数字化和智能化企业的核心内容,我们在此对工业4.0、数字化和智能化企业等概念做一个深入浅出的简介,以帮助企业在数字化转型的过程中少走弯路,获得理想效果。

数字化的现代含义是,将反映客观事物的各种信息转变为可度量的数据,并利用这些数据建立起能揭示客观事物变化规律的数字化模型,例如我们已经介绍过的数字孪生、AI算法等;待模型建立好后,就可利用该模型对后续出现的数据做出有效的分析、处理并做出决策。智能化指利用计算机及其网络、大数据、物联网和人工智能等技术,使智能体逐步具备类似于人类的感知能力、记忆和思维能力、学习能力、自适应能力和行为决策能力。由此可见,智能化是建立在数字化基础之上的。目前关于数字化和智能化的定义,尤其是数字化工厂和智能化工厂的定义,并不十分清晰,常常被人们混用。根据以上介绍,如果宏观或整体地看,实现了数字化之后才可能实现智能化;但任何事物的发展都不是孤立进行的,常常是"你中有我,我中有你"。目前的实际情况是,企业在实施数字化转型的过程中,会根据实际需要在某些局部首先实施数字化和智能化的方案,例如某制药厂首先在泡罩板检测环节采用AI机器学习技术来提高检测效率和质量。

第四次工业革命又被称为工业4.0,它是一个广义的宏大目标,需要各行各业的人们长期地共同奋斗才能实现。在本书所关注的机械设备制造领域,我们同样需要一步一步地向这个大目标前进。在工业自动化、信息化逐步完善(我们必须承认,现在仍有许多工业企业需要首先进一步完善自动化和信息化)的基础上,我们要做的是数字化和智能化。而数字化工厂就是现阶段我们走向工业4.0和智能制造的必由之路。

6.7.1 数字化工厂注重产品全生命周期的数字化

对于机械设备制造企业而言,其产品就是机器。机器全生命周期的完整价值链涵盖机器概念、机器工程、机器调试、机器运行和机器服务等阶段,如图6-18所示。

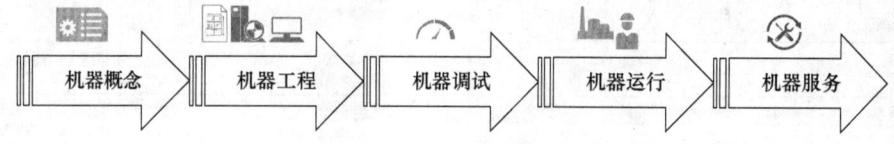

图6-18 机器全生命周期的完整价值链组成

在此之前,本书已经介绍了数字孪生、虚拟调试、人工智能、虚拟现实、工业云、边缘计算等新技术,以及这些新技术在机械设备制造领域的应用。事实上,它们也是数字化工厂中采用的重要技术手段。数字化工厂要在产品全生命周期的各个阶段建立各自的数字模型(如数字孪生),并利用这些数字模型和工厂在各阶段产生的大量数据,来优化上述各个阶段的工作,以提高效率,降低成本,更好地满足市场需求并提高企业的竞争力。

为实现上述目标,数字化工厂应综合运用数字孪生、数据共享和操作协同软件、工业云、边缘计算和人工智能等新技术,如图6-19所示。

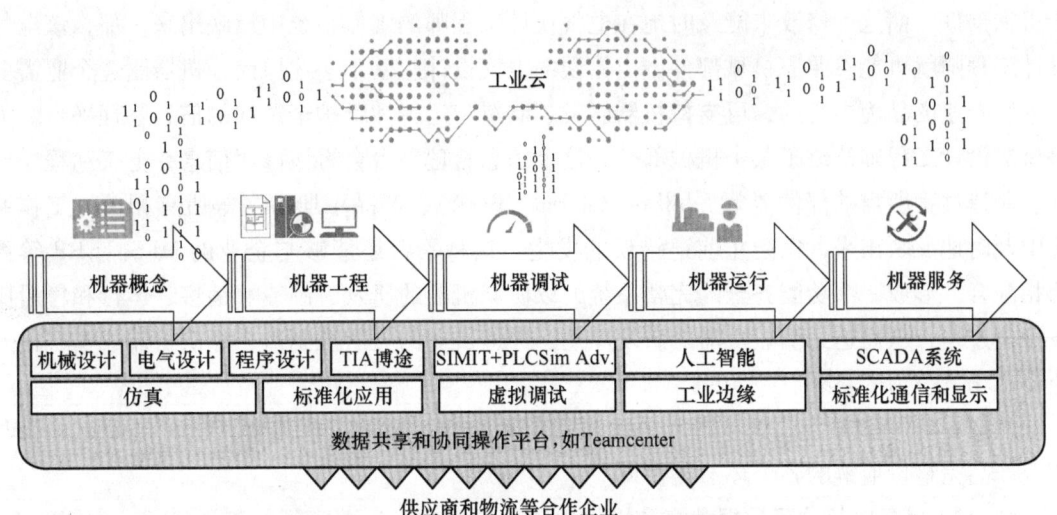

图 6-19 数字化工厂综合运用数字孪生、数据共享和操作协同软件、工业云、边缘计算和人工智能等新技术

图 6-19 的上部为工业云平台，该平台可提供丰富的应用程序，涉及智能设备状态分析、能耗及供应链分析、产品设计、生产和企业管理、对外服务等。工业云平台还提供多种微服务和应用程序接口，以支持开发出更多、更符合企业实际需求的应用程序。

这里简要说明一下什么是微服务。传统上，一个完整的大型软件会将许多功能连接在一起，软件的功能越多，其结构就越复杂；这些功能之间相互影响，往往修改任何一行代码，都会影响软件整体，从而不利于每个功能的单独开发与测试。一个大型软件的整体功能由多个简单的功能组成，每个简单的功能可通过一个功能单一的软件模块来实现。为克服上述传统软件结构的缺点，可将一个大型的软件拆分成一个个独立的功能单元，即可提供某种功能的一个个程序模块。这些独立的功能单元之间通过通信协议及明确定义的应用程序接口连接起来，以实现其相互之间或与外界的通信。这些功能单元的功能以远程服务（service）的形式来提供，所以将它们称为微服务。这些微服务可以用不同的语言和工具来开发，且可以在不同的系统环境中运行，如本机、服务器或云端。而不论在哪里运行，结果都是一样的。应用软件的开发者即可利用这些微服务和 API，方便地开发出针对企业实际需求的应用程序。以上是对微服务的简要介绍，如要深入了解这方面的知识，请参考专业书籍。

图 6-19 的中间部分，表示机械设备生产企业产品全生命周期的完整价值链组成。

图 6-19 的底部表示在机械设备生产企业产品全生命周期完整价值链的各个阶段，会涉及不同学科的多种软硬件工具和标准，以及一个数据共享和操作协同软件平台。企业可以利用该数据共享和操作协同软件平台，在其产品全生命周期内实现数据共享和操作协同。在机器概念、机器工程、机器调试、机器运行、机器服务各阶段，涉及的技术领域广泛，且需要企业内诸多部门的协作。如果在不同领域、部门之间不能共享信息和协同工作，将无法高效地完成企业的任务。例如，在某机器的开发过程中，机械设计工程师根据实际需要修改了某

个机械部件，而这个修改未能及时地在电气设计工程师的工作系统中反映出来，那么该电气设计工程师就可能参照原机械部件做出错误的电气设计。基于上述原因，机器制造企业需要一个以企业产品为中心的、可支持机器研发、制造、运行和维护全过程的信息管理平台。如果机械设计工程师修改了某个机械部件，这个信息管理平台会将该修改信息在电气和程序设计、制造过程所需的部件清单（bill of material，BOM）、产品手册编写等所有相关的工作系统中及时地反映出来，以防止前述错误的发生。这种平台还能够与企业的 MES、ERP 等系统相配合，形成一个功能齐全的完整系统，以协调机器的研发、制造、销售、运行和售后服务等全过程，从而达到缩短机器的研发周期、促进机器的灵活性制造、降低机器成本、提升企业市场竞争力的目标。

从图 6-19 可以看出，与企业相关的供货商和物流企业的工作流程，也可借助该平台与企业产品完整价值链的各个环节相协调。

图 6-20 简要地归纳了数据共享和操作协同软件平台（以西门子的 Teamcenter 为例），该平台给企业工作带来了积极的变化，为企业提供了良好的团队协作环境。

图 6-20　Teamcenter 提供方便、灵活的团队协作环境

6.7.2　数字化工厂需要 OT 和 IT 的融合

数字化工厂的另一个重要特征是信息技术（information technology，IT）和运营技术（operational technology，OT）的融合。

运营技术主要用于采集、处理或交换与物理过程相关的信息，如水泵抽水量、二氧化碳的消耗量、电动机的转速和扭矩等。OT 网络通常对数据传输的实时性和可靠性要求较高，例如该网络要求数据传输具有确定的延迟时间，能够快速修复网络故障等。信息技术主要用于收集、存储、操作和分析数据信息。IT 网络一般需要性能稳定、流量管理精细、故障修复快、网络安全、可回溯等。

传统的 OT 系统所使用的通信协议与 IT 系统所使用的不同，这就造成了 OT 与 IT 系统的相互分离。在 IT 与 OT 系统相互分离的情况下，即使企业已经配备了 MES、ERP 等 IT 系统，但仍无法及时地自动获取机器设备的运行数据，需要人工填写相关数据以完成某些关键绩效指标的计算。这样的工作方式不仅效率低、准确性差,更难以完成基于数据驱动的业务流程,难以实现高效和精益化的企业管理目标。

前面已经介绍过,对于机械设备制造企业而言,数字化工厂需要在机器概念、机器工程、机器调试、机器运行和机器服务各阶段建立各自的数字模型,从而在物理世界与虚拟世界之间建立起一个完整的闭环连接。因为虚拟世界存在于 IT 系统中,而 OT 系统存在于物理世界中,所以只有将 IT 技术与 OT 技术融合之后,才能真正地实现物理世界与虚拟世界的闭环连接。

随着 PROFINET、OPC UA、MQTT 等开放型通信协议以及物联网、边缘计算和低代码(low code)等技术的不断发展,OT 系统越来越多地使用与 IT 系统相同或相兼容的网络通信和编程等技术手段,这对 OT 与 IT 的融合发展起到了技术支撑作用,从而提高了企业自动化网络和业务网络之间的互操作性,如图 6-21 所示。在机械设备制造领域的数字化企业中,从设备层的现场装置、传感器、电动机和驱动器,到控制器、边缘计算设备和制造执行系统,再到工业云、工业应用程序的开发和使用,全部都可以接入企业的 OT 和 IT 系统。例如,当数字化企业某一款产品的零部件或原材料发生了变化,这些变化会使 MES 中的相关数据同步变化;MES 则能够根据这些变化自动地调整制造解决方案,还能够借助无线射频识别技术 RFID,自动识别生产线上的零部件并调整路径规划,实现高效率和高柔性化生产。

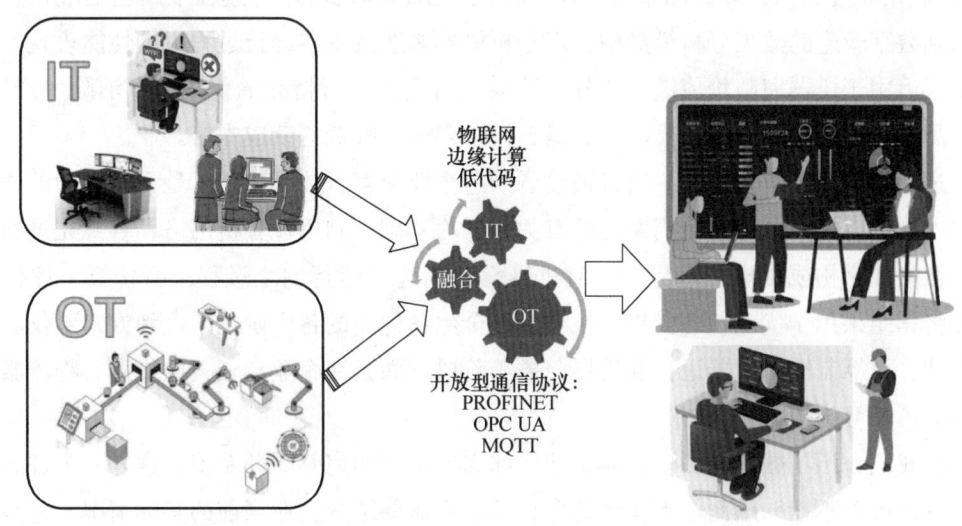

图 6-21 数字化工厂中 OT 和 IT 的融合

OT 和 IT 的融合还能够促进边缘计算和工业物联网的实施,并且有利于将人工智能技术应用于工业生产和管理,以帮助企业管理者利用源自物理世界中机器或生产线的大量数据所产生的洞察来做出正确的决策。企业不仅能够利用 OT 和 IT 融合后的系统来采集、处理和分析数据,优化企业的业务流程;还可以建立全新的业务模式或服务,如根据数据处理和分析应用程序的使用次数来收取服务费。OT 和 IT 系统的融合使企业 IT 系统的数据分析结果可用于增强、更新或优化企业的 OT 系统，从而更好地管理和执行机器的物理操作。例如，实现了 OT 和 IT 融合的企业可利用网络获取与设备维护有关的数据，并据此制定预测性维护计划，对设备实施远程或现场维护，避免机械设备的非计划停机，减少机械设备制造企业派技术人员到现场维修设备的机会，降低企业的运营成本。

6.7.3 数字化工厂的特征和可扩充性

根据前面的介绍，可以看出数字化工厂具有诸多特征及优点，简要归纳如下：

1）针对机械设备完整价值链的各个阶段建立数字孪生。借助数字孪生，利用仿真和测试的方法找出对各个阶段进行优化所需的数据，然后利用这些数据持续地对各个阶段进行优化。相比于传统方法，利用数字孪生可以降低仿真和测试的成本，快速找出问题原因并对相应的实体进行优化。

2）利用产品全生命周期的数据共享和操作协同软件平台，可确保从机器概念、机器工程、机器调试、机器运行到机器服务全产业链的范围内，不同专业团队之间能够实现更加高效和灵活的数据共享与工作协同。不论您正在做生产线规划、自动化工程还是任何其他工作，都可以将有关的数据和文档与该软件平台连接，并进行保存和管理，使企业不同领域或部门的人员都能够共享这些数据和文档，极大地提高劳动生产率。

3）利用工业云采集和存储来自物理世界机器制造和机器运行过程中产生的数据，将数据输入到数字孪生的数据分析模型中，以分析机器制造及机器运行过程中的性能表现，并将分析结果运用于机器完整价值链中的各个阶段，对它们进行持续的优化，以消除生产瓶颈，提升产品质量，提高生产率和灵活性，延长设备寿命，降低运营成本等。

通过上面的介绍可以得知，就机械设备制造企业而言，数字化工厂是一种新型的生产组织方式，它以机械设备全生命周期内的有关数据为基础，利用计算机网络和各种先进的软件技术，在由数字构成的虚拟世界中，对机械设备制造和运行的全过程进行仿真、评估和分析，并将其结果用于优化物理世界中机械设备全生命周期的各个阶段。这种方式不仅联通了机器设计、机器制造、机器运行和机器服务等阶段，而且在企业和相关供货商、物流服务商之间构建了相互沟通的桥梁。

上面我们介绍了数字化工厂的典型架构和虚实结合的完整闭环系统，这是一个理想化的目标。我们通常不能一蹴而就地实现这个目标，而需要结合企业当前的实际情况，一步一步地向这个目标迈进。现实中，大多数企业的预算、设备和人力资源是有限的，很难或没有必要一次性地在企业产品全生命周期的所有阶段实现数字化。因此，企业不必追求"大而全"，而应从实际出发，将有限的资源投入到最急需改进的核心业务上。这就是说，企业的数字化转型应该是一个以实际需求为导向的循序渐进的过程，要避免为了数字化之名而实施数字化，从而脱离现有业务的实际需求。企业数字化转型要在充分调研的基础上做出总体规划，并在此基础上以当前最主要的业务痛点作为切入点，在企业亟须解决的核心问题上寻求突破，成功之后再推广到其他业务领域中，不要追求一步到位，一劳永逸。为降低投资风险,还可以在已经选择出的、亟需解决的问题中,选择某个业务流程清晰、易于实施且容易见效的子项目作为数字化转型的起始点。这样做的好处是:如果该子项目能够成功实施数字化并获得理想效果,不仅会使企业加深对数字化转型的理解并积累实施经验,还会进一步增强企业继续完成数字化转型的信心。